제 3 판

실험과 함께 하는

스마트 디지털 공학

구성모, 이무영, 심태은 공저

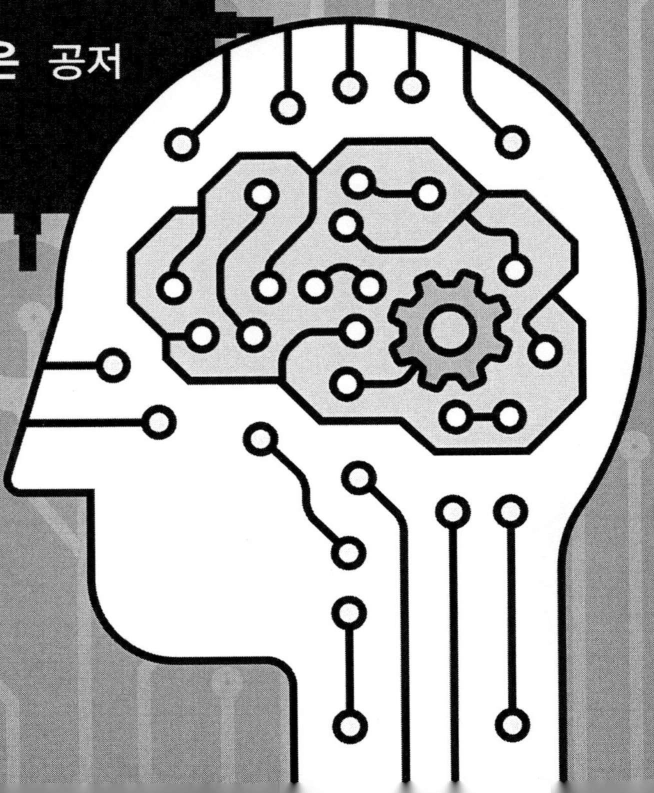

D.B.Info

머리말

디지털공학에서는 배우는 이들에게 디지털 회로라는 딱딱한 이미지를 조금이라도 지울 수 있는, 읽기 쉽고, 이해하기 편한 내용들을 가지면서도, 실제 디지털회로 제작 등 실무 작업에서도 꼭 필요한 내용들만을 모아서 다루려고 노력했습니다. 또한 기존의 교과과정보다는 현재와 앞으로 필요한 기술들에 대한 비중을 늘려 편성해야 된다고 생각했습니다.

그러다 보니 기존의 디지털공학 교재에서 다루었던 몇몇 부분들이 과감히 삭제되었고, 새로운 부분이 추가되기도 하였습니다. 물론 앞으로도 필요에 따라서 삭제되는 부분과 새로 추가되는 부분이 계속해서 생길 것이라 생각됩니다. 그 때마다 성실히 그 부분들을 수정·보완하여 갈 것입니다.

이 책의 구성은 이론과 실험을 같이 수록하여, 이론을 이해하는데 도움을 주도록 구성하였습니다. 1장~2장에서는 디지털의 역사, 수의 체계에 대하여 설명하고 있고, 3장에서는 부울대수의 이론과 디지털 논리회로를 구성하기 위한 기본소자, 디지털 논리회로를 설계하는 간소화기법들을 설명하고 실험을 통하여 확인할 수 있도록 하였습니다. 4장~5장에서는 많이 사용되는 조합논리회로들과 설계방법을 설명하고 실험을 통하여 확인할 수 있도록 하였습니다. 6장에서는 순서논리회로를 위한 플립플롭과 그 응용회로에 대하여 설명하고, 순서논리회로의 설계와 해석에 대한 내용을 다루고 있고 실험을 통하여 확인할 수 있도록 하였습니다. 7장은 여러 가지 디지털 응용회로에 대하여 설명하고 실험을 통하여 확인할 수 있도록 하였습니다.

여러 가지로 어려운 가운데 이 책이 집필되기까지 많은 도움을 주신 분들께 깊은 감사의 말씀을 드리면서, 앞으로 이 교재를 통해 강의하시는 분들과 학생 여러분들의 많은 조언을 기대해봅니다.

2018. 2
구성모, 이무영, 심태은

Contents

Chapter 1 서론

Chapter 2 수체계

Chapter 3 논리함수와 최소화

Chapter 7 디지털 응용회로

Chapter 1

서론

개요

전자회로는 아날로그 회로와 디지털 회로로 나눌 수 있다. 아날로그 회로에서 전류와 전압은 연속적인 범위의 값으로 표현된다. 이들 회로는 라디오와 텔레비전, 전화, 음향기기에서 사용되는데, 소리나 빛과 같이 이들과 연계된 물리적 수치들은 어떤 범위 – 부드러움에서 시끄러움, 어두움에서 밝음까지 – 에 걸쳐 취해진다. 이들은 아날로그 컴퓨터와 같은 컴퓨터에서도 사용된다. 여기서 수치들은 연속적인 범위의 전압으로 표현된다. 디지털 컴퓨터와 이와 관련된 장비에 사용되는 디지털 회로에서 전류와 전압은 연속적인 수치로 표현되지 않고 대신에 불연속적인 몇 가지 수치로 표현된다. 거의 모든 응용분야에서 이들 수치는 두 개로 집약된다. 디지털 회로는 두 개의 수를 계수하거나 또는 같은 두 개의 수를 이용하여 제어한다. 이장의 목적은 이들 이진 디지털 회로를 기술하는 것이다. 가장 기본적인 양식에서 이진회로는 논리회로라 불린다. 논리회로의 발전은 현상적으로 지난 수십 년간에 걸쳐 지속되어 왔다.

학습목표

- 디지털공학의 변천과정에 대하여 알아본다.
- 부울 대수학에 대하여 알아본다.
- 진공관, 트랜지스터에 대하여 알아본다.
- 집적회로에 대하여 알아본다.

1.1 원시 계수

오스트레일리아, 브라질, 뉴기니아에서 현재까지 존재하는 원시 사회의 생활상을 살펴볼 때 초기 인류의 기술에 대한 필요성은 아주 제한되었다고 판단된다. 대부분의 오늘날 원시부족은 때때로 - 손가락, 발가락, 귀, 팔꿈치, 눈 등을 이용하여 20까지 셈하는 경우도 있지만 - 2 혹은 3 이상의 숫자를 가지지 못했다. 오랜 세월 동안 당시 역사학자들은 제안하기를 이 이상의 숫자는 없다고 했다. 차츰 계수시스템은 인간이 재산, 비축, 예비품, 포획 짐승을 누적함으로써 확장되었다. 손가락과 발가락은 더 이상 적절치 못해서 쌓아올린 돌조각, 막대기 상의 벤 흔적, 가죽 조각에의 표시 등을 통해 수를 기억하게 되었다. 이것들이 가장 원시적 단계의 연상이었다. 이로써 그들은 연산에서 논리로 발전한 것이다.

11,000년 전쯤 형성된 농경사회에 이르러 사람들은 날짜와 계절을 기억하고 음식용과 저장할 씨앗의 양을 계산할 필요가 생겼다. 도시화가 진행되면서 정부는 시민을 계수하고 세금을 징수할 필요가 생겼다. 건축가는 사원과 궁전, 무덤을 측정할 시스템이 필요했다.

이집트인, 바빌로니아인, 그리스인, 로마인들은 이러한 필요를 충족시키기 위한 수체계를 개발했지만, 이들은 모두 부담스러운 형태였다. 그때 어떤 이는 움직일 수 있는 구슬 혹은 원판을 판자에 부착하면 가죽이나 기름 종이 위에 움직일 수 없는 숫자를 표시하거나 돌조각을 쌓음으로써 하는 것보다 훨씬 빠르게 계산할 수 있다는 사실을 발견했다. 그래서 주판이 발명된 것이다.

1.2 주판

일반적으로, 주판의 발명은 바빌로니아인들에게 큰 명성을 안겨주었다. 오늘날 사용되는 정밀한 주판은 중국인들의 공로로 생각된다. 주판은 줄이나 긴 구멍상에 앞뒤로 움직일 수 있는 구술을 갖춘 계산틀이며, 심지어, 오늘날까지 전문가들에 의해 계산 목적으로 사용될 경우 덧셈과 뺄셈 수행시 매우 빠른 기계적인 도구가 된다.

1.3 요긴한 "0"

인도인은 876년 전쯤 9자리 수체계를 개발했다. 오랜 세월 후 그들은 자신의 굉장한 발명품에 "0"의 개념을 추가했다. 이는 주판에서 빈 열로 표현된다. 이러한 업적은 표기법을 선도하고, 아직도 사용되고 있다. 이러한 수표기법에서 임의의 수는 순서가 매겨진 자리수에 의해 기수 10 체계에서 표현된다. 인도인은 10진수 체계에 0의 개념을 추가하여 수학의 중요한 시대를 열었다. 이러한 리더쉽은 1200년까지 지속되었고, 대수학의 지대한 발전을 기여했다.

인도인과 상당히 상업적 교제를 나누고 있던 아랍인들도 10진수 체계와 "0"의 개념을 수용했다. 아랍의 수학자 Al-Khawarizmi는 오랜 인도방문 동안 저서 "Al-jabrwa'l muqabalah"를 완성했다. 이 저서명으로부터 우리가 오늘날 사용하는 대수(algebra)가 고안되었다.

15세기 출판술의 발전으로 대중-특히 상인-들은 산술을 배울 수 있게 되었다. 16~17세기에 아라비아 수체계는 '+' 기호와 분수의 추가로 수정 발전되었다.

1.4 계수머신

물리학의 발전은 나눗셈과 곱셈에 적용할 수 있는 계산도구의 발명을 긴박하게 요청했다. 초기의 계수머신 주판은 이러한 목적에 쉽게 대처할 수 없었다. 17세기 초, 로그표가 영국인 Henry Briggs에 의해 개발되었고 슬라이드자는 동양의 성직자 William Oughtred에 의해 발명되었다. 그러나 수학자들을 위한 가장 환상적인 환영(산술에서의 고된 잡일을 배제할 어떤 종류의 기계적 계수소자)은 여전히 존재한다.

그러한 머신의 발명자 가운데 파스칼이 있다. 그는 세무사인 아버지의 도움으로 17세기에 컴퓨터를 만든 프랑스인이다. 파스칼의 계수기들은 - 본질적으로 가산기인-영국과 프랑스의 몇몇 박물관에 현재까지 보존되고 있다. 17세기 이후 독일인 Gottfried Willhelm von Leibniz는 기계적 곱셈기(오늘날의 컴퓨터 기술의 초석인 이진수 체계를 우연히 옹호하는)를 발명하였다. Leibniz 머신은 궁극적으로 제품화되었고 주로 상인들에 의해 사용되었다.

과학자들은 차츰 더 복잡한 임무들에 직면했으며, 적당한 계수 머신을 위함 탐색은 19세기까지 계속되었다. 19세기는 현재의 기술이 태동했고 이들 머신들이 정상의 위치에 선 시기이다.

1.5 찰스 배비지

괴짜인 영국 수학자, 엔지니어, 발명가인 찰스 배비지는 수학적 계산뿐만 아니라 논리, 심지어 분석까지 기계화할 수 있다는 생각을 고안했다. 배비지의 차동 엔진은 6개의 바퀴로 시작했고, 연구기금을 조절하는 정부기관과의 십여년간의 모진 싸움 끝에 기금부족으로 1833년 폐기되었다.

차동엔진은 배비지의 해석엔진(오늘날의 컴퓨터의 전신)에 의해 계승되었다. 이는 대략 50제곱 피트의 공간을 차지하고 중심이 같은 톱니바퀴로 설비되었다. 바퀴들 중 어떤 것은 지름이 2피트에 이르는 것도 있었다. 이는 Store(오늘날 메모리라 불리는 것)와 Mill(오늘날 중앙연산장치, CPU라 불리는 것)을 가지고 있다. Mill.과 Store 사이에 수를 전송하는 바퀴와 기어가 있으며 무엇보다 관심있는 것은 수행할 동작의 성격을 가리키는 천공카드(punch card)가 존재한다는 사실이다. 이 머신은 증기에 의해 구동된다.

배비지는 당혹스러운 몇 가지 일(증기기관 공학, 명멸하는 등대, 정치, 비밀코드, 법률위반, 점안경, 개혁, 거리의 악사)에 관심을 유지하면서 해석엔진을 위해 기금을 모았으며 그 계획에 계속 종사했다.

전기작가가 말하기를 배비지가 안고 있던 문제점은 그의 자서전과 연산연구에 대한 한 권의 책을 제외하고는 그가 시작한 어느 것도 완성하지 못했다는 것이다. 대신에 한 개의 생각에서 다른 사고로 건너뛰었고 정부와 과학원 설립자에 불평했으며, 그의 기행을 제외하고는 알려진 것이 없다. 놀랍게도 그 자신조차도 눈치채지 못했던 기계, 컴퓨터에 대한 그의 계획은 일세기 후 수많은 과학자들에 의해 채택되었으며, 아직까지 존재하고 있다.

1.6 부울대수학

1854년 영국 George Boole-독일의 수학자이며 배비지와 동연대의 사람-은 부울대수학을 개발했다. Boole은 논리에서의 가정을 포함한 모든 것들이 이진수 표현을 사용하여 방정식 내에서 기술될 수 있다고 제안했다. Boole의 체계에서 주어진 것은 “이다(1)” 혹은 “아니다(0)” 뿐이다. 부울대수에서 +는 논리합(OR)을 의미한다.

is + is = is

is not + is not = is not

is + is not = is

근대에는 논리합에 대하 부울대수를 다음처럼 표기한다.

1 + 1 = 1

0 + 0 = 0

1 + 0 = 1

또한, 점(•)은 논리합(AND)을 의미한다.

is • is = is

is not • is not = is not

is • is not = is not

근대에는 논리합에 대한 부울대수를 다음과 같이 표현하다.

1 • 1 = 1

0 • 0 = 0

1 • 0 = 0

1.7 Claude Shannon

1930년 Claude Shannon(Bell lab의 기술자)은 부울 대수에 기초하여 장거리 전화와 전신선의 신뢰도를 개선하기 위해 통신이론을 개발하였다. 이것 때문에 그는 아주 유명해졌다. 디지털 스위칭 시스템에 대하여 많이 알려지지 않은 그의 연구는 통신 이론의 결과이며 현대의 논리 시스템과 컴퓨터 기술의 근간이 되고 있다. 1938년 MIT에서 Shannon은 전화기의 on-off 스위칭기술을 이용하여 부울논리와 계산을 해결하는 머신을 제안한 논문을 출판했다. 그 논문은 디지털 스위칭 시스템의 발전에 지대한 공헌을 했다. 여기서 on 혹은 off를 결정하는 시스템이 있다. 기계적으로 간단하게 수를 셈한 이진머신으로부터 기술은 제어의 수단으로 이진논리의 영역으로 진입한 것이다.

비슷한 시기에 Bill 실험실의 과학자 George R. Stibitz는 전류의 도통을 제어하기 위해-2진수의 표현을 위해 - 배전기를 사용한 컴퓨터를 제작하였다. 이는 Shannon의 이론과 유사했다. Shannon의 머신은 십진수를 이진수로 변환하고, 이진수를 사용하여 셈을 수행한 다음 다시 이진수의 결과를 십진수로 변환하였다. 그의 머신은 복소수 컴퓨터라 불려졌다. 왜냐하면 복소수 계산을 목적으로 만들어졌기 때문이다. 이는 그 기술에 대한 기계적 특성 때문에 더 이상 발전하지 못했지만 이진 혹은 2 상태 논리의 사용 때문에 중요성을 인정받고 있다.

1.8 Herman Hollerith

1880년으로 되돌아가 초기 컴퓨터 기술의 또 다른 부분의 계산 방법, 즉 천공카드를 발견했다. 이 기간 동안 미국인은 매우 실제적인 문제를 개발했다. 인구 통계청은 사람의 수를 계수할 필요가 있었다. 인구가 거의 년에 걸쳐 증가하는 국가에서, 아주 중요한 통계의 정리와 관련 일들을 수행하는 시간이 인구조사간의 경과 시간보다 더 긴 국가에서는 어떤 종류의 기계적 계수기가 절대적으로 필요했다. 이러한 필요성을 충족시킨 사람이 Herman Hollerith라는 젊은 광산기사였다. 그는 미국 인구조사실의 전력 사용량을 조사하는 일에 종사하고 있었다. Hollerith는 배비지의 천공카드를 개혁하고, 분류기를 추가하였다. 분류기는 생일과 직업과 같은 구멍에 표현된 정보에 따라 카드를 편성하였다.

결국 Hollerith는 수동 천공구멍을 기계 천공구멍으로 바꾸었으며, 이러한 발전은 현대의 자료 처리의 시작뿐만 아니라 사무실 노동자로서의 대규모 고용을 야기한 측면에 특징지을 수 있다. 비록 Hollerith의 일은 논리회로 측면에서 그리 중요하지는 않았지만, 상업용 계산 분야로의 빠른 움직임은 그 후 논리회로 발전에 아주 중요한 역할을 했다. 그 결과 현재 IBM으로 알려진 국제상업용 머신회사가 태동했다.

1944년 하버드 졸업 후 IBM에서 일한 Howard Aiken은 IBM의 최초의 자동 컴퓨터 Mark I에 채택된 표준 천공카드 기술을 수정 발전시켰다. Stibitz의 복소수 컴퓨터와 IBM Mark I은 기본적으로 전자-기계형 컴퓨터였고 차츰 퇴화되어 갔다. 그때 벌써 과학자들은 전자소자를 이용한 컴퓨터와 논리시스템을 개발하기 시작했다.

1.9 진공관

1940년쯤에 컴퓨터 기술은 이상향에 빠르게 접근했다. 즉, 계산과 제어를 위해 이진수 체계를 사용한 통합 목적의 전자 컴퓨터의 생산으로 접근했다. John Mauchly와 J. Presper Eckert는 1940년 후반에 완성된 이런 머신의 최초 개발자로 명성이 널리 알려졌다. ENIAC은 펜실베니아 대학교에 설치된 한방 가득찬 거대한 물체였다. ENIAC은 미국의 발명가 Lee De Forest에 의해 1907년 완성된 진공관을 이용했다. 진공관 내로의 정보 저장은 연산동작 속도를 향상시켰고, ENIAC은 18,000개의 진공관을 사용하였다.

1940년 후반에서 1950년 초반에 걸쳐, Mauchly와 Eckert는 최초의 상용 통합 목적 전자 컴퓨터 UNIVAC을 개발했다. 수은 지연선을 이용한 자료의 저장술과 함께 이 컴퓨터는 ENIAC보다 훨씬 작은 수의 진공관을 사용하였으며, 이 컴퓨터를 통해 소유자-Remington-Rand-는 상용 컴퓨터의 앞선 제작자가 되었다. 그러나 진공관은 열을 발산하고 큰 컴퓨터에 사용하기에는 너무 크고 신뢰할 수 없음이 판명되었다. 한 저자는 그것을 다음처럼 표현했다.

고장수리는 악몽이었다. 한 개의 진공관이 고장나면, 기술자는 그 골칫덩어리를 찾을 수 없었고, 때때로 컴퓨터를 완전히 분해하고 내부로 기어들어가기 위해 도움을 청해야 했다. 더욱이 진공관들은 낮은 온도에 매우 약해서 이른 아침 컴퓨터에 전원이 처음 공급될 때 공급된 최초의 전기 임펄스를 탐지하는 진공관은 고장나기 십상이다. 이를 기술자들은 "모닝시크니스"라 불렀다.

1.10 트랜지스터

무대는 아주 작은 저장소자를 위해 마련되었고, Bell 실험실에서 1947년 트랜지스터는 그 모습을 나타내기 시작했다. 8년후 Bell 실험실은 실리콘칩 내에 트랜지스터와 다이오드를 실장한 집적회로를 만들어서 연산과 논리기능을 수행했다. 1960년에는 1940년에 완성된 거대한 골칫덩어리를 관리가 용이할 정도의 크기로 줄였고 1970년대의 마이크로 컴퓨터와 마이크로 프로세서 시대를 열었다. 반도체 기술은 책상위에 놓인 개인용 컴퓨터가 1940년의 거대한 ENIAC보다 계산과 판단용량이 수십 배 더 큰 단계까지 발전했다.

1.11 현대의 기계들

1940년 후반에서 1950년까지 반도체 기술의 발전에 힘입어 컴퓨터 산업은 믿을 수 없을 만큼 성장했다. 1960년 동안 컴퓨터는 과학적 응용을 위해 많이 생산되었다 1965년에 Digital Equipment사는 PDP-8을 시장에 내놓았다. 이는 비교적 저렴해서 주고객을 복잡한 연구실에서 제조공장으로 변화시켰다. 이것이 소형 컴퓨터 산업의 시발점이 된 것이다.

1969년 Datapoint사는 단일칩 위에 기본적인 컴퓨터를 실장하기 위해 인텔 및 TI와 계약을

맺었다. 인텔은 성공했지만 설계된 시스템은 Datapoint가 요구한 것보다 훨씬 느리게 명령을 실행했다. 그래서 Datapoint사는 그 제품을 구매하지 않기로 결정했다. 인텔은 이를 Intel 8008이라는 이름으로 1972년 책상 크기의 컴퓨터를 시장에 내놓았다.

1.12 집적회로

오늘날 우리가 연구하고 있는 집적회로는 10년 전만 해도 계산과 논리기능을 개발하는 과학자에게 믿을 수 없는 것으로 생각되었다. 이들 회로는 단일칩상에 수많은 논리기능을 실행할 수 있게 했다. 사실 최근에 제작된 VLSI(Very Large Scale Integrated Circuit)는 0.5제곱인치의 공간 위에 대략 150만 개의 트랜지스터를 내장하고 있다.

본서는 집적회로를 사용하여 논리 기능을 설계하는 것을 다루고 있다.

제2장에서는 수체계에 관한 몇 가지 기초적인 내용을 익히고, 이진수 체계에 대한 사항을 심도있게 다루게 될 것이다. 제3장에서는 논리함수를 표현하는 방법 및 이를 간략화하는 방법에 대해서 다루게 될 것이다.

제4장과 제5장에서는 집적회로를 사용하여 조합논리회로를 설계하는 방법을, 제6장 및 제7장에서는 순서논리회로를 설계하는 방법에 대해서 다루게 될 것이다. 또한, 제8장에서는 현재 디지털 시스템에서 많이 사용되고 있는 몇 가지의 응용회로에 대해서 고찰하고, 마지막으로 PROM, PAL, PLA, PLD 및 FPGA와 같은 프로그래밍 가능 소자에 대해서 고찰하고자 한다.

Chapter 2

수체계

개요

수의 표현 방법과 상관관계에 대해서 살펴보고, 이들 수의 상호 변환방법에 대하여 알아보고자 한다. 또한 디지털 컴퓨터에서 음수를 표현하는 방법과 보수에 대하여 살펴보고, 디지털 시스템에서 많이 사용되는 2진식 코드에 대하여 알아보고자 한다.

학습 목표

- 10진수, 2진수, 8진수, 16진수 등의 표현 방법을 알아본다.
- 10진수, 2진수, 8진수, 16진수 등의 상호변환 방법을 알아본다.
- 보수를 사용한 10진수와 2진수의 연산 방법을 알아본다.
- 2진식 코드에 대하여 알아본다.

2.1 10진수계

일반적으로 우리가 가장 많이 사용하고 있는 숫자체계인 10진(decimal)수계는 10개의 숫자(0~9)를 사용하고, 기수(基數 : base 또는 radix)가 10이며, 0~9까지의 숫자들을 조합하여 계수로 사용하여 숫자를 표현한다. 따라서 그 계수에 10의 멱수(거듭제곱)를 곱하여 자릿수를 나타내는 수체계로 일반적인 수식으로 표현할 때 소수점을 가지는 10진수는 다음과 같이 나타낼 수 있다.

$$\begin{aligned} x_5x_4x_3x_2x_1x_0 . x_{-1}x_{-2}x_{-3} = & \ 10^5x_5 + 10^4x_4 + 10^3x_3 \\ & + 10^2x_2 + 10^1x_1 + 10^0x_0 \\ & + 10^{-1}x_{-1} + 10^{-2}x_{-2} \\ & + 10^{-3}x_{-3} \end{aligned}$$

여기서, x_j는 10개의 숫자중의 하나인 계수이며, 첨자 j는 위치의 수치, 즉 10의 멱수로서 계수에 곱해 주어야 한다. 이를 좀 더 알기 쉽게 예를 들어 표현하면 다음과 같다.

$$\begin{aligned} 123456.789 = & \ 1 \times 10^5 + 2 \times 10^4 + 3 \times 10^3 + 4 \times 10^2 + 5 \times 10^1 \\ & + 6 \times 10^0 + 7 \times 10^{-1} + 8 \times 10^{-2} + 9 \times 10^{-3} \end{aligned}$$

1~9까지의 숫자들은 계수가 되고, 각 계수들의 자리에 해당하는 숫자들이 10의 멱수형태로 표현됨을 볼 수 있다. 즉, 1은 십만의 자리이고 이는 10^5에 해당하므로 1×10^5의 형태로 표현된다. 또한 7은 0.1의 자리이므로 이는 10^{-1}에 해당하므로 1×10^{-1}의 형태로 표현되어 있으며, 각 자리수마다 모두 이러한 형태를 가지고 있음을 알 수 있다.

2.2 2진수계

2진(binary)수계는 기수(基數 : base 또는 radix)가 2이며, 이는 2개의 숫자(0, 1)를 사용하고 그 계수에 2의 멱수(거듭제곱)를 곱한다. 일반적으로 소수점을 가지는 2진수는 다음과 같이 나타낼 수 있다.

$$x_5x_4x_3x_2x_1x_0.x_{-1}x_{-2}x_{-3} = 2^5x_5 + 2^4x_4 + 2^3x_3 + 2^2x_2 + 2^1x_1 + 2^0x_0 + 2^{-1}x_{-1} + 2^{-2}x_{-2} + 2^{-3}x_{-3}$$

여기서, x_j는 2개의 숫자중의 하나인 계수이며, 각 계수 x_j에는 2^j를 곱해준다. 예를 들면, 이진수 11110.11과 등가적인 10진수는 30.75이며, 이를 좀더 알기 쉽게 설명하면 다음과 같이 표현된다.

$$11110.11 = 1\times2^4 + 1\times2^3 + 1\times2^2 + 1\times2^1 + 0\times2^0 + 1\times2^{-1} + 1\times2^{-2} = 30.75$$

2.3 8진수계와 16진수계

8진(octal)수계는 기수(基數 : base 또는 radix)가 8이며, 이는 8개의 숫자(0~7)를 사용하고 그 계수에 8의 멱수(거듭제곱)를 곱한다. 일반적으로 소수점을 가지는 8진수는 다음과 같이 나타낼 수 있다.

$$x_5x_4x_3x_2x_1x_0.x_{-1}x_{-2}x_{-3} = 8^5x_5 + 8^4x_4 + 8^3x_3 + 8^2x_2 + 8^1x_1 + 8^0x_0 + 8^{-1}x_{-1} + 8^{-2}x_{-2} + 8^{-3}x_{-3}$$

여기서, x_j는 8개의 숫자중의 하나인 계수이며, 첨자 j는 위치의 수치, 즉 8의 멱수로서 계수에 곱해 주어야 한다.

16진(hexadecimal)수계는 기수(基數 : base 또는 radix)가 16이며, 이는 10개의 숫자(0~9)와 6개의 알파벳 문자(A~F)를 사용하고 그 계수에 16의 멱수(거듭제곱)를 곱한다. 일반적으로 소수점을 가지는 16진수는 다음과 같이 나타낼 수 있다.

$$x_5x_4x_3x_2x_1x_0.x_{-1}x_{-2}x_{-3} = 16^5x_5 + 16^4x_4 + 16^3x_3 + 16^2x_2 + 16^1x_1 + 16^0x_0 + 16^{-1}x_{-1} + 16^{-2}x_{-2} + 16^{-3}x_{-3}$$

여기서, x_j는 10개의 숫자(0~9)와 6개의 알파벳 문자(A~F) 중의 하나인 계수이며, 첨자 j는 위치의 수치, 즉 16의 멱수로서 계수에 곱해 주어야 한다.

2.4 r진수계

이상과 같은 수체계를 일반적인 것으로 표현하면 r진수계로 표현할 수 있으며, r진수계는 기수(基數 : base 또는 radix)가 r이며, 이는 r개의 숫자(0~r-1)를 사용하고 그 계수에 r의 멱수(거듭제곱)를 곱하는 수체계를 의미하며, 일반적으로 소수점을 가지는 r진수는 다음과 같이 나타낼 수 있다.

$$x_nx_{n-1}\ldots x_2x_1x_0.x_{-1}x_{-2}\ldots x_{-m} = x^n\cdot r_n + x^{n-1}\cdot r_{n-1} + \ldots + x^2\cdot r_2 + x^1\cdot r_1 + x^0 + x^{-1}\cdot r_{-1} + x^{-2}\cdot r_{-2} + \ldots + x^{-m}\cdot r_{-m}$$

여기서, x_j는 r개의 숫자중의 하나인 계수이며, 각 계수x_j에는 r^j를 곱해준다. 기수가 다른 수를 구별하기 위해서 계수를 괄호로 묶고 사용한 기수를 첨자로 붙인다. 단, 10진수는 첨자를 생략한다. 기수가 r=5인 수의 예를 들면 다음과 같고, 기수가 5인 5진수계에서 계수의 값은 0, 1, 2, 3, 4 중 하나이다.

$$(3421.3)_5 = 3\times5^3 + 4\times5^2 + 2\times5^1 + 1\times5^0 + 3\times5^{-1} = (486.6)_{10}$$

보통 수의 기수가 10 이하인 경우에 계수에 소요되는 r개의 숫자는 10진수계의 숫자들을 이용하여 쓰고, 기수가 10 이상이면 알파벳 문자를 숫자로 대신 사용한다. 10진수, 2진수, 8진수 및 16진수계에서의 관계를 표 2.1에 나타내었다.

표 2.1 10진수, 2진수, 8진수 및 16진수의 관계

10진수 (기수:10)	2진수 (기수:2)	8진수 (기수:8)	16진수 (기수:16)
00	0000	00	0
01	0001	01	1
02	0010	02	2
03	0011	03	3
04	0100	04	4
05	0101	05	5
06	0110	06	6
07	0111	07	7
08	1000	10	8
09	1001	11	9
10	1010	12	A
11	1011	13	B
12	1100	14	C
13	1101	15	D
14	1110	16	E
15	1111	17	F

2.5 기수의 변환

10진수에서 r진수로의 변환

10진수에서 r진수로의 변환은 그 수를 정수부와 소수부로 분리하고, 각 부분을 따로따로 행하면 된다.

(1) 10진수에서 2진수로의 변환

10진수에서 2진수로 변환하려면 정수는 십진수를 2로 나누어서 몫이 0이 될 때까지 계속 나누어 생긴 나머지를 역으로 쓰면 된다. 그리고 소수는 2를 곱하여 새 정수와 새 소수를 얻어 소수가 0이 되거나 혹은 숫자의 수가 충분히 정확하게 될 때까지 하여 결과를 얻는다. 이를 예제로서 설명하고자 한다.

예제 2-1

10진수 51을 2진수로 변환하시오.

풀이 10진수 51을 2로 계속 나누어 나가면서 구해지는 나머지를 가장 낮은 자릿수부터 차례로 적으면 $(110011)_2$이 된다.

2	51		
2	25	…1	↑ 역
2	12	…1	으
2	6	…0	로
2	3	…0	쓴
2	1	…1	다
	0	…1	

답) $(110011)_2$

예제 2-2

10진수 0.3750를 2진수로 변환하시오.

풀이 먼저 0.3750에 2를 곱하여 새 정수와 새 소수를 얻는다. 이 과정을 반복하여 소수가 0이 되거나 또는 숫자의 수가 충분히 정확하게 될 때까지 한다. 2진수의 계수는 이들 정수로부터 다음과 같이 얻어진다.

	정수		소수	계수
$0.3750 \times 2 =$	0	+	0.7500	$x_{-1} = 0$
$0.7500 \times 2 =$	1	+	0.5000	$x_{-2} = 1$
$0.5000 \times 2 =$	1	+	0.0000	$x_{-3} = 1$

답) $(0.3750)_{10} = (0.x_{-1}x_{-2}x_{-3})_2 = (0.011)_2$

예제 2-3

10진수 83을 2진수로 변환하시오.

풀이 10진수 83을 2로 계속 나누어 나가면서 구해지는 나머지를 가장 낮은 자릿수부터 차례로 적으면 $(1010011)_2$이 된다.

2	83		↑ 역으로 쓴다
2	41	…1	
2	20	…1	
2	10	…0	
2	5	…0	
2	2	…1	
	1	…0	

답) $(1010011)_2$

예제 2-4

10진수 0.625를 2진수로 변환하시오.

풀이 먼저 0.625에 2를 곱하여 새 정수와 새 소수를 얻는다. 이 과정을 반복하여 소수가 0이 되거나 또는 숫자의 수가 충분히 정확하게 될 때까지 한다. 2진수의 계수는 이들 정수로부터 다음과 같이 얻어진다.

	정수		소수	계수
0.625 × 2 =	1	+	0.250	$x_{-1} = 1$
0.250 × 2 =	0	+	0.500	$x_{-2} = 0$
0.500 × 2 =	1	+	0.000	$x_{-3} = 1$

답) $(0.625)_{10} = (0.x_{-1}x_{-2}x_{-3})_2 = (0.101)_2$

예제 2-5

10진수 0.7을 2진수로 변환하시오.

풀이 [예제 2-4]와 같은 방법으로 10진수 0.7에 2를 계속 곱하여 구하면

$$(0.7)_{10}=(0.1011001100110\cdots)_2$$

위의 [예제 2-5]에서 알 수 있는 바와 같이 어떤 수를 다른 진법으로 변환할 때 반드시 유리수로 변환되는 것은 아니다.

(2) 10진수에서 8진수로의 변환

10진수에서 8진수로 변환하려면 정수는 십진수를 8로 나누어서 몫이 0이 될 때까지 계속 나누어 생긴 나머지를 역으로 쓰면 된다. 그리고 소수는 8을 곱하여 새 정수와 새 소수를 얻어 소수가 0이 되거나 혹은 숫자의 수가 충분히 정확하게 될 때까지 하여 결과를 얻는다. 이를 예제로서 설명하고자 한다.

예제 2-6

10진수 126을 8진수로 변환하시오.

풀이

8	126	
8	15	...6
8	1	..7
	0	...1

답) $(176)_8$

예제 2-7

10진수 0.125를 8진수로 변환하시오.

풀이

	정수		소수	계수
0.125 × 8 =	1	+	0.00	$x_{-1} = 1$

답) $(0.125)_{10} = (0.x_{-1})_8 = (0.1)_8$

(3) 10진수에서 16진수로의 변환

10진수에서 16진수로 변환하려면 십진수를 16으로 나누어서 몫이 0이 될 때까지 계속 나누어 생긴 나머지를 역으로 쓰면 된다. 이를 예제로서 설명하고자 한다.

예제 2-8

10진수 199를 16진수로 변환하시오.

풀이

```
16 | 199
16 |  12   ...7
       0   ..C
```

답) $(C7)_{16}$

예제 2-9

10진수 159를 16진수로 변환하시오.

풀이

```
16 | 159
16 |   9   ...F
       0   ..9
```

답) $(9F)_{16}$

2진수, 8진수 및 16진수의 상호 변환

2진수, 8진수 및 16진수의 상호 변환은 디지털 컴퓨터 시스템에서 아주 중요한 역할을 한다. $2^3 = 8$ 및 $2^4 = 16$이므로 각 8진수의 숫자는 3개의 2진수 숫자에 상당하며, 각 16진수의 숫자는 4개의 2진수 숫자에 상당한다. 그러므로 2진수에서 8진수로의 변환은 2진수를 3비트씩 묶어서 나누고, 2진수에서 16진수로의 변환은 2진수를 4비트씩 묶어서 나누어서 바꾸어주면 되며, 그 반대의 경우도 각각 성립한다. 이 경우 정수부는 우측, 소수부는 좌측이 기준점이 되며 묶음이 3비트 혹은 4비트가 되지 않을 때는 0으로 채워 넣어 분할한다.

(1) 2진수에서 8진수로의 변환

앞에서 설명한 바와 같이 2진수에서 8진수로의 변환은 2진수 3비트씩을 묶어서 처리하며, 예를 들어 설명하면 다음과 같다. 따라서 2진수 $011001011001001.111000110_2$는 아래와 같이 3비트씩 묶어서 8진수로 표현하여 다시 쓰면 31311.706_8과 같이 변환된다.

$$(\underbrace{011}_{3}\ \underbrace{001}_{1}\ \underbrace{011}_{3}\ \underbrace{001}_{1}\ \underbrace{001}_{1}\ .\ \underbrace{111}_{7}\ \underbrace{000}_{0}\ \underbrace{110}_{6})_2 = (31311.706)_8$$

또한 8진수에서 2진수로의 변환은 위 예의 역순으로 수행하면 되며, 즉, 8진수 1자리마다 각각 3비트의 2진수로 늘어서 쓴 다음 소숫점을 구분하여 정리하면 된다.

$$(53156.524)_8 = (\underbrace{101}_{5}\ \underbrace{011}_{3}\ \underbrace{001}_{1}\ \underbrace{101}_{5}\ \underbrace{110}_{6}\ .\ \underbrace{101}_{5}\ \underbrace{010}_{2}\ \underbrace{100}_{4})_2$$

예제 2-10

2진수 101101101.0111010을 8진수로 변환하시오.

풀이

$$(\underbrace{101}_{5}\ \underbrace{101}_{5}\ \underbrace{101}_{5}\ .\ \underbrace{011}_{3}\ \underbrace{101}_{5}\ \underbrace{000}_{0})_2 = (555.350)_8$$

예제 2-11

8진수 472354.1632를 2진수로 변환하시오.

풀이

$$(472354.1632)_8 = (\underbrace{100}_{4}\ \underbrace{111}_{7}\ \underbrace{010}_{2}\ \underbrace{011}_{3}\ \underbrace{101}_{5}\ \underbrace{100}_{4}\ .\ \underbrace{001}_{1}\ \underbrace{110}_{6}\ \underbrace{011}_{3}\ \underbrace{010}_{2})_2$$

(2) 2진수에서 16진수로의 변환

2진수에서 16진수로의 변환은 2진수 4비트씩 묶어서 8진수로의 변환에서와 마찬가지의 방법으로 변환할 수 있다. 다음의 예는 이를 보여주는 것이다.

$$(\underbrace{0111}_{7}\ \underbrace{0011}_{3}\ \underbrace{0110}_{6}\ \underbrace{0101}_{5}\ \underbrace{0101}_{5}\ .\ \underbrace{1011}_{B}\ \underbrace{0100}_{4}\ \underbrace{1010}_{A})_2 = (73655.B4A)_{16}$$

16진수에서 2진수로의 변환은 위 예의 역으로 수행하면 된다.

$(D75BC.96C)_{16}$ =	(1101	0111	0101	1011	1100	.	1001	0110	$1100)_2$
	D	7	5	B	C		9	6	C

예제 2-12

2진수 01011011011.011101011을 16진수로 변환하시오.

풀이

$(\underline{0010}\ \underline{1101}\ \underline{1011}\ .\ \underline{0111}\ \underline{0101}\ \underline{1000})_2 = (2DB.758)_{16}$

예제 2-13

16진수 A945BC.3D6F를 2진수로 변환하시오.

풀이

$(A945BC.3D6F)_{16}$ =	(1010	1001	0100	0101	1011	1100	.	0011	1101	0110	$1111)_2$
	A	9	4	5	B	C		3	D	6	F

컴퓨터에서 2진수계를 유지하면서 숫자의 개수를 감소시키는 방안은 2진수계와 8진수 및 16진수계의 관계를 이용하는 것이다. 예를 들면, 2진수 111111111111는 12개의 숫자를 가지고 있는데 8진수로는 7777(4개의 숫자)로 표시되고 16진수로는 FFF(3개의 숫자)로 표시된다. 이를 살펴보면 사람들 사이의 교신 중 2진수를 등가적인 8진수 및 16진수로 표현하면 정보의 개수를 1/3 또는 1/4로 줄일 수 있기 때문에 훨씬 바람직한 것이다.

2.6 보수(complement)

보수는 디지털 컴퓨터에서 뺄셈 연산을 간편하게 하고 논리적 조작을 위하여 사용되고 있다. 기수 r의 체계에 대하여 두 가지 형의 보수 즉, r의 보수와 (r-1)의 보수가 있다. 숫자를 대입하면, 이 두 보수는 2진수에서는 2의 보수와 1의 보수이며, 10진수의 경우는 10의 보수와 9의 보수를 말한다.

임의 숫자 N에 대한 (r-1)의 보수

정수부분에 n개의 숫자를 가지는 기수 r에서의 임의의 숫자 N에 대한 (r-1)의 보수는 $(r^n - 1) - N$으로 정의된다.

(1) 9의 보수

10진수의 경우에 r=10이기 때문에 $(10^n - 1)$은 n개의 '9'로 나타내어지는 숫자이다. 예를 들면, n=5일 경우 10^5=100000이고, 10^5-1=99999이다. 그러므로 임의의 10진수에 대한 9의 보수는 9에서 각 자리 숫자를 뺌으로써 구해진다. 예를 들면,

647820에 대한 9의 보수는 999999-647820=352179
123400에 대한 9의 보수는 999999-123400=876599

이다.

예제 2-14

10진수 8237234에 대한 9의 보수를 구하시오.

풀이 임의의 10진수에 대한 9의 보수는 9에서 각 자리 숫자를 뺌으로써 구해진다.

$(10^7 - 1) - 8237234 = 9999999-8237234 = 1762765$

(2) 1의 보수

마찬가지 방법으로 임의의 2진수에 대한 1의 보수는 1에서 각 자리 숫자를 뺌으로써 구해진다.

그런데 '1'에서 2진수의 각 자리수를 빼보면 1-0=1이거나 1-1=0이므로 감수 '0'은 '1'로 혹은 '1'은 '0'으로 변화된다. 그러므로 2진수에 대한 1의 보수는 '1'을 '0'으로 '0'을 '1'로 바꾸어줌으로써 쉽게 구할 수 있다. 예를 들면

2진수 10101011에 대한 1의 보수는 01010100
2진수 01001010에 대한 1의 보수는 10110101

이다.

예제 2-15

2진수 1101001011에 대한 1의 보수를 구하시오.

풀이 2진수에 대한 1의 보수는 '1'을 '0'으로 '0'을 '1'로 바꾸어줌으로써 쉽게 구할 수 있다.

2진수 1101001011에 대한 1의 보수는 0010110100

임의 숫자 N에 대한 r의 보수

정수부분에 n개의 숫자를 가지는 기수 r에서의 임의의 숫자 N에 대한 r의 보수는 (r-1)의 보수에 1을 더함으로써 얻을 수 있다.

즉, $[(r^n - 1) - N] + 1 = r^n - N$으로 정의된다.

(1) 10의 보수

임의의 10진수에 대한 10의 보수는 그 수에 대한 9의 보수에 1을 더함으로써 구할 수 있다. 이를 다시 말하면, 10의 보수는 10진수에서 최하위 숫자 '0'은 변화시키지 않고 최하위 유효숫자 중 첫 번째 '0'이 아닌 숫자는 '10'에서 빼고, 그 보다 높은 유효숫자글은 9에서 뺌으로써 구할 수 있다. 예를 들면 ,

647820에 대한 10의 보수는 352180
123400에 대한 10의 보수는 876600

이다.

예제 2-16

10진수 8237234에 대한 10의 보수를 구하시오.

풀이 10의 보수는 10진수에서 최하위 숫자 '0'은 변화시키지 않고 최하위 유효숫자 중 첫 번째 '0'이 아닌 숫자는 '10'에서 빼고, 그 보다 높은 유효 숫자글은 9에서 뺌으로써 구할 수 있다.

8237234에 대한 10의 보수는 1262766

(2) 2의 보수

2진수에 대한 2의 보수는 그 수에 대한 1의 보수에 1을 더함으로써 구할 수 있다. 이를 다시 말하면, 2의 보수는 2진수에서 모든 최하위 숫자 '0'과 첫 번째 '1'은 변화시키지 않고 그 외의 보다 높은 유효숫자들을 '1'을 '0'으로 '0'을 '1'로 바꾸어줌으로써 쉽게 구할 수 있다. 예를 들면,

2진수 10101011에 대한 2의 보수는 01010101
2진수 01001010에 대한 2의 보수는 10110110

이다.

보수를 이용한 뺄셈

뺄셈에서는 피감수의 숫자가 대응하는 숫자보다 작을 경우에 하나 위의 유효숫자로부터 '1'을 빌려오는 방법을 이용한다. 그러나 뺄셈을 디지털 컴퓨터에서 수행할 경우에는 보수와 덧셈을 이용하는 것보다는 비효율적이다.

보수와 덧셈을 이용한 뺄셈에 대하여 알아보면 다음과 같다. 기수가 r인 2개의 양수의 뺄셈 $(P-Q)$은 다음과 같이 수행된다.

❶ 피감수 P에 감수 Q에 대한 r의 보수를 더해준다. 즉,
$P+(r^n-Q)=P-Q+r^n$ 을 실행한다.

❷ $P \geqq Q$일 경우 그 합에서 끝자리 올림(end carry) r^n이 발생하면 이를 버린다. 이때 남은 숫자가$(P-Q)$의 결과이다.

❸ $P<Q$이면 그 합은 끝자리 올림이 발생하지 않으며, 그 값은 $r^n-(Q-P)$에 대한 r의 보수와 같다. 최종적인 결과는 $r^n-(Q-P)$에 대한 r의 보수를 취한 후 앞에 (-)부호를 붙여주면 된다.

먼저 10진수의 경우를 살펴보도록 하자.

예제 2-17

2개의 10진수 P=65236과 Q=4321이 주어진 경우 10의 보수를 사용하여 ❶ P-Q, ❷ Q-P를 구하시오.

풀이

❶

P	=	65236
Q에 대한 10의 보수	=	+95679
합	=	160915
끝자리올림 105버림	=	-100000

답) 60195

위의 예는 $P \geq Q$이므로 그 합은 끝자리올림이 발생하였으며 그 결과는 양(+)수이다.

❷

Q	=	04321
P에 대한 10의 보수	=	+34764
합	=	39085
끝자리올림 없음		

답) -(39085에 대한 10의 보수) = -60915

이 예는 $P < Q$이므로 그 합은 끝자리 올림이 발생하지 않았으며 그 결과는 음(-)수이다. 보수를 이용한 뺄셈은 2진수의 경우에도 마찬가지 방법으로 행해진다.

예제 2-18

2개의 2진수 X=1010101과 Y=1000111이 주어진 경우 2의 보수를 사용하여 ❶ X-Y, ❷ Y-X를 구하시오.

풀이

❶

X	=	1010101
Y에 대한 2의 보수	=	+0111001
합	=	10001110
끝자리올림 27버림	=	-10000000

답) 0001110

위의 예는 $X \geq Y$이므로 그 합은 끝자리올림이 발생하였으며 그 결과는 양(+)수이다.

❷

Y	=	1000111
X에 대한 2의 보수	=	+0101011
합	=	1110010
끝자리올림 없음		

답) -(1110010에 대한 2의 보수) = -0001110

이 예는 $X < Y$이므로 그 합은 끝자리 올림이 발생하지 않았으며 그 결과는 음(-)수이다.

예제 2-19

1의 보수를 사용하여 예제 1-21을 반복하시오.

풀이

❶

X	=	1010101
Y에 대한 1의 보수	=	+0111000
합	=	10001101
		→ +1
답	=	0001111

결과 합에서 끝자리올림을 제거하고 이를 합의 최하위 유효자리비트에 더해준다. 이를 순환자리 올림(end-around carry)이라고 한다. 이러한 현상은 (r-1)의 보수가 r의 보수보다 1이 작기 때문에 감수의 보수에 피감수를 더한 결과는 끝자리올림이 생길 때 보정 오차(correct difference)보다 '1'이 작은 합을 발생한다.

❷

Y	=	1000111
X에 대한 1의 보수	=	+0101010
합	=	1110001

끝자리올림 없음

답) -(1110001에 대한 1의 보수) = -0001110

2.7 2진식 코드

디지털 시스템은 2개의 구별되는 값을 갖는 신호와 안정상태를 갖는 2개의 회로소자를 사용한다. 2진식 신호, 2진식 회로소자 및 2진 숫자 사이에는 직접적인 연관성이 있다. 예를 들면 n자리수의 2진수는 각각 0 또는 1에 대응된 출력을 내는 n개의 2진식 회로소자에 의해 표시될 수 있다. 디지털 시스템은 2진수뿐만 아니라 다른 많은 정보의 이산적인 요소를 처리한다. 개별적인 정보의 이산적인 요소는 2진식 코드로 나타낼 수 있다.

정의에 의해서 비트(bit)는 2진 숫자(binary digit)의 약자이다. 이것이 2진식 코드에서 사용될 때, 비트는 0이나 1을 나타내는 2진식 양으로 생각하는 것이 좋다. 2진식 코드에서 2^n개의 이산적인 요소의 집합을 나타내기 위해서는 최소한 n개의 비트가 필요하다. 예를 들면, 4개의 개별 요소를 2비트 코드로 표시할 수 있는데 각 요소에는 2비트의 조합인 00, 01, 10, 11 중의 하나를 할당한다. 8개의 개별 요소의 표시는 3비트가 필요하며 각 요소에는 000, 001, 010, 011, 100, 101, 110, 111 중의 하나가 할당된다. 이들 예는 n비트 코드의 개별적인 비트 조합은 요소의 개수가 2의 거듭제곱의 배수가 아닐 때는 모든 비트 조합이 다 할당되지 않는다. 10개의 10진 숫자 0, 1, 2, 3, 4, 5, 6, 7, 8, 9가 그 예이다. 이들 10개의 숫자를 표시하는 데는 3비트로는 모자라기 때문에 적어도 4비트가 필요하다. 4비트로는 16개의 조합을 얻을 수 있기 때문에 10개만 할당하고 6개의 조합은 할당하지 않는다.

2^n개의 별개의 코드를 나타내는 데 필요한 최소의 비트 수는 n이지만 최대의 비트 수는 존재하지 않는다. 예를 들면, 10개의 10진 숫자는 각 숫자에 9개의 0과 1개의 1로 된 비트 조합을 할당하는 10개의 비트로 표시할 수 있다. 이 특별한 2진식 코드에서 숫자 6은 비트 조합 0001000000을 할당할 수 있다.

10진식 코드

10진 숫자에 대한 2진 코드는 적어도 4비트가 필요하다. 4개 또는 그 이상의 비트들을 사용하여 10가지의 각기 다른 조합으로 배치함으로써 여러 가지 코드를 만들 수 있다. 몇 가지 구성방법을 표 2.2에 나타내었다. 2진식 코드화 10진수(Binary Coded. Decimal : BCD)는 대응된 2진수 그대로 할당한 것이다.

표 2.2 10진 숫자에 대한 2진식 코드

10진 숫자	(BCD) 8421	3-초과	84-2-1	2421	(Biquinary) 5043210
0	0000	0011	0000	0000	0100001
1	0001	0100	0111	0001	0100010
2	0010	0101	0110	0010	0100100
3	0011	0110	0101	0011	0101000
4	0100	0111	0100	0100	0110000
5	0101	1000	1011	1011	1000001
6	0110	1001	1010	1100	1000010
7	0111	1010	1001	1101	1000100
8	1000	1011	1000	1110	1001000
9	1001	1100	1111	1111	1010000

(1) BCD(8421) 코드

4비트로 표시되는 10진식 코드이며 각 비트의 자리수에는 각각 8, 4, 2, 1의 가중치가 주어져 있다. 예를 들면, 0110은 $0\times8+1\times4+1\times2+0\times1=6$이기 때문에 10진 숫자 6을 나타내는 것으로 가중치에 의해 해석될 수 있다.

(2) 3-초과(Excess-3) 코드

구식 컴퓨터에 쓰이던 10진식 코드이며 BCD코드에 3을 더해서 얻어진다.

(3) 84-2-1 코드

4비트로 표시되는 10진식 코드이며 각 비트의 자리수에는 각각 8, 4, -2, -1의 가중치가 주어져 있다.

(4) 2421 코드

4비트로 표시되는 10진식 코드이며 각 비트의 자리수에는 각각 2, 4, 2, 1의 가중치가 주어져 있다.

3-초과 코드, 2421 코드 및 84-2-1 코드는 모두 자기 보수성 코드(self-complementary code)이다. 자기 보수성 코드란 각 코드에 대응하는 10진수의 9의 보수가 0은 1로, 1은 0으로 대치함으로써 쉽게 얻어지는 코드이다. 예를 들면,

$$(395)_{10} \rightarrow (001111111011)_{2421}$$

로 표시된다. 이 숫자의 9의 보수는

$$(604)_{10} \rightarrow (110000000100)_{2421}$$

으로서 1은 0으로, 0은 1로 대치함으로써 쉽게 얻어진다. 이 성질은 9의 보수에 의한 감산을 행할 때 유용하게 사용된다.

(5) 5043210(이중 5) 코드

이중 5(biquinary)코드는 오류 검출의 성질이 있는 7비트 코드의 예이다. 이 코드의 각 숫자는 5개의 0과 2개의 1로 구성되어 있다. 한 장소에서 다른 장소로 신호를 전송하는 도중에 오류가 발생할 수 있다. 즉, 1개 또는 여러 개의 비트 값이 바뀔 수 있다. 수신측 회로에서는 1의 개수가 2개 이상(또는 이하) 존재하는 것을 검출할 수 있다. 또한 수신된 비트의 조합이 허용할 수 있는 조합과 일치하지 않으면 오류가 검출된다.

오류검출 코드

2진식 정보는 전선이나 전파와 같은 통신매체를 통하여 전달될 수 있다. 통신매체에서 외부 잡음이 발생하면 이로 인해 0을 1로 혹은 1을 0으로 바꾸어 놓는다. 오류검출 코드(error detection codes)는 전송 동안에 발생할지도 모르는 이런 오류를 검출하는데 사용된다. 검출된 오류는 수정되지는 않으나 오류가 존재함을 나타낸다.

패러티(parity) 비트는 메시지 내의 1의 총 개수를 홀수로 만들거나 짝수로 만드는 1개의 특수 비트이다. 4비트 메시지와 패러티 비트 P를 표 2.3에 나타내었다. 홀수(odd) 패러티는 메시지와 패러티 비트 P로 구성된 5비트 전체에서 1의 개수가 홀수가 되도록 P가 정해진다. 짝수(even) 패러티는 메시지와 패러티 비트 P로 구성된 5비트 전체에서 1의 개수가 짝수가 되도록 P가 정해진다. 한 장소에서 다른 장소로 정보를 전송하는 동안에 패러티 비트는 다음과 같이 처리된다. 송신 마지막 단계에서 메시지는 패러티 비트를 발생시키기 위해서 패러티 발생회로에 가해진다.

그리고 패러티 비트를 포함한 메시지가 도착점으로 전송된다. 수신측에서는 입력 비트(5비트 전부)는 적절한 패러티가 적용되었는지를 검사하기 위하여 패러티 비트 검사회로에 가해진다. 검사된 패러티가 채택된 패러티와 다르면 오류가 검출된다. 오류가 검출되면, 수신측에서는 오류검출메시지(negative acknowledge message)를 송신측으로 보낸다. 그리고 오류가 검출되지 않았을 때는 신호를 제대로 받았다는 메시지(acknowledge message)를 송신측으로 보낸다.

그레이 코드

그레이(Gray) 코드는 연속적인 아날로그(analog) 신호를 이산적인 디지털 신호로 변환할 때 많이 사용되는 코드이다.

표 2.3 패러티 비트

홀수 패러티 (Odd parity)		짝수 패러티 (Even parity)	
Message	P	Message	P
0000	1	0000	0
0001	0	0001	1
0010	0	0010	1
0011	1	0011	0
0100	0	0100	1
0101	1	0101	0
0110	1	0110	0
0111	0	0111	1
1000	0	1000	1
1001	1	1001	0
1010	1	1010	0
1011	0	1011	1
1100	1	1100	0
1101	0	1101	1
1110	0	1110	1
1111	1	1111	0

그레이 코드는 교번(reflected) 2진식 코드라고도 하는데 2진수에 비해서 이 코드의 장점은 한 숫자에서 그 다음 숫자로 진행할 때에 오직 한 비트만이 변한다는 점이다.

표 2.4 4비트 그레이 코드

그레이 코드	10진 숫자
0000	0
0001	1
0011	2
0010	3
0110	4
0111	5
0101	6
0100	7
1100	8
1101	9
1111	10
1110	11
1010	12
1011	13
1001	14
1000	15

그레이 코드를 얻기 위해서는 어느 비트 조합으로부터도 시작할 수 있다. 원하는 형태로 0을 1로, 또는 1을 0으로 오직 한 비트씩만 바꾸어서 그 다음 비트 조합을 얻으면서 진행시켜 가면 된다. 표 2.4에 4비트 그레이 코드를 나타내었다.

영문 · 숫자 코드

디지털 시스템은 숫자로 이루어진 데이터 뿐만 아니라 문자로 구성된 데이터도 처리해야 한다. 예를 들면, 수백만 명의 고객을 확보한 보험회사는 고객의 파일을 관리하기 컴퓨터를 사용할 것이다. 2진식 형태로 고객의 이름을 나타내기 위해서는 알파벳에 대한 2진식 코드가 필요하다. 또한, 10진 숫자와 다른 특별 문자들도 2진 코드로 나타내야 한다. 영문 · 숫자 코드(alphanumeric codes)는 10개의 10진 숫자, 26개의 알파벳 문자 그리고 *, #, $ 등과 같은 특수 문자로 구성된 원소들에 대한 2진식 코드이다. 영문 · 숫자군에 포함된 원소의 총개수는 36개이다. 따라서, 이것들이 코드화되기 위해서는 최소한 6비트가 필요하다. 컴퓨터에서 내부적으로 문자, 숫자 및 기호 등을 나타내기 위해서는 64개의 조합이 필요하기 때문에 7비트, 8비트 영문 · 숫자 코드가 만들어졌다. 그 중 하나가 ASCII(American Standard Code for Information Interchange)코드이고, 다른 하나가 EBCDIC(Extended BCD Interchange Code) 코드이다. 표 2.5에서는 이들 코드를 나타내었다. ASCII 코드는 7비트로 구성되어 있으나 실제로는 패러티 비트를 포함하여 8비트가 사용되고 있다.

표 2.5 문자 · 숫자 코드

문자	ASCII 코드 (7비트)	EBCDIC 코드 (8비트)	문자	ASCII 코드 (7비트)	EBCDIC 코드 (8비트)
A	1000001	11000001	Z	1011010	11101001
B	1000010	11000010	0	0110000	11110000
C	1000011	11000011	1	0110001	11110001
D	1000100	11000100	2	0110010	11110010
E	1000101	11000101	3	0110011	11110011
F	1000110	11000110	4	0110100	11110100
G	1000111	11000111	5	0110101	11110101
H	1001000	11001000	6	0110110	11110110
I	1001001	11001001	7	0110111	11110111
J	1001010	11010001	8	0111000	11111000
K	1001011	11010010	9	0111001	11111001
L	1001100	11010011	blank	0100000	01000000
M	1001101	11010100	.	0101110	01001011

N	1001110	11010101	(	0101000	01001101
O	1001111	11010110	+	0100111	01001110
P	1010000	11010111	$	0100100	01001011
Q	1010001	11011000	*	0101010	01001100
R	1010010	11011001	)	0101001	01001101
S	1010011	11100010	-	0101101	01100000
T	1010100	11100011	/	0101111	01100001
U	1010101	11100100	,	0101100	01101011
V	1010110	11100101	=	0111101	01111110
W	1010111	11100110			
X	1011000	11100111			
Y	1011001	11101000			

02 종합평가문제

01 다음 2진수를 10진수로 변환하시오.

① 10101100　　② 11111
③ 0101110　　④ 11001101

02 다음 10진수를 2진수로 변환하시오.

① 123　　② 673.25
③ 1998　　④ 104

03 다음 10진수를 지시하는 대로 변환하시오.

① 7562.45를 8진수로
② 23.6875를 2진수로
③ 1938.257을 16진수로

04 다음 물음에 답하시오.

① 10진수 159를 2진수, 8진수 및 16진수로 변환
② 2진수 1100111을 10진수, 8진수 및 16진수로 변환
③ 8진수 176을 2진수, 10진수 및 16진수로 변환
④ 16진수 9FC5를 2진수, 8진수 및 10진수로 변환

05 다음 2진수의 1의 보수와 2의 보수를 구하시오.

① 10100110　　② 10000101
③ 10001001　　④ 00110010

06 다음 1의 보수와 2의 보수를 사용하여 감산을 수행하시오.

① 11010−1101　　② 100−110000
③ 11010−10000　　④ 10010−10001

07 10진수 2678을 ① BCD 코드 ② 3−초과 코드 ③ 2421 코드 ④ 2진수로 나타내시오.

08 2개의 2진수 X=1010100과 Y=1000011이 주어진 경우 2의 보수를 사용하여 (a) X−Y, (b) Y−X를 구하시오.

09 2개의 2진수 X=1010100과 Y=1000011이 주어진 경우 1의 보수를 사용하여 (a) X−Y, (b) Y−X를 구하시오.

10 2개의 10진수 X=72532와 Y=3250이 주어진 경우 10의 보수를 사용하여 (a) X−Y, (b) Y−X를 구하시오.

Chapter 3

논리함수와 최소화

개요

부울대수의 정의와 기본 연산, 기본이론과 성질에 대해서 살펴보고, 이를 바탕으로 디지털 설계에서 표준 게이트로 사용하는 8개의 기본 게이트, 즉 NOT, Buffer, AND, OR, NAND, NOR, exclusive-OR, exclusive-NOR 게이트의 심볼, 진리표 및 동작을 살펴보기로 한다. 또한 논리식을 표현하는 2가지 기본 형태인 곱의합과 합의곱을 살펴보고, 이들이 최소항과 최대항으로 어떻게 표현되는지 알아보고자 한다. 그리고 마지막으로 부울대수의 성질을 사용하여 논리식을 간소화하는 방법과 카르나 맵을 사용하여 논리식을 간소화하는 방법을 살펴보고자 한다.

학습 목표

- 부울대수의 정의와 기본 연산, 기본이론과 성질에 대해서 알아본다.
- 8개의 기본 게이트의 심볼, 진리표 및 동작을 알아본다.
- 논리식을 표현하는 2가지 기본 형태인 곱의합과 합의곱을 살펴보고, 이들이 최소항과 최대항으로 어떻게 표현되는지 알아본다.
- 부울대수의 성질을 사용하여 논리식을 간소화하는 방법에 대하여 알아본다.
- 카르나 맵을 사용하여 논리식을 간소화하는 방법에 대하여 알아본다.

3.1 부울대수

부울대수의 정의

대수란 원소의 집합과 원소들에 대한 연산자로 정의된다. 그 중에서도 부울대수(Boolean algebra)는 원소의 집합이 {0, 1}이고 정의된 연산자가 {AND, OR, NOT}인 대수를 의미한다. 원소의 집합이 2진 값(binary-value)을 가지므로 이들에 대한 연산의 결과도 2진 값을 가지며, 이러한 연산을 2진 연산이라 한다. 부울대수의 기본연산은 AND, OR, NOT(inverse 또는 complement:보수)이다.

(1) NOT 연산

0의 보수는 1이고, 1의 보수는 0이다. 이를 기호로 표시하면 다음과 같다.

$$0' = 1, \ 1' = 0$$

여기서 프라임(prime,')은 보수를 나타내며 논리부정(NOT 연산)이라고도 한다. x가 논리변수일 때 $x = 0$이면 $x' = 1$이고, $x = 1$이면 $x' = 0$이다. 이를 표로 나타내면 다음과 같다.

x	x'
0	1
1	0

(2) AND 연산

AND 연산은 다음과 같이 정의된다.

$$0 \cdot 0 = 0, \quad 0 \cdot 1 = 0, \quad 1 \cdot 0 = 0, \quad 1 \cdot 1 = 1$$

여기서 '·'는 AND를 의미한다. 만약 부울대수식(또는 논리식)을 $z = x \cdot y$와 같이 표시할 때 AND 연산은 다음과 같이 결정된다.

x	y	$x \cdot y$
0	0	0
0	1	0
1	0	0
1	1	1

위의 표에서 알 수 있듯이 $x \cdot y$의 값은 x, y가 모두 1일 때만 1이다. 일반적으로 부울대수식을 표현할 때 · 기호는 생략하므로 $x \cdot y$ 대신 xy로 표현한다. AND연산을 논리곱이라고도 한다.

(3) OR 연산

OR 연산은 다음과 같이 정의된다.

$$0+0=0,\quad 0+1=1,\quad 1+0=1,\quad 1+1=1$$

여기서 '+'는 OR를 의미한다. 만약 부울대수식(또는 논리식)을 $z=x+y$와 같이 표시할 때 OR 연산은 다음과 같이 결정된다.

x	y	$x+y$
0	0	0
0	1	1
1	0	1
1	1	1

위의 표에서 알 수 있듯이 $x+y$의 값은 x, y중 하나만 1이면 1이 됨을 알 수 있다. 따라서 OR라는 명칭이 부여되어 있고 이를 논리합이라고도 한다.

부울대수의 기본이론과 성질

(1) 기본정리

부울대수는 다음과 같은 기본 가설에서 출발한다.

$$0'=1,\quad 1'=0 \qquad 0+0=0,\quad 0\cdot 0=0$$
$$1+0=1,\quad 1+1=1 \qquad 1\cdot 1=1,\quad 1\cdot 0=0$$

위의 기본 가설로부터 부울대수에 대해 다음과 같은 기본 정리가 성립된다.

$$x+1=1 \quad x \cdot 0=0 \quad x+0=x \quad x \cdot 1=x$$

$$x+x=x \quad x \cdot x=x \quad x+x'=1 \quad x \cdot x'=0 (x')'=x$$

즉 논리변수에 1을 더하면 1이 되고, 0을 곱하면 0이 된다. 또한 같은 논리변수를 더하거나 곱해도 값은 변하지 않는다. 각 정리에 대한 증명은 x의 모든 값에 대하여 논리식의 양변이 같음을 보임으로써 간단히 증명할 수 있다. 예를 들어 $x+x'=1$임을 증명하려면 $x=0$일 때 $0+0'=0+1=1$, $x=1$일 때 $1+1'=1+0=1$임을 보이면 된다.

(2) 교환 · 결합 · 배분 법칙

일반 대수에서 성립되는 교환법칙이나 결합법칙이 부울대수에도 적용된다. AND나 OR에 대한 교환법칙은

$$xy=yx$$
$$x+y=y+x$$

이다. 이는 AND 또는 OR 연산에서 변수의 연산 순서는 결과와 무관함을 의미한다. 마찬가지로 결합법칙도 AND나 OR 연산에 적용되는데

$$(xy)z=x(yz)$$
$$(x+y)+z=x+(y+z)$$

이다. 이는 세 변수의 AND나 OR 연산을 할 때 그 결과는 어느 두 변수가 먼저 결합되었느냐와는 무관함을 의미한다. 진리표를 이용하면 교환법칙과 결합법칙은 간단하게 증명할 수 있다. AND나 OR 연산에 분배법칙을 적용하면

$$x(y+z)=xy+xz$$

가 된다. 또한 일반대수에서는 성립되지 않는 2차 분배법칙이 부울대수에서는 성립된다.

$$x+yz=(x+y)(x+z)$$

2차 분배법칙에 대한 증명은 다음과 같다.

$$\begin{aligned}(x+y)(x+z) &= x(x+z)+y(x+z)=xx+xz+yx+yz \\ &= x+xz+xy+yz=x(1+y+z)+yz=x+yz\end{aligned}$$

(3) 부울대수의 정리

부울대수의 기본정리와 기본법칙으로부터 다음과 같은 정리가 성립된다.

❶ $xy + xy' = x$

❷ $(x+y)(x+y') = x$

❸ $x + xy = x$

(증명) $x + xy = x \cdot 1 + xy = x(1+y) = x$

❹ $x(x+y) = x$

(증명) $x(x+y) = xx + xy = x + xy = x(1+y) = x$

❺ $(x+y')y = xy$

(증명) $(x+y')y = xy + y'y = xy + 0 = xy$

❻ $xy' + y = x + y$

(증명) $xy' + y = (y+x)(y+y') = (x+y) \cdot 1 = x + y$

❼ $(x+y)' = x'y'$, $(xy)' = x' + y'$ (De Morgan의 정리)

De Morgan의 정리를 대수적으로 증명하려면 길므로 타당성을 진리표로 간단히 증명하고자 한다. 첫 번째 De Morgan의 정리 $(x+y)' = x'y'$에 대한 진리표는 다음과 같다.

x	y	$x+y$	$(x+y)'$	x'	y'	$x'y'$
0	0	0	1	1	1	1
0	1	1	0	1	0	0
1	0	1	0	0	1	0
1	1	1	0	0	0	0

두 식을 일반화하면 임의의 입력수에 대해 아래 식처럼 표현할 수 있다. 즉,

$$\overline{\mathrm{A} \cdot \mathrm{B} \cdot \mathrm{C} \cdots} = \overline{\mathrm{A}} + \overline{\mathrm{B}} + \overline{\mathrm{C}} + \cdots$$

$$\overline{\mathrm{A} + \mathrm{B} + \mathrm{C} + \cdots} = \overline{\mathrm{A}} \cdot \overline{\mathrm{B}} \cdot \overline{\mathrm{C}} \cdots$$

정리1에서 좌변은 NOR 게이트이고 우변은 AND 게이트의 입력을 NOT 게이트로 부정한 것이다. 즉, 논리합의 부정은 각 변수의 부정의 논리적과 같다. 정리2에서 좌변은 NAND 게이트이고 우변은 OR 게이트의 입력을 NOT 게이트로 부정한 것으로 논리적의 부정은 각 변수의 부정의 논리합과 같다.

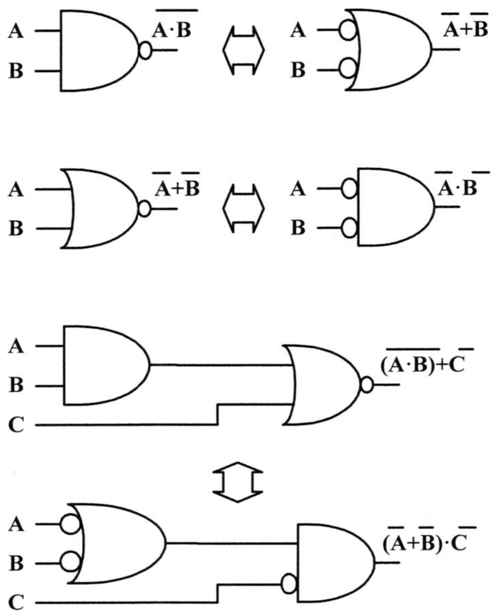

그림 3-1 De·Morgan 정리의 활용

(4) 논리식의 쌍대성 원리

어떤 논리식이 주어질 때 AND는 OR로, OR는 AND로 대치하고, 0은 1로, 1은 0으로 대치해도 논리식은 그대로 성립한다. 이를 논리식의 쌍대성 원리(duality principle)라고 한다. 이 때 변수와 보원의 변수는 변하지 않는다.

(5) 연산자의 우선 순위

부울 수식의 계산순위는 ① 괄호( ), ② NOT(~), ③ AND(·) 및 ④ OR(+)의 순이다. 다시 말해, 괄호 내의 식은 다른 모든 연산자에 앞서서 계산해야 한다. 다음 우선권이 있는 연산자는 보원(complement)이며 그리고 AND가 그 다음이고, 마지막으로 OR이다.

(6) 대수적 처리에 의한 부울 함수의 간략화

부울대수로 표현된 논리식은 디지털 논리소자로 구현할 수 있다. 논리식을 논리소자로 구현할 경우 각 변수는 어떤 논리소자에 입력이 되며 각 항은 하나의 논리소자로 표현된다. 즉, 문자의 수와 항을 줄이는 것이 회로를 간단히 하여, 장치의 크기와 비용을 줄이는 결과가 된다. 문자와 항을 동시에 줄이는 것은 항상 가능한 것이 아니므로 여기서는 간략화의 기준을 문자의 축소에만 국한하기로 한다. 논리식의 문자수는 대수적 조작에 의해 줄일 수 있는데, 불행히도 정확한 표현을 얻는 일정한 규칙은 존재하지 않는다.

예제 3-1

다음 부울 함수를 가장 적은 수의 문자로 간략화 하시오.

풀이 ① $x+x'y=(x+x')(x+y)=1\cdot(x+y)=x+y$

② $x(x'+y)=xx'+xy=0+xy=xy$

③ $x'y'z+x'yz+xy'=x'z(y'+y)+xy'=x'z+xy'$

④ $xy+x'z+yz=xy+x'z+yz(x+x')$

$$=xy+x'z+xyz+x'yz$$

$$=xy(1+z)+x'z(1+y)=xy+x'z$$

(7) 함수의 보원

함수 F의 보원(또는 보수)은 F'이며, F의 값에서 1은 0으로, 0은 1로 바꾸어 얻어진다. 함수의 보원은 De Morgan 정리를 통하여 유도할 수도 있다. De Morgan 정리의 3변수에 대한 형식을 유도해 보기로 하자.

$$\begin{aligned}(A+B+C)' &= (A+X)' \rightarrow B+C=X\\ &= A'X'\\ &= A'\cdot(B+C)'\\ &= A'\cdot(B'C')\\ &= A'B'C'\end{aligned}$$

이를 일반적으로 표현하면 다음과 같다.

$$(A+B+C+\ldots+F)'=A'B'C'\ldots F'$$
$$(ABC\ \ldots\ F)'=A'+B'+C'+\ \ldots\ +F'$$

De Morgan 정리의 일반화된 형식은 함수의 보원이 AND와 OR 오퍼레이터를 서로 바꾸어 주고 각 문자를 보원화함으로써 얻어질 수 있다.

예제 3-2

함수 $F_1 = x'yz' + x'y'z$와 $F_2 = x(y'z' + yz)$의 보원을 구하시오.

풀이 De Morgan 정리를 이용하면

$$F_1' = (x'yz' + x'y'z)' = (x'yz')'(x'y'z)' = (x + y' + z)(x + y + z')$$
$$F_2' = [x(y'z' + yz)]' = x' + (y'z')' \cdot (yz)' = x' + (y + z)(y' + z')$$

디지털 논리게이트

부울 함수는 AND, OR 및 NOT 연산의 항으로 표시되어 있으므로 부울 함수를 이 게이트의 형식으로 구현하기는 용이하다. 디지털 설계에서 표준 게이트로 사용하는 것은 8개, 즉 NOT, Buffer, AND, OR, NAND, NOR, exclusive-OR, exclusive- NOR 게이트이다. 이들 게이트의 심볼, 진리표 및 동작을 살펴보기로 하자.

(1) AND 게이트

AND 게이트는 논리식이 곱하기 형태로 표시되며, 모든 입력이 1일 때만 출력이 1이 되는 게이트이다. 두 입력을 x, y라 할 때, 출력 $F = xy$로 표시된다. AND 게이트의 논리기호와 진리표는 그림 3.2와 같다.

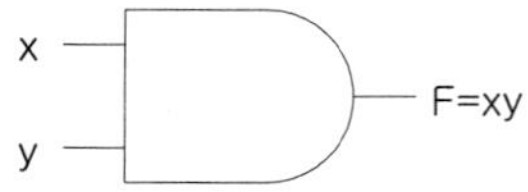

(a) 논리기호

x	y	F
0	0	0
0	1	0
1	0	0
1	1	1

(b) 진리표

그림 3.2 AND 게이트의 논리기호와 진리표

그림 3.3은 스위치를 이용한 AND 게이트 회로를 나타내며 스위치 대신에 다이오드나 트랜지스터를 사용해도 같은 결과를 얻을 수 있다. 이 회로에서 스위치 A, B가 모두 닫힐 때만 전구가 켜지고, 그 외의 것은 전구가 켜지지 않는다. 즉, A=B=0일 때와 A=0, B=1 또는 A=1, B=0이면 전구에 전류를 공급해 주는 스위치가 열려 있으므로 전구는 켜지지 않는다.

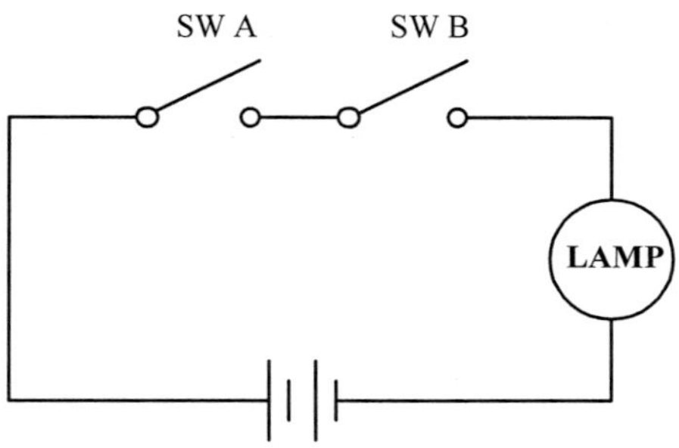

그림 3.3 스위치를 이용한 AND 게이트

그림 3.4는 다이오드를 이용한 AND 게이트를 나타내고 있다. 여기서 다이오드는 이상적인 것으로 간주하고 모든 전압은 0이나 1 중의 한 전압을 갖는다고 한다. A=B=0인 경우 다이오드는 모두 ON 상태로 되어 출력 Y는 0이 된다. 또한 A=0, B=1인 경우와 A=1, B=0인 경우는 다이오드의 어느 하나가 ON 상태가 되어 출력은 0이 된다. A=B=1일 때 모든 다이오드가 OFF 되어 이 때 출력이 1이 나온다.

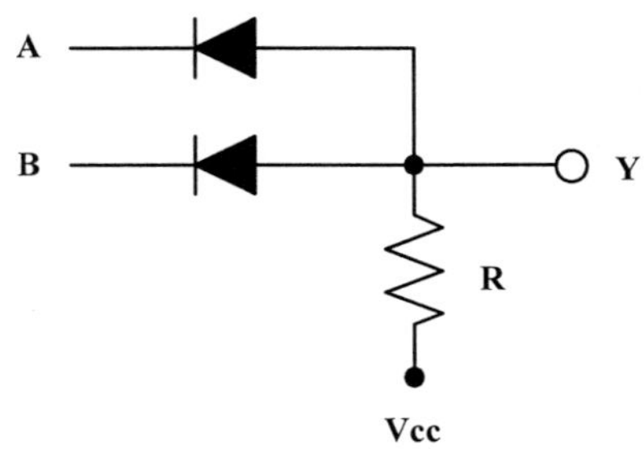

그림 3.4 다이오드를 이용한 AND 게이트

(2) OR 게이트

OR 게이트는 논리식이 더하기 형태로 표시되며, 한 개 이상의 입력이 1이면 출력이 1이 되는 게이트이다. 두 입력을 x, y라 할 때, 출력 $F=x+y$로 표시된다. OR 게이트의 논리기호와 진리표는 그림 3.5와 같다.

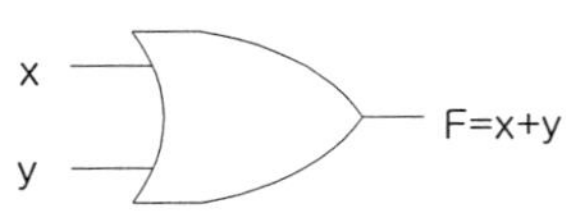

(a) 논리기호

x	y	F
0	0	0
0	1	1
1	0	1
1	1	1

(b) 진리표

그림 3.5 OR게이트의 논리기호와 진리표

그림 3.6은 스위치를 이용한 OR 게이트를 나타내고 있다. A와 B는 입력을 나타내고 Y는 출력을 나타낸다. 스위치 A와 B가 동시에 열릴 때 전구는 켜지지 않고 스위치 A나 B의 어느 한 쪽이나 혹은 둘 다 닫힐 때 켜지는 것을 말한다.

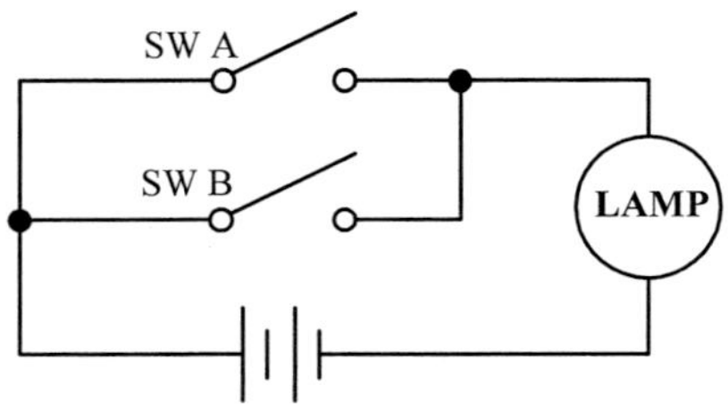

그림 3.6 스위치를 이용한 OR 게이트

그림 3.6의 스위치 대신에 다이오드나 트랜지스터를 사용해도 같은 결과를 얻을 수 있다. 그림 3.7은 다이오드를 이용한 OR 게이트를 나타내고 있다. 그림에서 입력 A, B가 0이면 다이오드에 걸리는 전압이 없으므로 출력 Y는 0이고, A=0, B=1 또는 A=1, B=0일 때나 A=B=1일 때는 다이오드의 어느 하나나 모두에 전압이 걸려 출력은 1이 나온다. 여기서 1이 5[V]이면 5[V]가, 10[V]이면 10[V]가 나온다. 이같은 동작을 하는 것을 OR 게이트라고 한다. 입력이 3개 이상인 경우나 NPN 트랜지스터를 사용하여도 같은 결과를 얻을 수 있다.

대부분의 디지털회로에서는 한 전압레벨에서 다른 전압레벨로 변화하는 스위치로서 다이오드나 트랜지스터를 사용하고 있다. 여기서 말하는 전압레벨이란 전압의 높낮이를 가리는 것으로 전압의 크기를 정확히 구별해야 할 필요는 없고 단지 높고 낮음이 뚜렷이 구별될 정도면 된다.

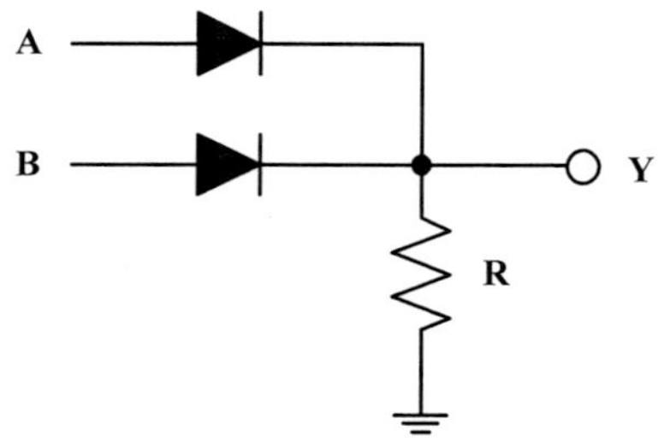

그림 3.7 다이오드를 이용한 OR 게이트

(3) NOT 게이트

NOT 게이트는 AND 및 OR 게이트와 더불어 기본 게이트 중의 하나이다. 이것은 부정회로 또는 인버터라고도 하며 입력과 출력을 반전시키는 역할을 한다. 하나의 입력과 하나의 출력을 가지며 입력이 1이면 출력은 0이고, 입력이 0이면 출력은 1 상태로 된다. 입력을 x라 할 때, 출력 $F=x'$로 표시된다. NOT 게이트의 논리기호와 진리표는 그림 3.8과 같다.

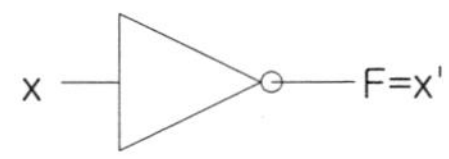

(a) 논리기호

x	F
0	1
1	0

(b) 진리표

그림 3.8 NOT게이트의 논리기호와 진리표

그림 3.9는 스위치를 이용한 NOT 게이트 회로이며, 그림 3.10은 트랜지스터로 구성된 NOT 게이트이다. 그림 1-9에서 입력 A=1이면 트랜지스터가 ON 되어 출력 Y=0이 되고 A=0이면 트랜지스터가 OFF 되어 출력 Y=1이 된다. 게이트를 종속 접속하면 게이트를 통과하는 신호의 전송시간을 증가시키므로 NOT 게이트를 여러 개 종속접속하여 지연회로나 상태 반전회로로 사용되기도 하며 총 지연시간은 한개의 게이트 전송시간에 전 게이트수의 곱으로 표시된다.

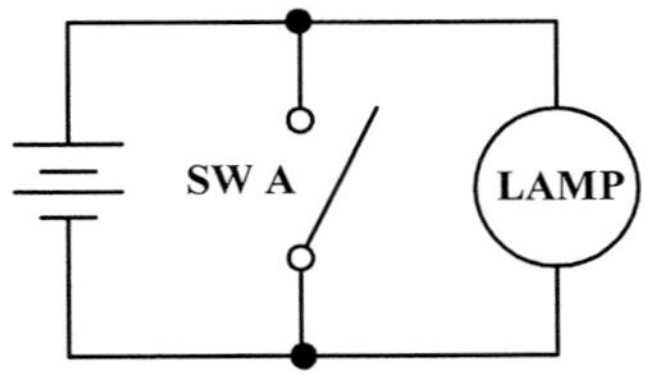

그림 3.9 스위치를 이용한 NOT 게이트

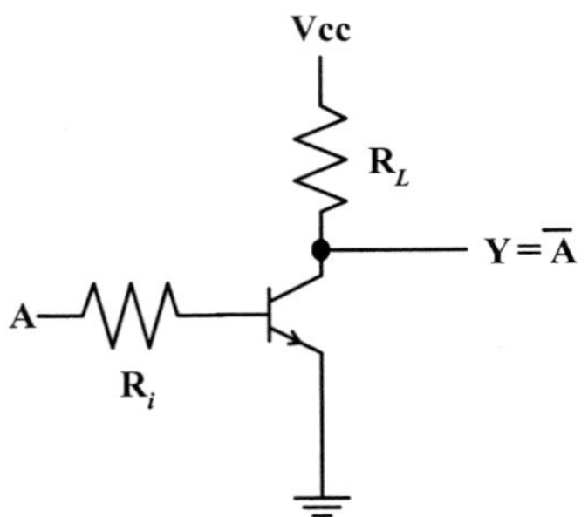

그림 3.10 트랜지스터를 이용한 NOT 게이트

(4) 버퍼(Buffer)

버퍼는 입력을 출력에 그대로 전달하는 역할을 하며 하나의 입력과 하나의 출력을 가진다. 입력이 1이면 출력은 1이고, 이력이 0이면 출력은 0 상태로 된다. 입력을 x라 할 때, 출력 $F=x$로 표시된다. 버퍼의 논리기호와 진리표는 그림 3.11과 같다.

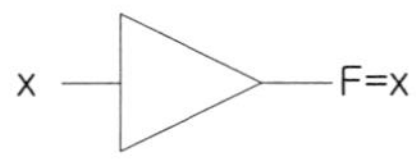

x	F
0	0
1	1

(a) 논리기호 (b) 진리표

그림 3.11 버퍼의 논리기호와 진리표

(5) NAND 게이트

NAND 게이트는 디지털 논리 게이트 중에서 가장 많이 사용되는 게이트이며 AND 게이트의 출력을 NOT 게이트로 반전시키는 것이다. 이 게이트는 AND 게이트와는 반대로 모든 입력이 1일 때만 출력이 0이 되는 논리 게이트이다. 두 입력을 x, y라 할 때, 출력 $F=(xy)'$로 표시된다. NAND 게이트의 논리기호와 진리표는 그림 3.12와 같다.

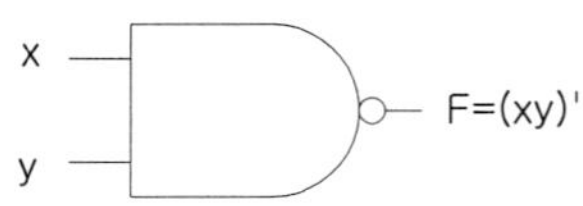

x	y	F
0	0	1
0	1	1
1	0	1
1	1	0

(a) 논리기호 (b) 진리표

그림 3.12 NAND 게이트의 논리기호와 진리

그림 3.13은 스위치를 이용한 NAND 게이트 회로를 나타내고 있으며, 이 회로에서 스위치 A와 B가 모두 닫힐 때만 단락되어 전구가 켜지지 않고 그 외의 경우는 전구가 켜진다.

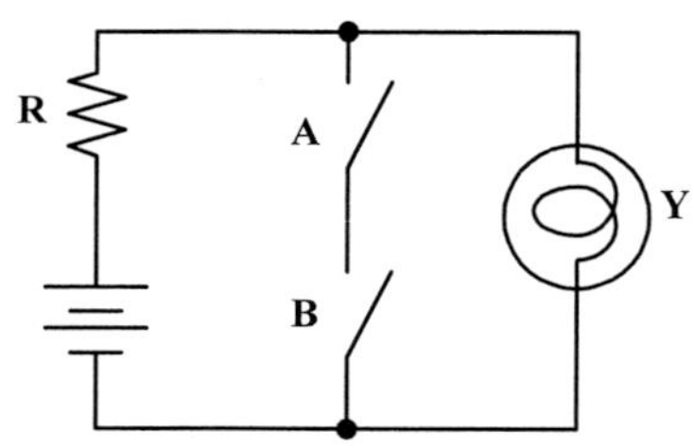

그림 3.13 스위치를 이용한 NAND 게이트

그림 3.14는 DTL(diode-transistor logic) 기본 NAND 게이트 회로를 나타내고 있으며 이 회로에서 모든 입력 A, B, C가 1 상태이면 트랜지스터 Q1은 포화 영역의 구동되어 출력 Y는 0이 된다. 다시 말해 점 P의 전압은 V_{BE}와 D1, D2를 가로지르는 2개의 다이오드 전압강하와의 합, 즉 $0.7 \times 3 = 2.1$[V]와 같다. 모든 입력이 5[V]이고 P점의 전압이 2.1[V]이므로 입력단의 다이오드는 차단된다. 이렇게 되면 베이스 전류 I_B는 흐를 것이고 트랜지스터는 포화되어 출력 Y는 $V_{CE(sat)}=0.2$[V](0 상태)가 된다. 3입력 중 어느 한 입력이라도 0 상태가 되면 P점의

전압은 입력전압 0.2[V]에 다이오드 전압강하 0.7[V]를 합한 것으로 0.9[V]가 된다. 트랜지스터가 도통하려면 P점의 전압이 VBE 전압강하와 2개의 다이오드 D1, D2를 가로지르는 전압강하의 합 즉, 0.6×3=1.8[V] 를 넘어야 한다. 그런데 점 P의 전압은 0.9[V]이므로 트랜지스터 Q1은 차단되고 출력은 1 상태로 된다.

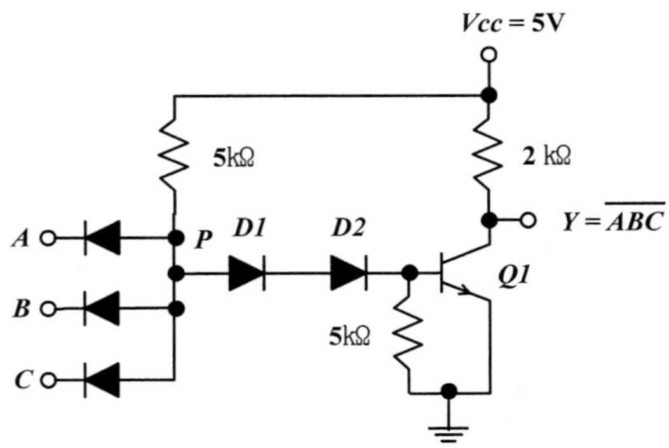

그림 3.14 DTL 기본 NAND 게이트

그림 3.15는 3입력 NAND 게이트의 논리기호와 진리표이며 입력 A, B, C 모두가 1일 때만 출력이 0이 됨을 알 수 있다.

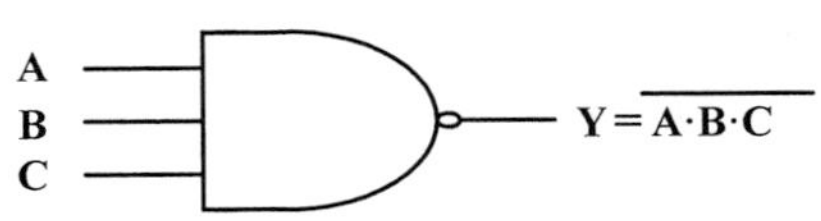

(a) 논리기호

A	B	C	Y
0	0	0	1
0	0	1	1
0	1	0	1
0	1	1	1
1	0	0	1
1	0	1	1
1	1	0	1
1	1	1	0

(b) 진리표

그림 3.15 3입력 NAND 게이트

(6) NOR 게이트

NOR 게이트는 NAND게이트와 더불어 많이 사용되는 게이트이며 OR 게이트의 출력을 NOT 게이트로 반전시키는 것이다. 이 게이트는 OR 게이트와는 반대로 입력 중 하나가 1이면 출력이 0이 되는 논리 게이트이다. 두 입력을 x, y라 할 때, 출력 $F=(x+y)'$로 표시된다. NOR

게이트의 논리기호와 진리표는 그림 3.16과 같다.

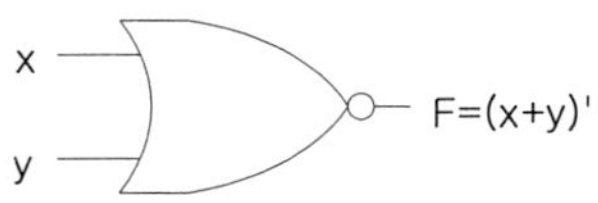

(a) 논리기호

x	y	F
0	0	1
0	1	0
1	0	0
1	1	0

(b) 진리표

그림 3.16 NOR 게이트의 논리기호와 진리표

그림 3.17은 스위치를 이용한 NOR 게이트 회로를 나타내고 있으며, 이 회로에서 스위치 A와 B가 모두 열려있을 때만 전구가 켜지고 그 외의 경우는 전구가 켜지지 않는다.

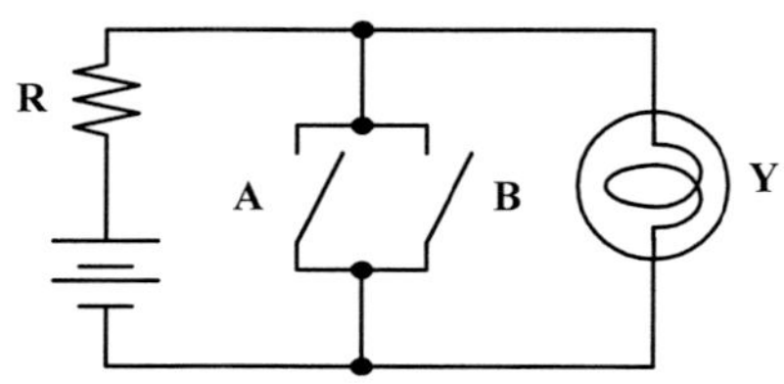

그림 3.17 스위치를 이용한 NOR 게이트

그림 3.18은 3입력 NOR 게이트의 논리기호와 진리표이며 이 동작은 2입력 NOR 게이트와 같이 3개의 입력 중 적어도 어느 하나 이상이 1이면 출력이 0이 됨을 알 수 있다.

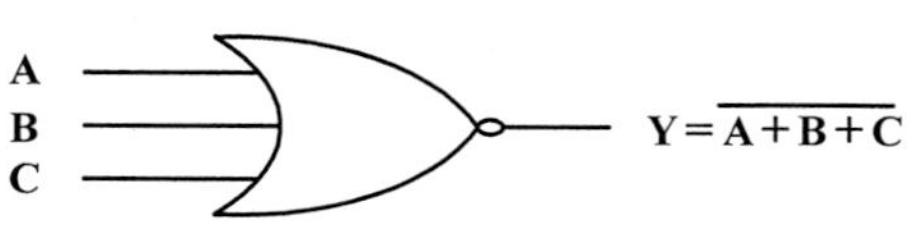

(a) 논리기호

A	B	C	Y
0	0	0	1
0	0	1	0
0	1	0	0
0	1	1	0
1	0	0	0
1	0	1	0
1	1	0	0
1	1	1	0

(b) 진리표

그림 3.18 3입력 NOR 게이트

(7) Exclusive-OR 게이트

Exclusive-OR 게이트는 배타적 OR 게이트 또는 반일치 논리회로라고도 한다. Exclusive-OR 게이트의 출력은 2입력 게이트의 경우 1개의 입력만이 1 상태일 때 즉, 두 입력이 서로 다를 때(다중 입력의 경우 홀수개의 입력이 1상태일 때) 출력이 1 상태가 되는 게이트를 말하며 이와 같은 기능을 mod-2 연산이라고도 말한다. Exclusive-OR 게이트의 두 입력을 x, y라 할 때, 논리기호와 진리표는 그림 3.19와 같으며, 출력 $F = x'y + xy' = x \oplus y$로 표시된다.

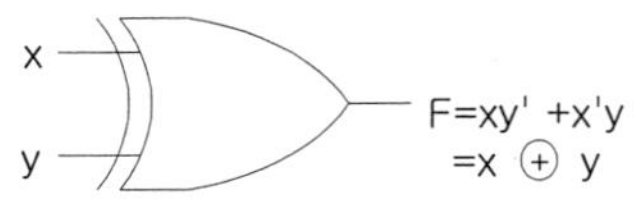

(a) 논리기호

x	y	F
0	0	0
0	1	1
1	0	1
1	1	0

(b) 진리표

그림 3.19 Exclusive-OR 게이트의 논리기호와 진리표

Exclusive-OR 게이트를 이용하면 2진 비트의 1의 총수가 짝수인가 홀수인가를 판별할 수 있는 능력이 있는데, 이것을 이용해 패러티 검사기(parity checker)로 사용할 수 있다. 즉, 두 입력 중 1이 짝수개이면 출력이 0이고 홀수개이면 출력이 1이므로 2진 비트수가 홀수인가 짝수인가를 판별할 수 있다. 그림 3.20은 Exclusive-OR 게이트를 사용한 패러티 검사기로 4개의 비트 A, B, C, D의 패러티를 검사할 수 있다.

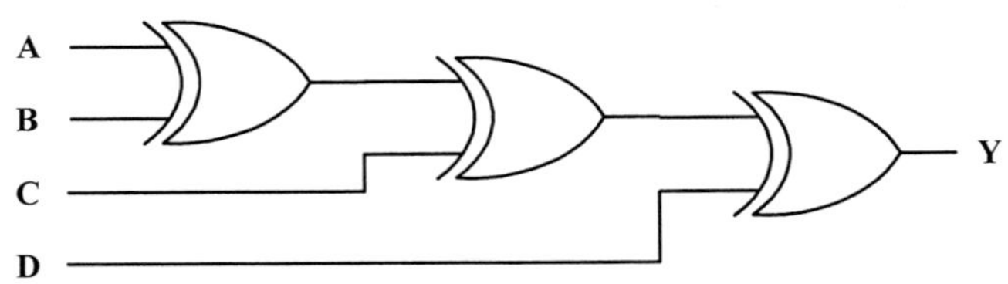

그림 3.20 4비트 패러티 검사 회로

Exclussive-OR 게이트는 다음과 같은 부울대수법칙이 성립된다.

- □ 교환법칙 A⊕B=B⊕A
- □ 결합법칙 (A⊕B)⊕C=A⊕(B⊕C)=A⊕B⊕C
- □ 분배법칙 (A・B)⊕(B・C)=B・(A⊕C)
- □ 만약 A⊕B=C이면 A⊕C=B, B⊕C=A, A⊕B⊕C=0이다.

또한 Exclussive-OR 게이트의 논리식은 정의에 따라 다음과 같은 여러 가지 식으로 변형이

가능하며 게이트 회로의 실현 방법도 다양하다. 즉,

$$
\begin{aligned}
Y &= A \oplus B \\
&= A\overline{B} + \overline{A}B \\
&= (A+B)(\overline{AB}\ ) \\
&= (A+B)(\overline{A}+\overline{B}\ ) \\
&= \overline{AB + \overline{A}\,\overline{B}} \\
&= \overline{A \odot B}
\end{aligned}
$$

(8) Exclusive-NOR 게이트

Exclusive-NOR 게이트는 Exclusive-OR 게이트를 부정한 것과 동일하며 배타적 NOR 게이트라고도 한다. 이 게이트는 입력 1의 총수가 짝수개이면 출력이 1이고 홀수개이면 0이므로 논리등가(logical equivalence) 또는 일치회로라고도 한다. 두 입력을 x, y라 할 때, 출력 $F = xy + x'y' = (x \oplus y)' = x \odot y$로 표시된다. Exclusive-NOR 게이트의 논리기호와 진리표는 그림 3.21과 같다.

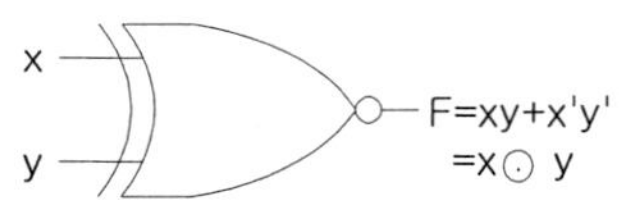

(a) 논리기호

x	y	F
0	0	1
0	1	0
1	0	0
1	1	1

(b) 진리표

그림 3.21 Exclusive-NOR 게이트의 논리기호와 진리표

Exclusive-NOR 게이트의 논리식은 정의에 따라 다음과 같이 전개된다.

$$
\begin{aligned}
Y &= A \odot B \\
&= AB + \overline{A}\ \overline{B} \\
&= \overline{A \oplus B} \\
&= (A+\overline{B}\ )(\overline{A}+B) \\
&= AB + (\overline{A+B}\ )
\end{aligned}
$$

실험 01 AND, OR 및 NOT 게이트

1. 목적

AND, OR 및 NOT 게이트의 기본 구성과 동작 원리를 익힌다.

2. 예비보고서

(1) 3입력 다이오드 AND 회로를 그리고 그것을 논리기호로 표시하시오.

(2) 3입력 AND 게이트 회로에 있어서 그림과 같은 입력을 가하는 경우 출력을 그리시오.

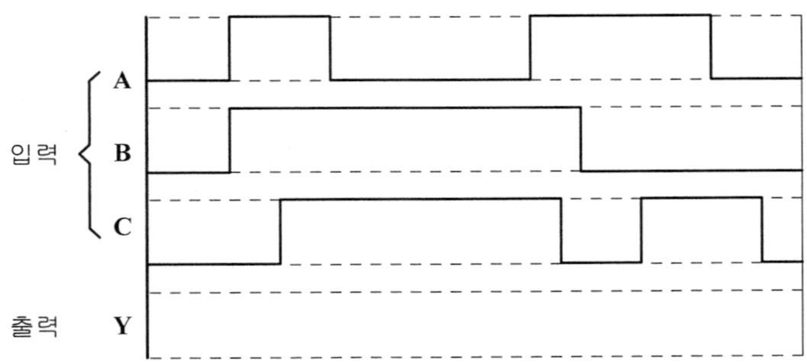

(3) 3입력 다이오드 OR 회로를 그리고 그것을 논리기호로 표시하시오.

(4) 3입력 OR 게이트 회로에 있어서 그림과 같은 입력을 가하는 경우 출력을 그리시오.

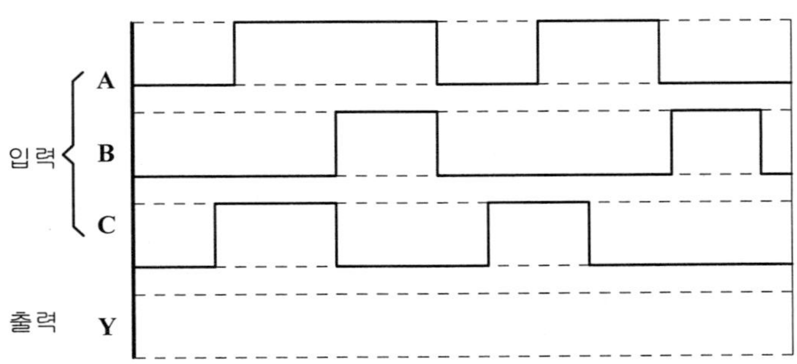

(5) 그림과 같은 NOT 게이트를 연결하는 경우 입력 A의 변화에 따른 출력 Y_1과 Y_2 를 구하시오.

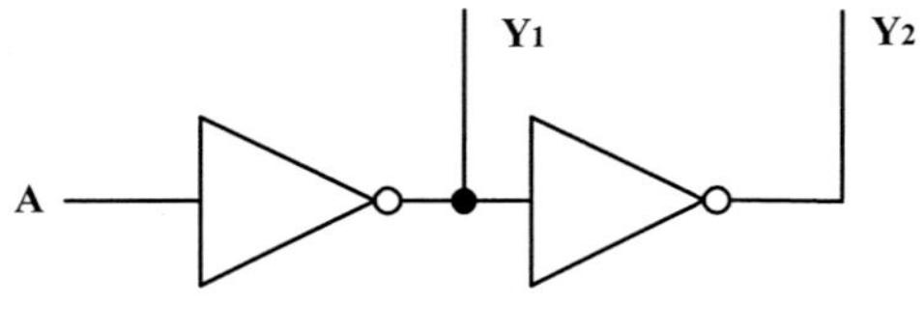

A	Y_1	Y_2
0		
1		

(6) IC의 입력단자를 열어(open) 놓으면 0과 1 중 어느 상태로 취급하는가?

3. 사용기기 및 부품

□ IC 74 LS 04(NOT 게이트)

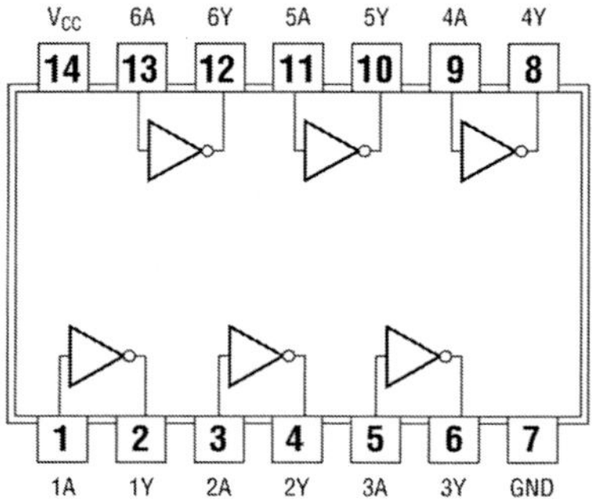

□ IC 74 LS 05(NOT 게이트 OC)

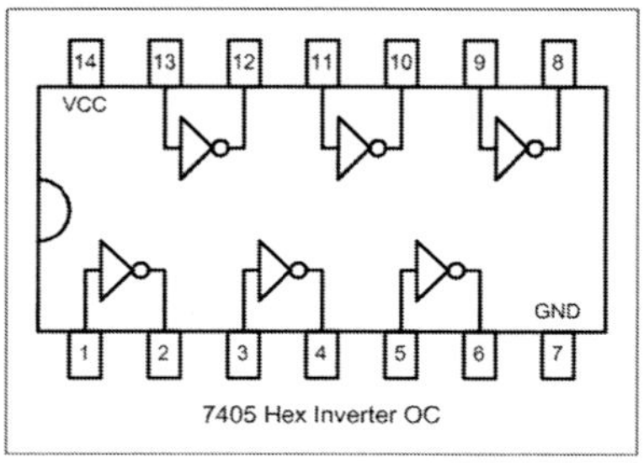

□ IC 74 LS 08(2 입력AND 게이트)

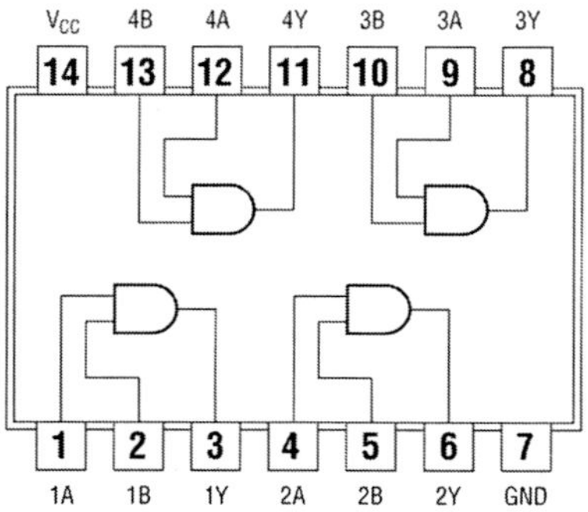

□ IC 74 LS 11(3 입력AND 게이트)

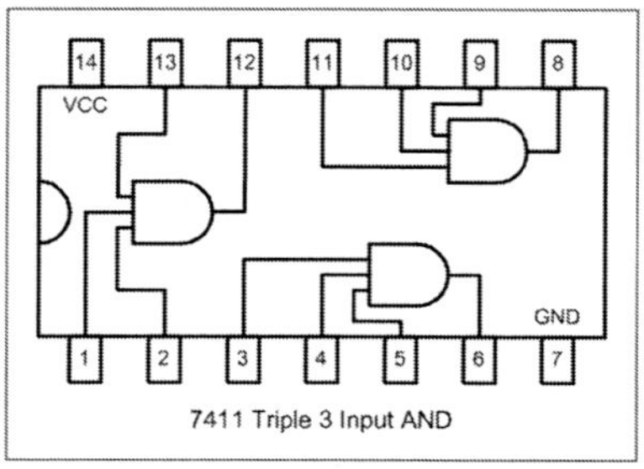

□ IC 74 LS 15(3 입력AND 게이트 OC)

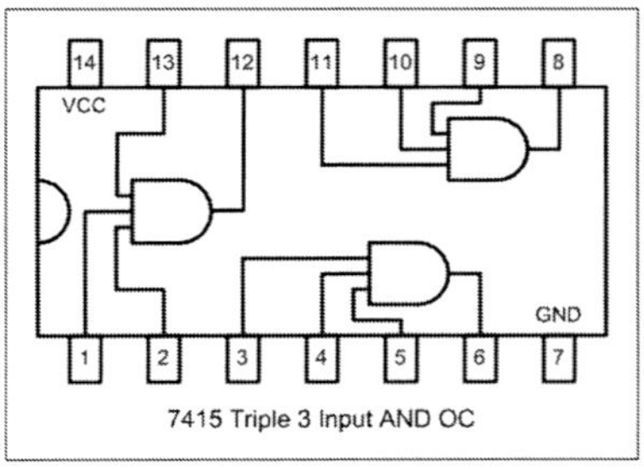

□ IC 74 LS 32(OR 게이트)

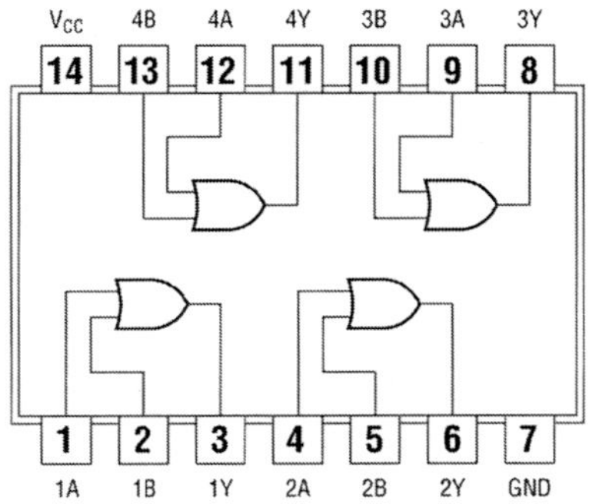

□ 저항 3kΩ 1개

□ 논리회로 실험장치

□ 오실로스코프

4. 실험

(1) 그림 3.22와 같은 회로를 구성하고 출력 전압을 측정하여 표 3.1에 기록하시오.

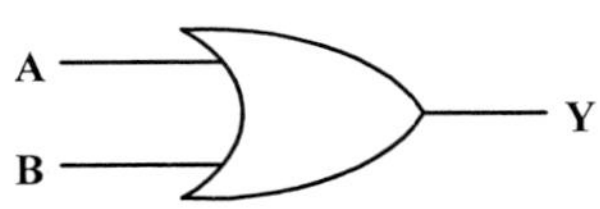

그림 3.22

표 3.1

A	B	Y
0	0	
0	1	
1	0	
1	1	

(2) 그림 3.23과 같은 회로를 구성하고 출력 전압을 측정하여 표 3.2에 기록하시오.

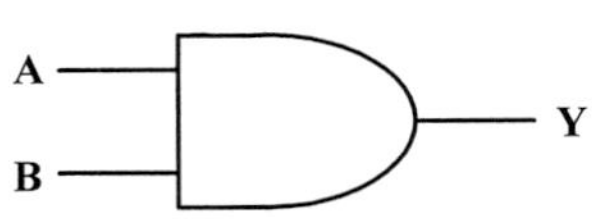

그림 3.23

표 3.2

A	B	Y
0	0	
0	1	
1	0	
1	1	

(3) 그림 3.24와 같은 회로를 구성하여 출력 전압을 측정하여 표 3.3에 기록하고 2입력 OR 게이트와 비교하여 보시오.

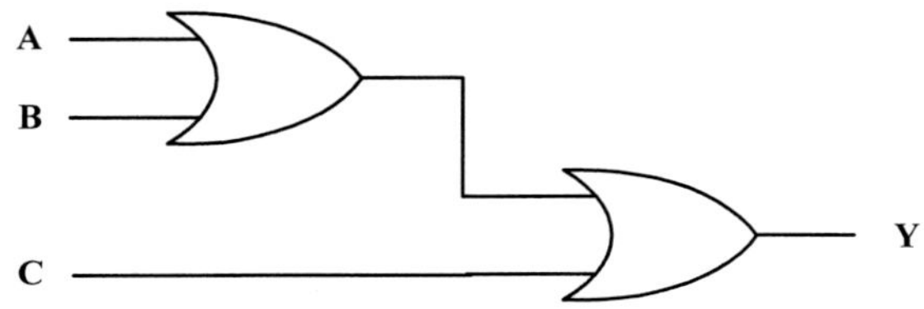

그림 3.24

표 3.3

A	B	C	Y
0	0	0	
0	0	1	
0	1	0	
0	1	1	
1	0	0	
1	0	1	
1	1	0	
1	1	1	

(4) 그림 3.25와 같은 회로를 구성하고 출력 전압을 측정하여 표 3.4에 기록하고 2입력 AND 게이트와 비교하여 보시오.

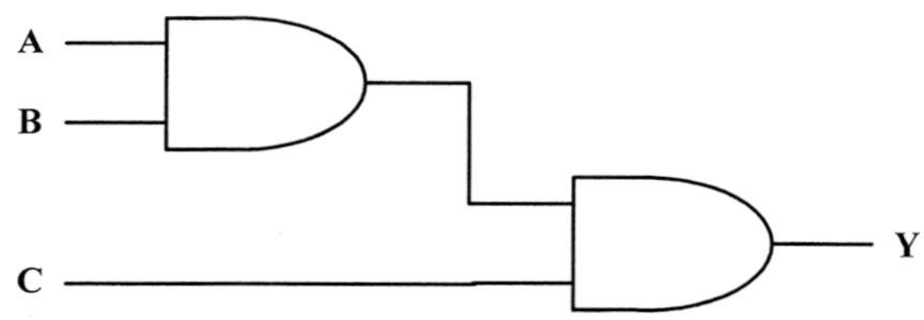

그림 3.25

표 3.4

A	B	C	Y
0	0	0	
0	0	1	
0	1	0	
0	1	1	
1	0	0	
1	0	1	
1	1	0	
1	1	1	

(5) 그림 3.26과 같은 회로를 구성하고 출력 전압을 측정하여 표 3.5에 기록하시오.

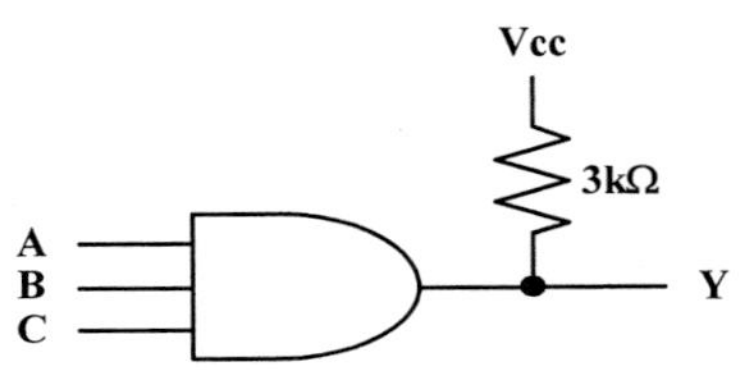

그림 3.26

표 3.5

A	B	C	Y(저항 有)	Y(저항 無)
0	0	0		
0	0	1		
0	1	0		
0	1	1		
1	0	0		
1	0	1		
1	1	0		
1	1	1		

(6) 그림 3.27과 같은 회로를 구성하고 출력 전압을 측정하여 표 3.6에 기록하시오.

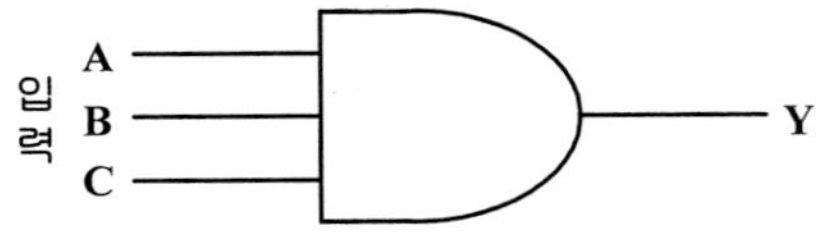

그림 3.27

표 3.6

A	B	C	Y
0	0	0	
0	0	1	
0	1	0	
0	1	1	
1	0	0	
1	0	1	
1	1	0	
1	1	1	

(7) 그림 3.28과 그림 3.29의 회로를 구성하고 출력 전압을 측정하여 각각 표 3.7과 표 3.8에 기록하시오.

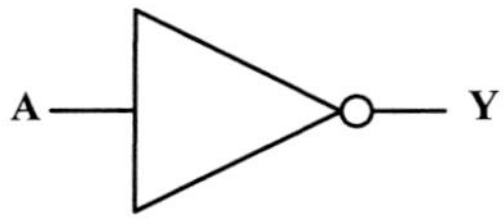

그림 3.28

표 3.7

A	Y
0	
1	

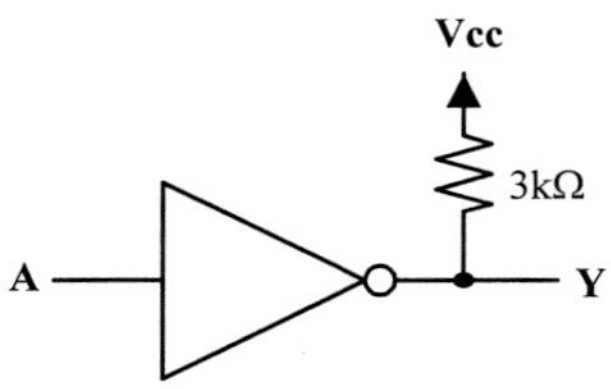

그림 3.29

표 3.8

A	Y(저항 有)	Y(저항 無)
0		
1		

5. 실험 결과 검토

(1) 그림 3.22의 2입력 OR 게이트를 실험한 결과에서 얻어진 표 3.1이 이론치와 일치하는지 확인하여 보자.

(2) 그림 3.23의 2입력 AND 게이트를 실험한 결과에서 얻어진 표 3.2가 이론치와 일치하는지 확인하여 보자.

(3) 그림 3.24의 회로를 실험한 결과에서 얻어진 표 3.3이 이론치와 일치하는지 확인하여 보자.

(4) 그림 3.25의 회로를 실험한 결과에서 얻어진 표 3.4가 이론치와 일치하는지 확인하여 보자.

(5) 그림 3.26의 open collector형 3입력 AND 게이트를 실험한 결과에서 얻어진 표 3.5가 이론치와 일치하는지 확인하여 보자.

(6) 그림 3.27의 3입력 AND 게이트를 실험한 결과에서 얻어진 표 3.6이 이론치와 일치하는지 확인하여 보자.

(7) 그림 3.28(NOT 게이트)과 그림 3.29(open collector형 NOT 게이트)를 실험한 결과에서 얻어진 표 3.7과 표 3.8이 이론치와 일치하는지 확인하여 보자.

실험 02 NAND 게이트와 NOR 게이트

1. 목적

NAND 및 NOR 게이트의 논리함수와 동작 특성을 실험하고 응용력을 기르도록 한다.

2. 예비보고서

(1) NAND 게이트를 이용한 AND 게이트를 설계하시오.
(2) NAND 게이트를 이용한 OR 게이트를 설계하시오.
(3) NAND 게이트를 이용한 NOR 게이트를 설계하시오.
(4) NOR 게이트를 이용한 AND 게이트를 설계하시오.
(5) NOR 게이트를 이용한 OR 게이트를 설계하시오.
(6) NOR 게이트를 이용한 NAND 게이트를 설계하시오.
(7) 3입력 NAND 회로에서 그림처럼 입력을 가하는 경우 출력파형을 그리시오.

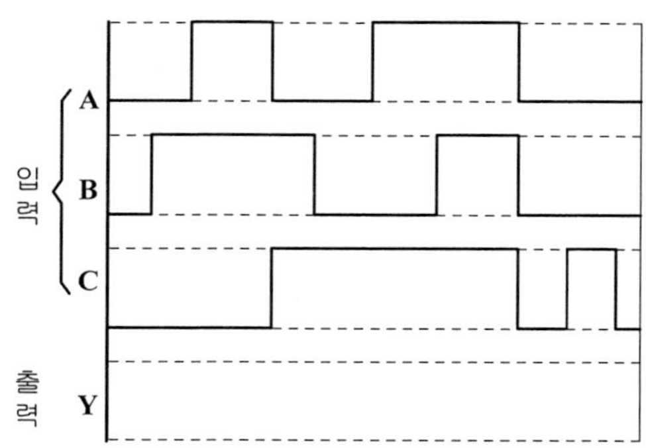

3. 사용기기 및 부품

□ IC 74 LS 00(NAND 게이트)

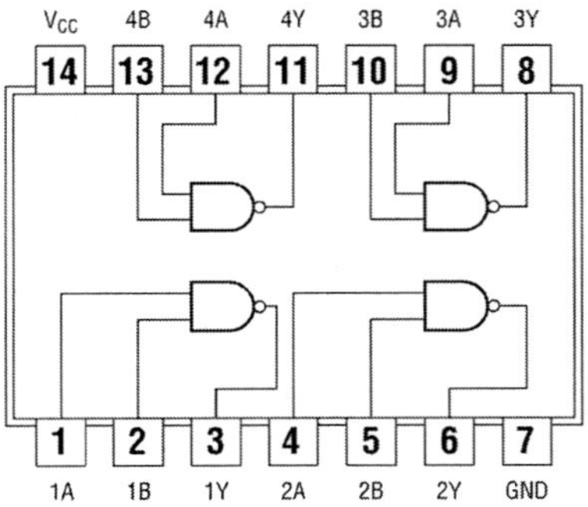

□ IC 74 LS 02(NOR 게이트)

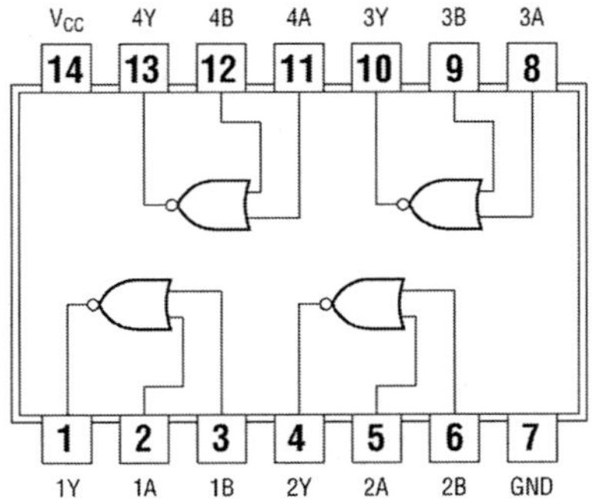

□ IC 74 LS 08(AND 게이트)

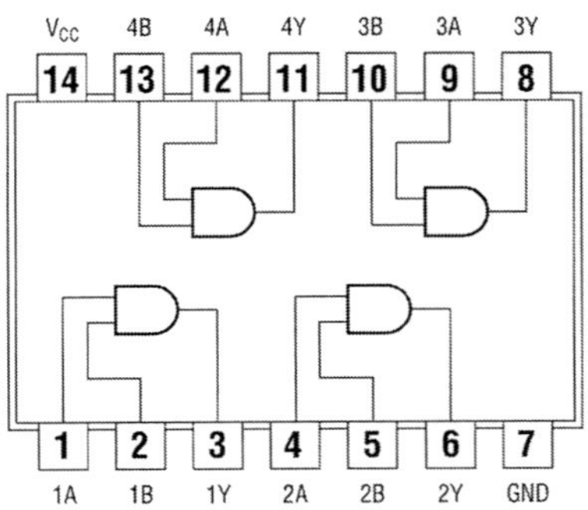

□ IC 74 LS 38(NAND 게이트 OC)

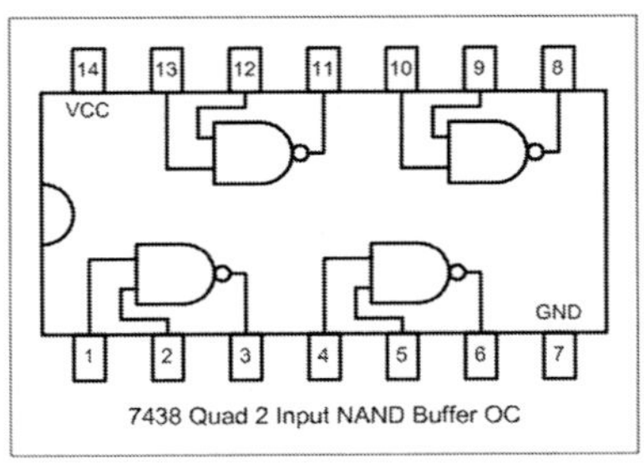

7438 Quad 2 Input NAND Buffer OC

□ 저항 3kΩ 2개

□ 논리회로 실험장치

□ 오실로스코프

4. 실험

(1) 그림 3.30처럼 회로를 구성하고 출력 상태를 측정하여 표 3.9에 기록하시오.

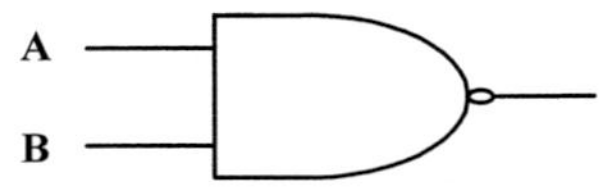

그림 3.30

표 3.9

A	B	Y
0	0	
0	1	
1	0	
1	1	

(2) 그림 3.31과 같은 회로를 구성하고 출력 상태를 측정하여 표 3.10에 기록하고 AND 게이트와 비교하시오.

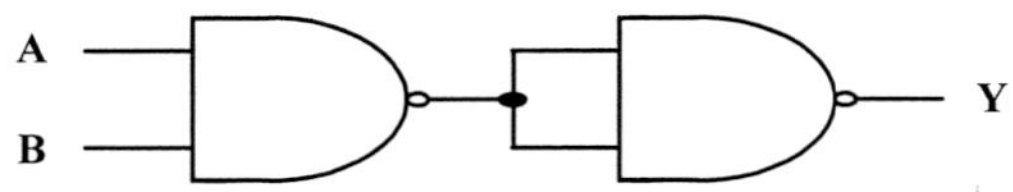

그림 3.31

표 3.10

A	B	Y
0	0	
0	1	
1	0	
1	1	

(3) 그림 3.32와 같은 회로를 구성하여 출력 상태를 측정하여 표 3.11에 기록하고 3입력 NAND 게이트와 비교하여 보시오.

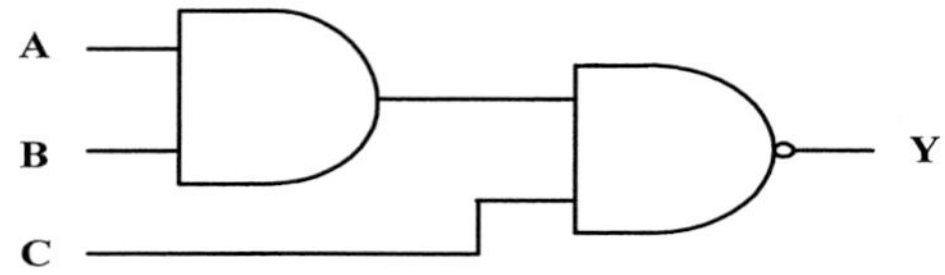

그림 3.32

표 3.11

A	B	C	Y
0	0	0	
0	0	1	
0	1	0	
0	1	1	
1	0	0	
1	0	1	
1	1	0	
1	1	1	

(4) 그림 3.33과 같은 회로를 구성하여 출력 상태를 측정하여 표 3.12에 기록하고 OR 게이트와 비교하시오.

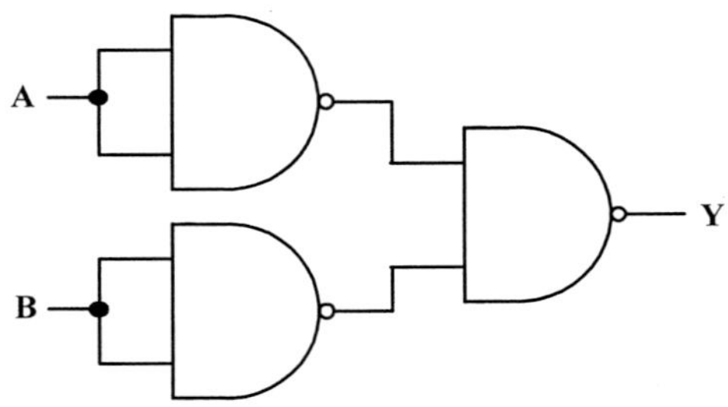

그림 3.33

표 3.12

A	B	Y
0	0	
0	1	
1	0	
1	1	

(5) 그림 3.34와 같은 회로를 구성하여 출력 상태를 측정하여 표 3.13에 기록하시오.

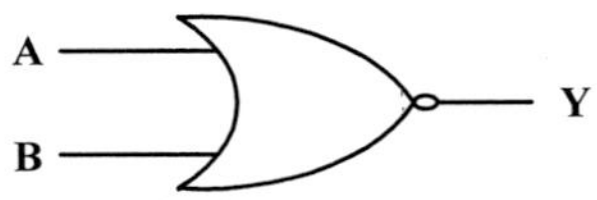

그림 3.34

표 3.13

A	B	Y
0	0	
0	1	
1	0	
1	1	

(6) 그림 3.35와 같은 회로를 구성하여 출력 상태를 측정하여 표 3.14에 기록하고 AND 게이트와 비교하시오.

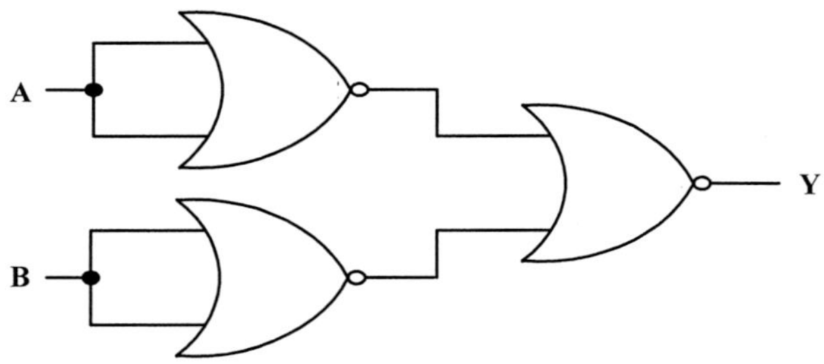

그림 3.35

표 3.14

A	B	Y
0	0	
0	1	
1	0	
1	1	

(7) 그림 3.36과 같은 회로를 구성하여 출력 상태를 측정하여 표 3.15에 기록하고 NOR 게이트와 비교하여 보시오.

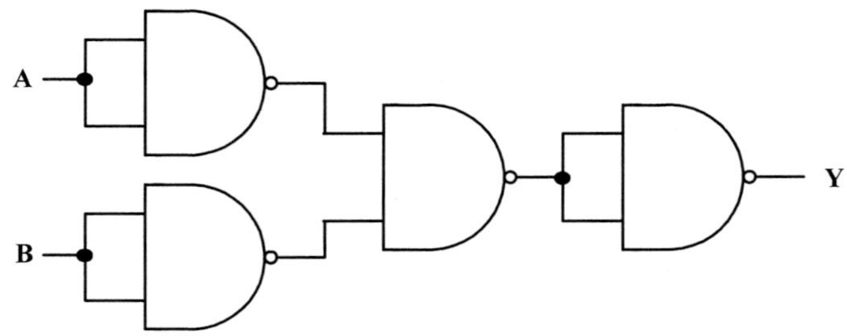

그림 3.36

표 3.15

A	B	Y
0	0	
0	1	
1	0	
1	1	

(8) 그림 3.37과 같은 회로를 구성하고 출력 상태를 측정하여 표 3.16에 기록하고 NAND 게이트와 비교하여 보시오.

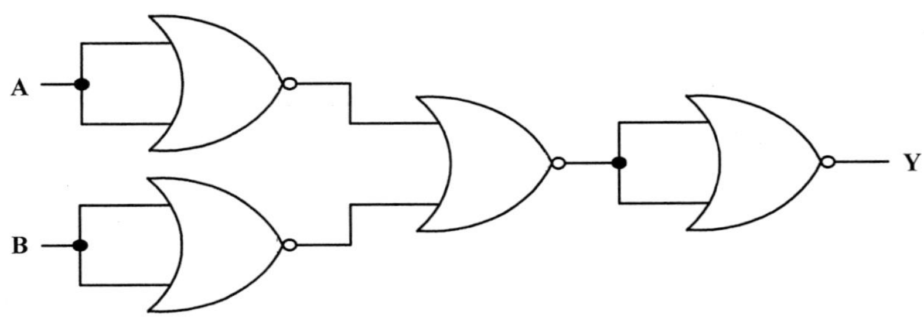

그림 3.37

표 3.16

A	B	Y
0	0	
0	1	
1	0	
1	1	

(9) 그림 3.38과 같은 회로를 구성하여 출력 상태를 측정하고 표 3.17에 기록하시오.

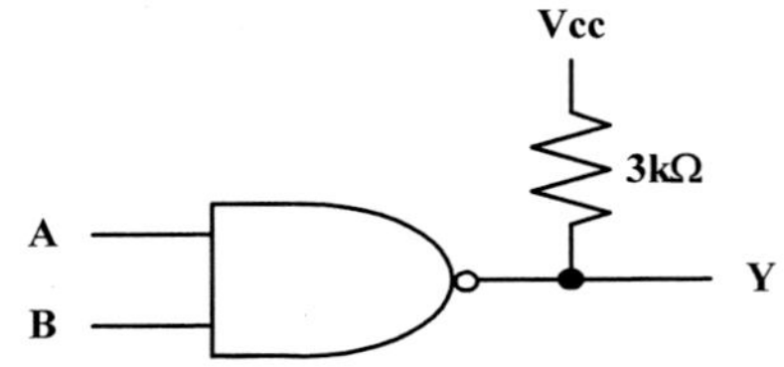

그림 3.38

표 3.17

A	B	Y(저항 有)	Y(저항 無)
0	0		
0	1		
1	0		
1	1		

5. 실험 결과 검토

(1) 그림 3.30의 회로를 실험하여 얻어진 표 3.9가 이론치와 일치하는지 확인하여 보자.

(2) 그림 3.31의 회로를 실험하여 얻어진 표 3.10이 이론치와 일치하는지 확인하여 보자.

(3) 그림 3.32의 회로를 실험하여 얻어진 표 3.11이 이론치와 일치하는지 확인하여 보자.

(4) 그림 3.33의 회로를 실험하여 얻어진 표 3.12가 이론치와 일치하는지 확인하여 보자.

(5) 그림 3.34의 회로를 실험하여 얻어진 표 3.13이 이론치와 일치하는지 확인하여 보자.

(6) 그림 3.35의 회로를 실험하여 얻어진 표 3.14가 이론치와 일치하는지 확인하여 보자.

(7) 그림 3.36의 회로를 실험하여 얻어진 표 3.15가 이론치와 일치하는지 확인하여 보자.

(8) 그림 3.37의 회로를 실험하여 얻어진 표 3.16이 이론치와 일치하는지 확인하여 보자.

(9) 그림 3.38의 회로(NAND 게이트 DC)를 실험하여 얻어진 표 3.17이 이론치와 일치하는지 확인하여 보자.

실험 03

EXCLUSIVE-OR 게이트와 EXCLUSIVE-NOR 게이트

1. 목적

Exclusive-OR 및 Exclusive-NOR 게이트의 논리함수와 동작 특성을 실험하고 응용력을 기른다.

2. 예비보고서

(1) Exclusive-OR 게이트를 이용하여 8비트의 패러티를 검사하기 위해서는 몇 개의 Exclusive-OR 게이트가 필요한가?

(2) Exclusive-OR 게이트를 사용하여 INVERTER(NOT)를 만드는 방법을 설명하시오.

(3) Exclusive-OR 게이트를 사용하여 BUFFER를 만드는 방법을 설명하시오.

(4) Exclusive-OR 회로에 그림처럼 입력을 가하는 경우 출력파형을 그리시오.

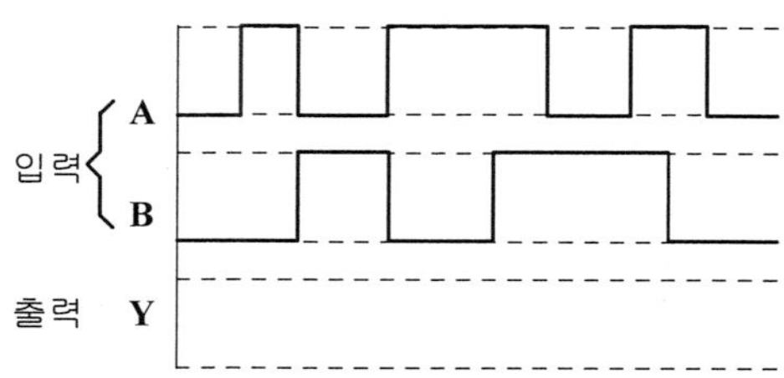

3. 사용기기 및 부품

□ IC 74 LS 00(NAND 게이트)

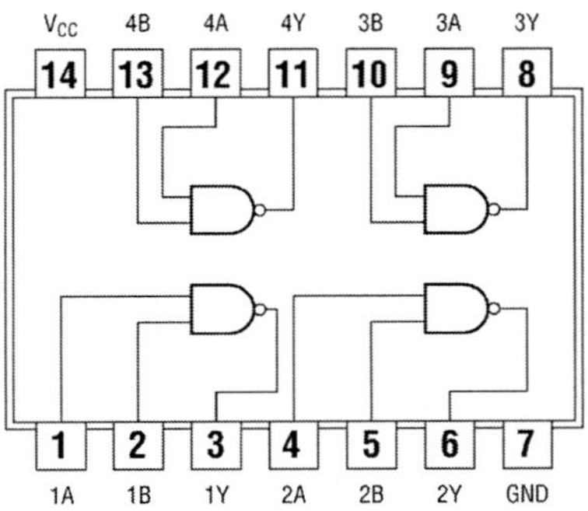

□ IC 74 LS 04(NOT 게이트)

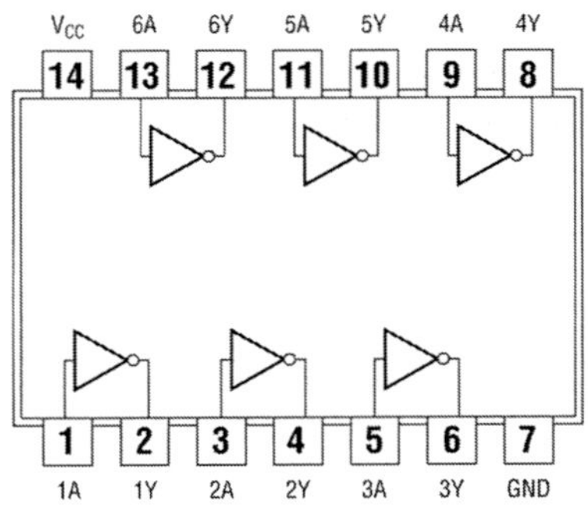

□ IC 74 LS 08(AND 게이트)

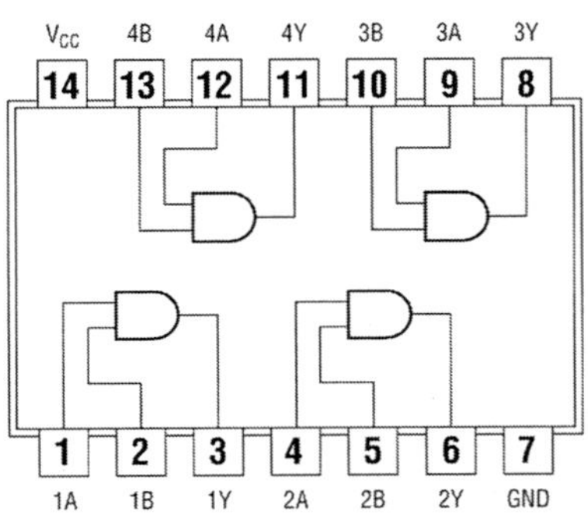

□ IC 74 LS 32(OR 게이트)

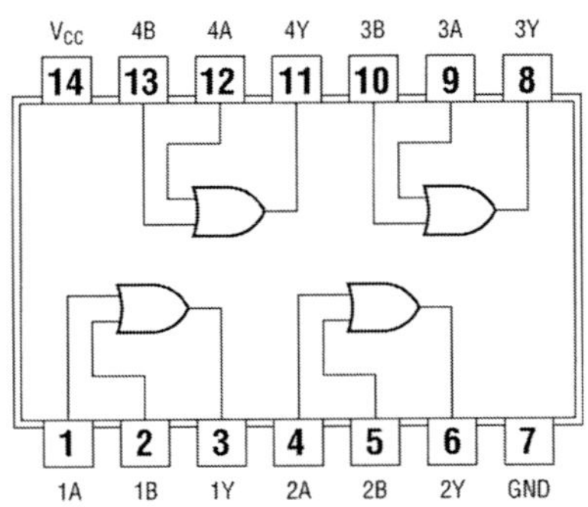

□ IC 74 LS 86(Exclusive-OR 게이트)

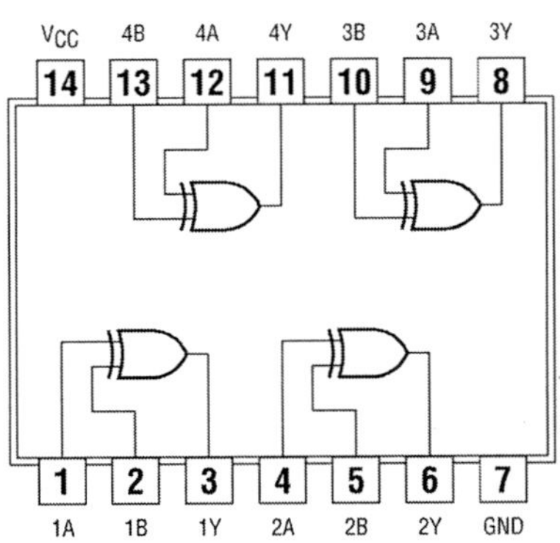

□ IC 74 LS 266(Exclusive-NOR 게이트 OC)

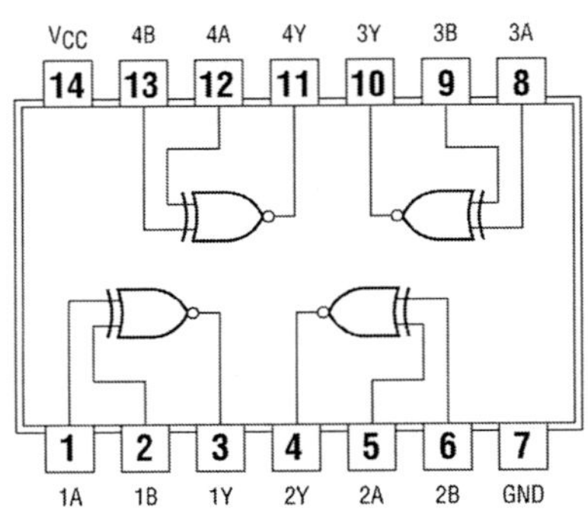

□ 저항 3kΩ 1개

□ 논리회로 실험장치

□ 오실로스코프

4. 실험

(1) 그림 3.39처럼 회로를 구성하고 출력 상태를 측정하여 표 3.18에 기록하시오.

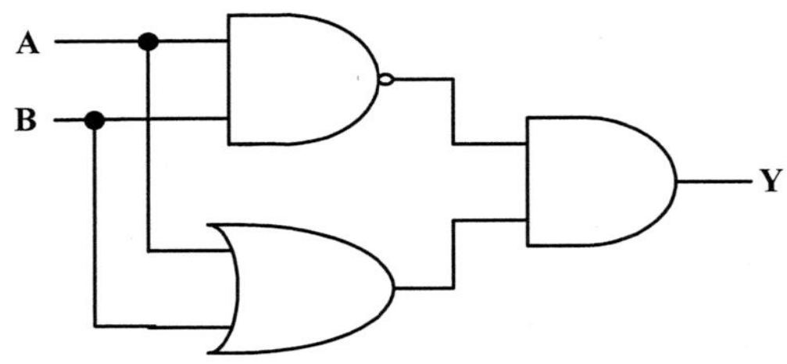

그림 3.39

표 3.18

A	B	Y
0	0	
0	1	
1	0	
1	1	

(2) 그림 3.40과 같은 회로를 구성하고 출력 상태를 측정하여 표 3.19에 기록하고 표 3.18과 비교하여 보시오.

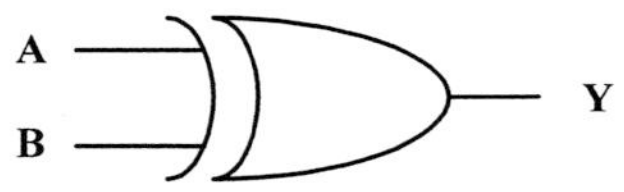

그림 3.40

표 3.19

A	B	Y
0	0	
0	1	
1	0	
1	1	

(3) 그림 3.41과 같은 회로를 구성하고 출력 상태를 측정하여 표 3.20에 기록하시오.

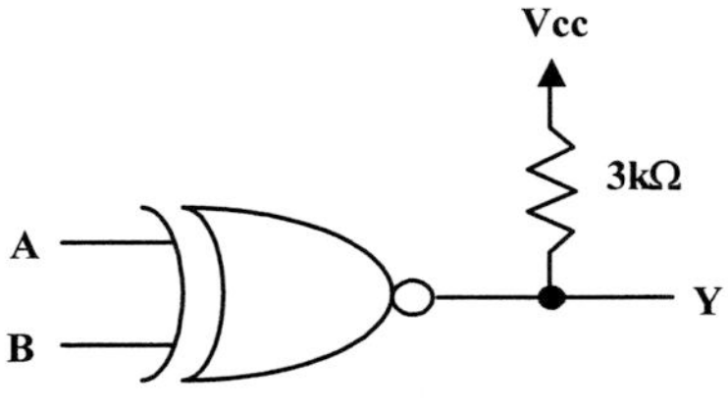

그림 3.41

표 3.20

A	B	Y
0	0	
0	1	
1	0	
1	1	

(4) 그림 3.42처럼 회로를 구성하고 출력 상태를 측정하여 표 3.21에 기록하시오.

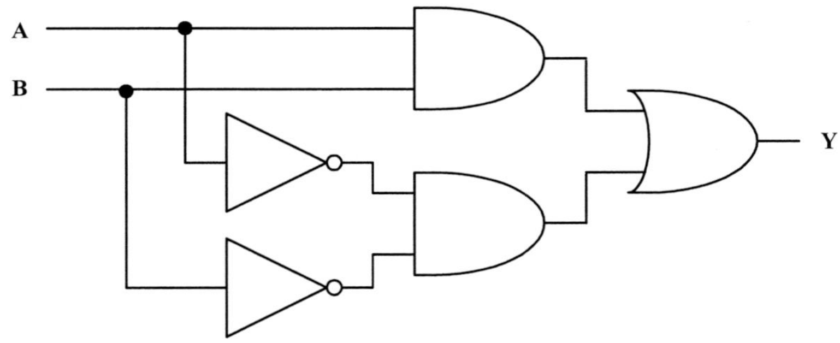

그림 3.42

표 3.21

A	B	Y
0	0	
0	1	
1	0	
1	1	

(5) 그림 3.43과 같은 회로를 구성하고 출력 상태를 측정하여 표 3.22에 기록하고 Exclusive-OR 게이트의 진리표와 비교하여 보시오.

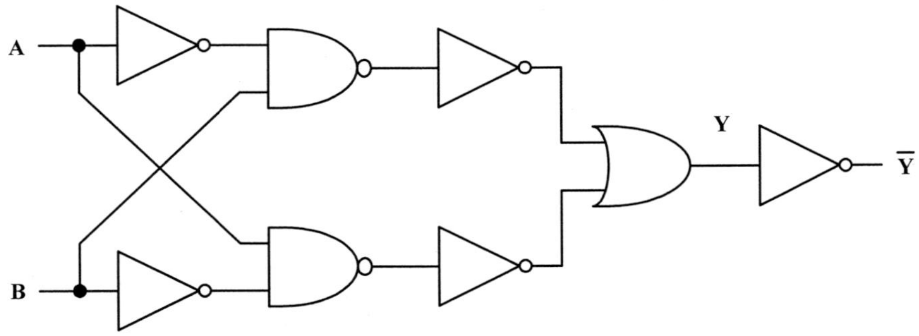

그림 3.43

표 3.22

A	B	Y	$\overline{Y}$
0	0		
0	1		
1	0		
1	1		

(6) 그림 3.44와 같은 회로를 구성하고 표 3.23의 입력 조건에 따른 출력 상태를 측정하여 기록하시오.

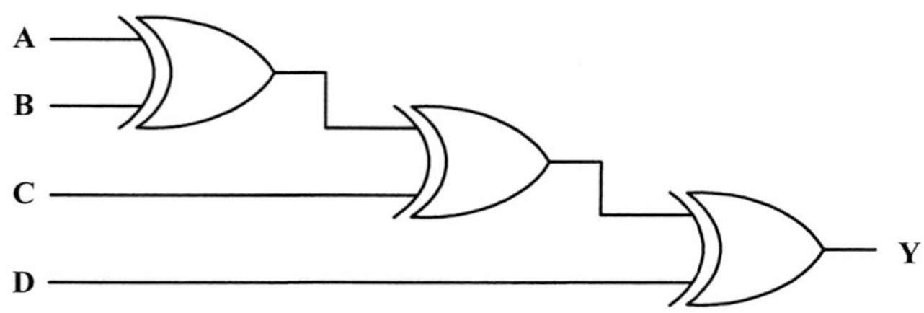

그림 3.44

표 3.23

A	B	C	D	Y
0	0	0	1	
0	0	1	1	
0	1	0	1	
0	1	1	0	
1	0	0	0	
1	1	1	0	
1	1	1	1	

(7) 그림 3.45와 같은 회로를 구성하여 표 3.24의 입력 조건에 따른 출력 상태를 측정하여 표에 기록하고 어떤 기능을 갖고 있는지 관찰하시오.

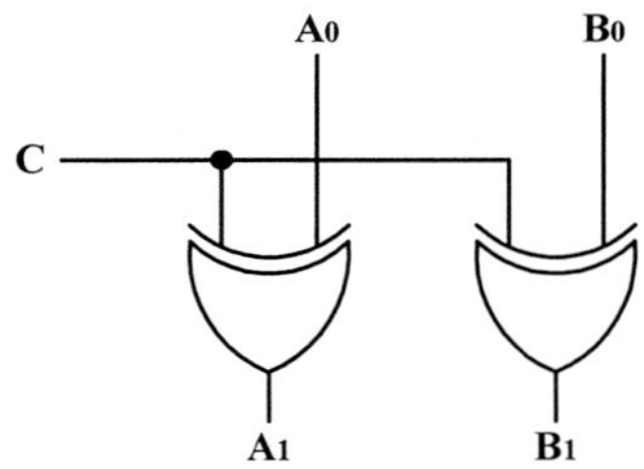

그림 3.45

표 3.24

C = 1일 때				C = 0일 때			
A_0	B_0	A_1	B_1	A_0	B_0	A_1	B_1
0	0			0	0		
0	1			0	1		
1	0			1	0		
1	1			1	1		

(8) 그림 3.46과 같은 회로를 구성하여 표 3.25의 입력 조건에 따른 출력 상태를 측정하여 표에 기록하고 어떤 기능을 갖고 있는지 관찰하시오.

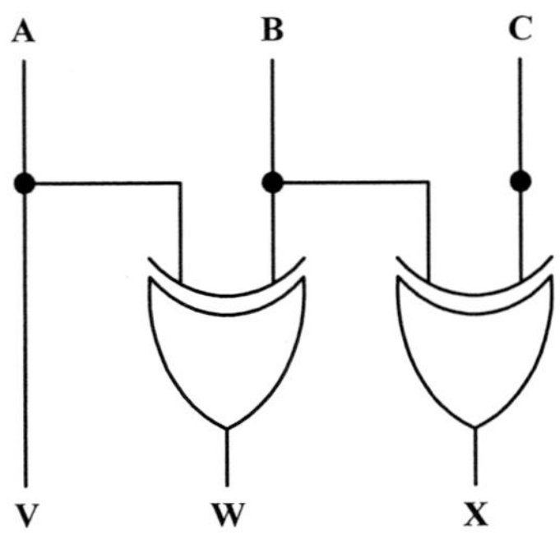

그림 3.46

표 3.25

A	B	C	V	W	X
0	0	0			
0	0	1			
0	1	0			
0	1	1			
1	0	0			
1	0	1			
1	1	0			
1	1	1			

5. 실험 결과 검토

(1) 그림 3.39의 회로를 실험하여 얻어진 표 3.18이 이론치와 일치하는지 확인하여 보자.

(2) 그림 3.40의 회로를 실험하여 얻어진 표 3.19가 이론치와 일치하는지 확인하여 보자.

(3) 그림 3.41의 회로를 실험하여 얻어진 표 3.20이 이론치와 일치하는지 확인하여 보자.

(4) 그림 3.42의 회로를 실험하여 얻어진 표 3.21이 이론치와 일치하는지 확인하여 보자.

(5) 그림 3.43의 회로를 실험하여 얻어진 표 3.22가 이론치와 일치하는지 확인하여 보자.

(6) 그림 3.44의 회로를 실험하여 얻어진 표 3.23이 이론치와 일치하는지 확인하여 보자.

(7) 그림 3.45의 회로를 실험하여 얻어진 표 3.24가 이론치와 일치하는지 확인하여 보자.

(8) 그림 3.46의 회로(2진수 → Gray code)를 실험하여 얻어진 표 3.25가 이론치와 일치하는지 확인하여 보자.

실험 04 De•Morgan의 정리와 활용

1. 목적

De·Morgan의 정리와 논리대수를 이해하고 이 정리를 이용한 논리식 및 논리회로의 변환 방법을 실험한다.

2. 예비보고서

(1) $Y = (A+B)\overline{(A \cdot B)}$에 대한 논리도를 그리시오.

(2) 그림과 같은 회로의 출력 Y를 가장 간단하게 표현하시오.

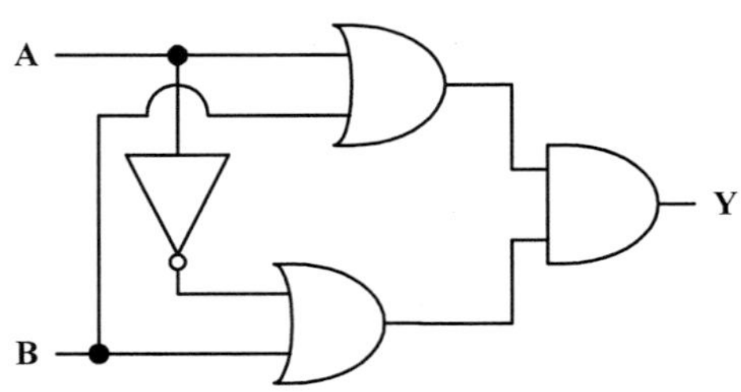

(3) 콜렉터 개방 출력회로를 이용하여 두 게이트의 출력을 결선만 하여도 AND의 기능을 갖는 이유를 설명하시오.

3. 사용기기 및 부품

□ IC 74 LS 00(NAND 게이트)

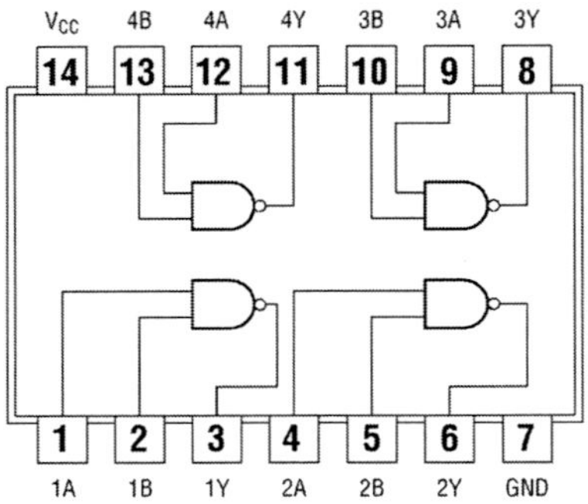

□ IC 74 LS 02(NOR 게이트)

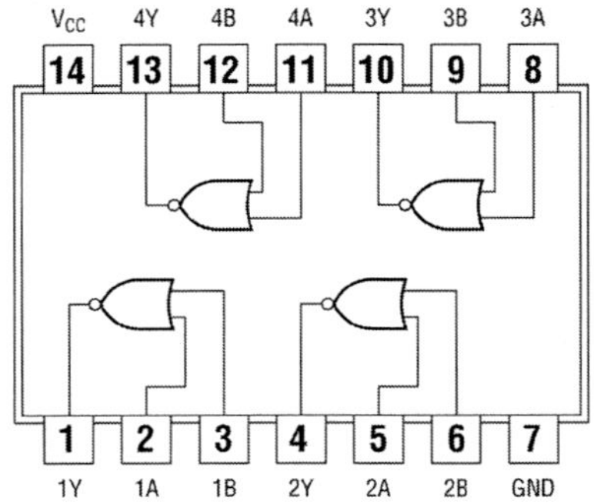

□ IC 74 LS 03(NAND 게이트 OC)

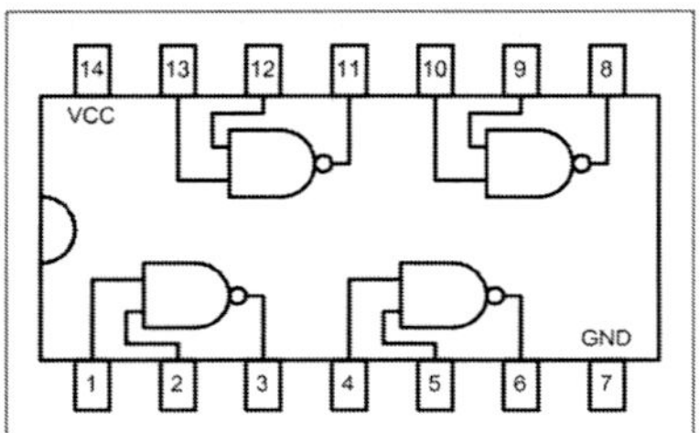

7403 Quad 2 Input NAND OC

□ IC 74 LS 04(NOT 게이트)

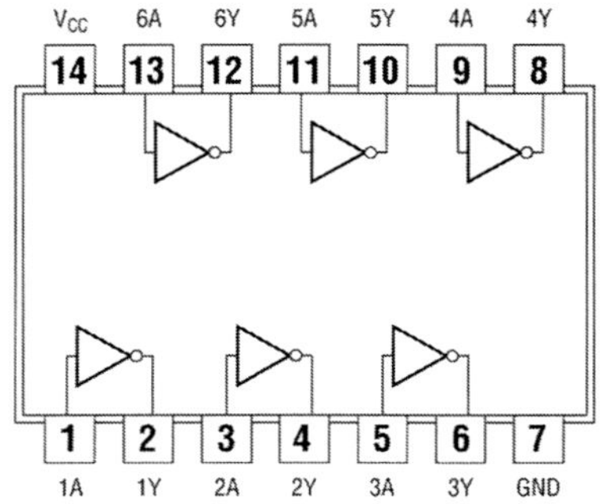

□ IC 74 LS 05(NOT 게이트 OC)

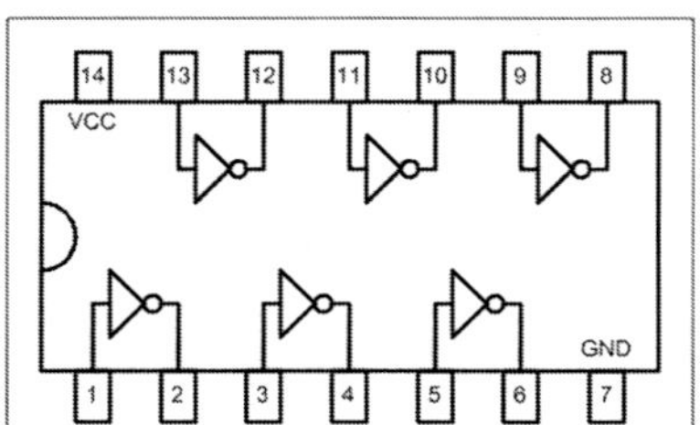

7405 Hex Inverter OC

□ IC 74 LS 08(AND 게이트)

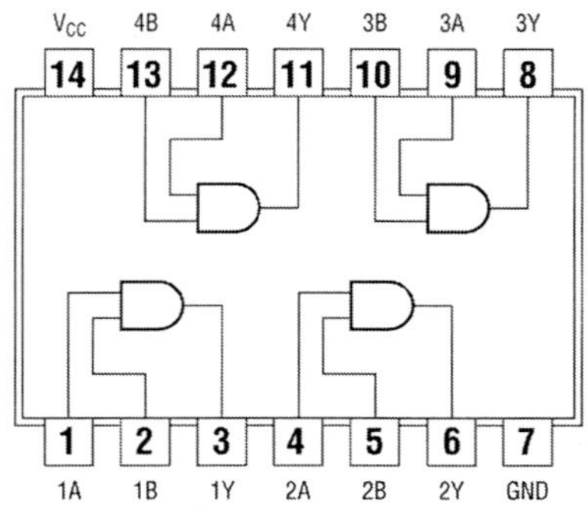

□ IC 74 LS 10(3 input NAND 게이트)

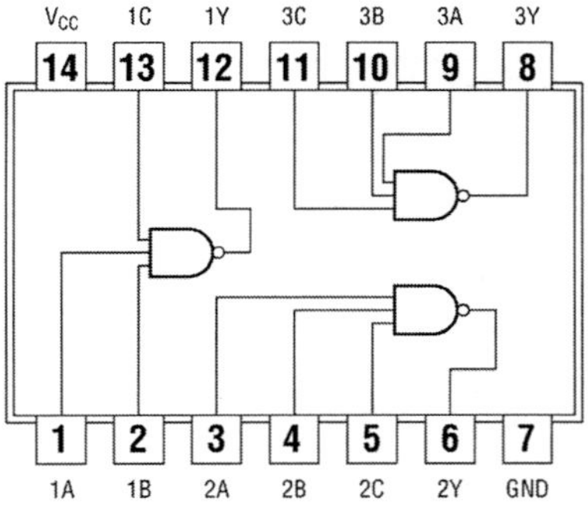

□ IC 74 LS 11(3 input AND 게이트)

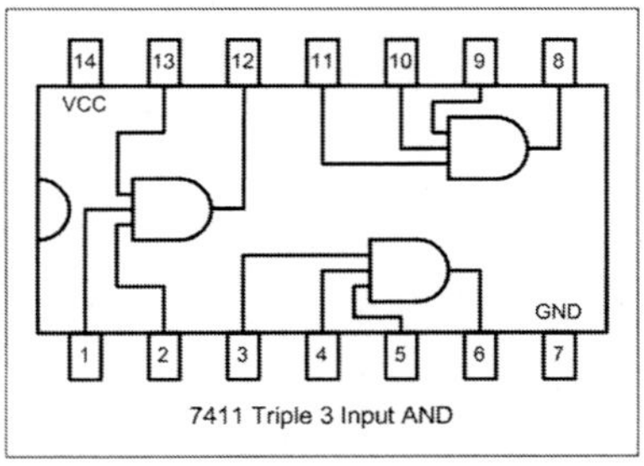

□ IC 74 LS 32(OR 게이트)

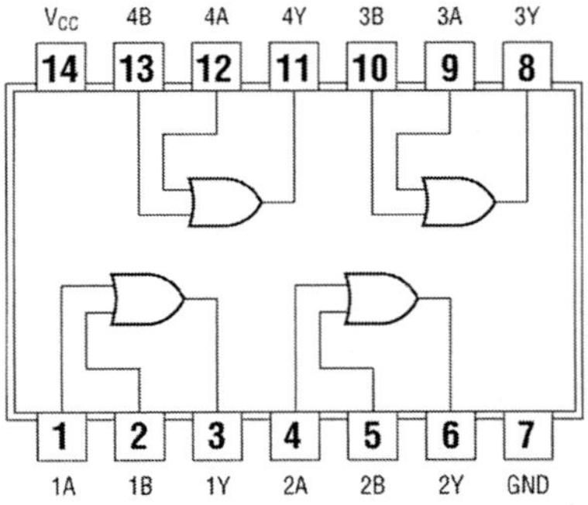

□ 논리회로 실험장치

□ 저항 3K

□ 오실로스코프

4. 실험

(1) 그림 3.47과 3.48의 회로를 구성하고 출력 상태를 측정하여 표 3.26과 표 3.27에 기록하고 NAND 및 NOR 게이트와 비교하여 보시오.

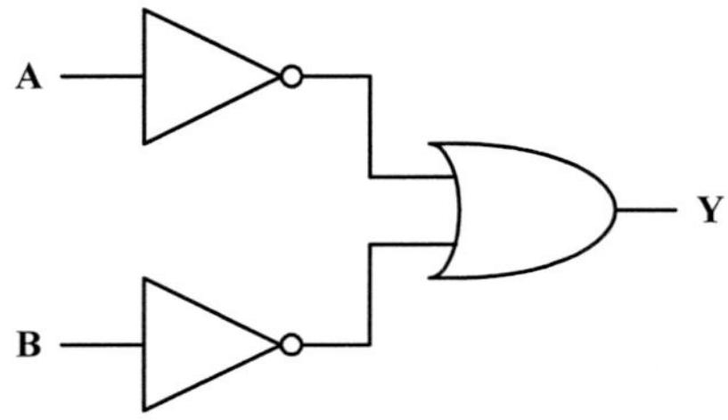

그림 3.47

표 3.26

A	B	Y
0	0	
0	1	
1	0	
1	1	

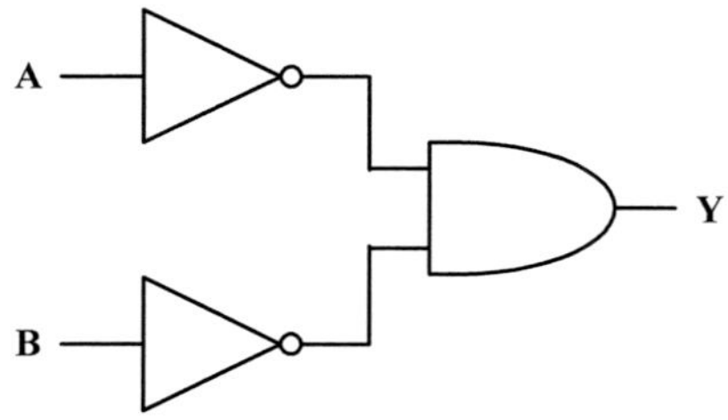

그림 3.48

표 3.27

A	B	Y
0	0	
0	1	
1	0	
1	1	

(2) 그림 3.49와 같은 회로를 구성하여 출력 상태를 측정하여 표 3.28에 기록하시오.

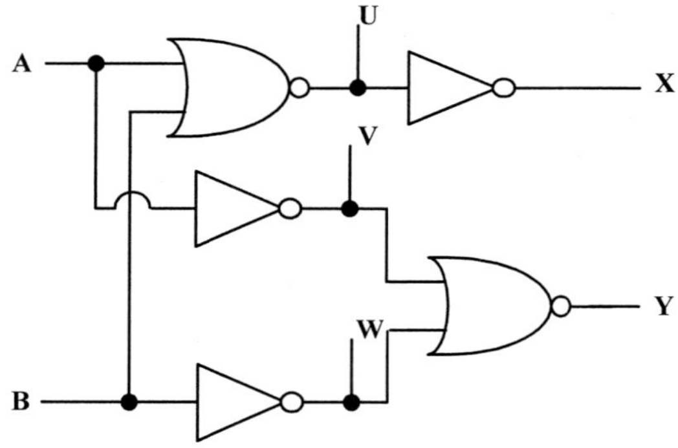

그림 3.49

표 3.28

A	B	U	V	W	X	Y
0	0					
0	1					
1	0					
1	1					

(3) 그림 3.50과 같은 회로를 구성하고 출력 상태를 측정하여 표 3.29에 기록하고 논리식을 작성하여 Y_1과 Y_2를 비교하여 보시오.

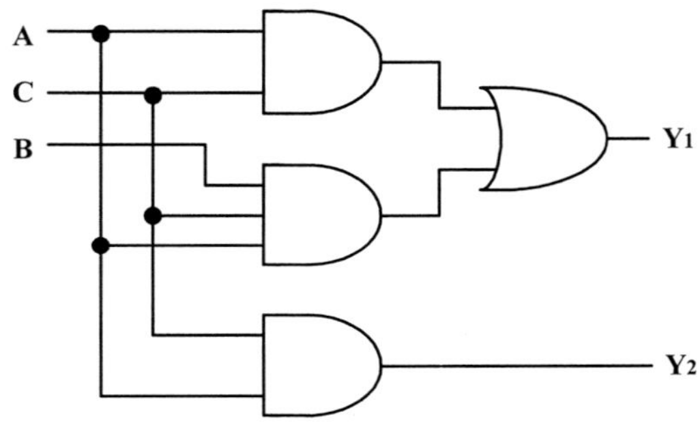

그림 3.50

표 3.29

A	B	C	Y1	Y2
0	0	0		
0	0	1		
0	1	0		
0	1	1		
1	0	0		
1	0	1		
1	1	0		
1	1	1		

(4) 그림 3.51과 같은 회로를 구성하여 출력 상태를 측정하여 표 3.30에 기록하고 논리식을 작성하여 Y1과 Y2를 비교하여 보시오.

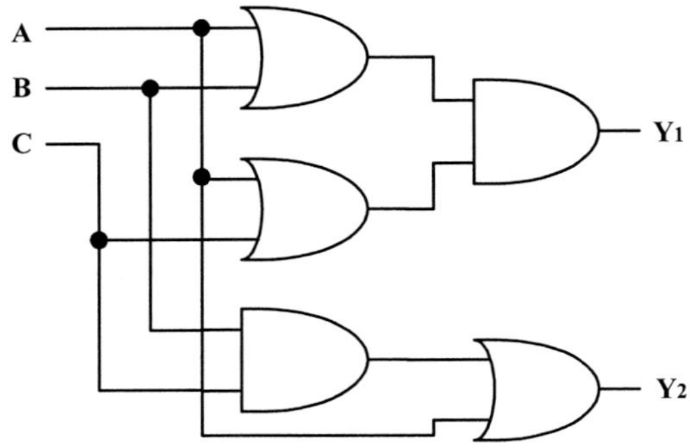

그림 3.51

표 3.30

A	B	C	Y1	Y2
0	0	0		
0	0	1		
0	1	0		
0	1	1		
1	0	0		
1	0	1		
1	1	0		
1	1	1		

(5) 그림 3.52와 같은 회로를 구성하고 출력 상태를 측정하여 표 3.31에 기록하시오. 또한 논리식을 이용한 간단화 수식을 구하고 논리도를 그리시오.

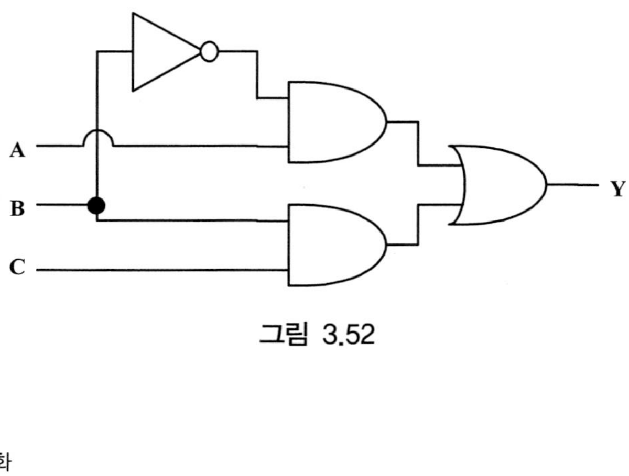

그림 3.52

표 3.31

A	B	C	Y
0	0	0	
0	0	1	
0	1	0	
0	1	1	
1	0	0	
1	0	1	
1	1	0	
1	1	1	

(6) 그림 3.53과 그림 3.54의 회로를 구성하고 출력 상태를 측정하여 표 3.32에 기록하고 두 결과를 비교하여 보시오.

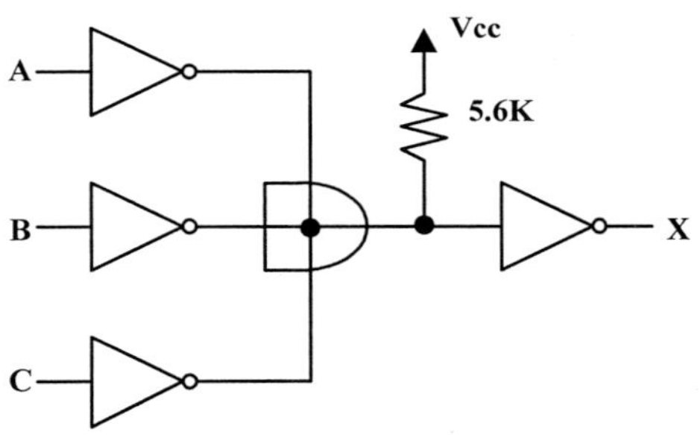

그림 3.53

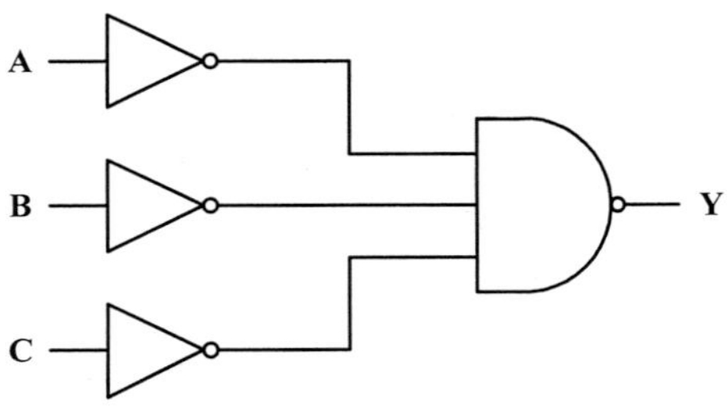

그림 3.54

표 3.32

A	B	C	X	Y
0	0	0		
0	0	1		
0	1	0		
0	1	1		
1	0	0		
1	0	1		
1	1	0		
1	1	1		

(7) 그림 3.55의 회로를 구성하고 출력 상태를 측정하여 진리표를 작성하시오. 그리고 3가지 회로가 동일한 논리기능을 갖고 있는지 확인하여 보자.

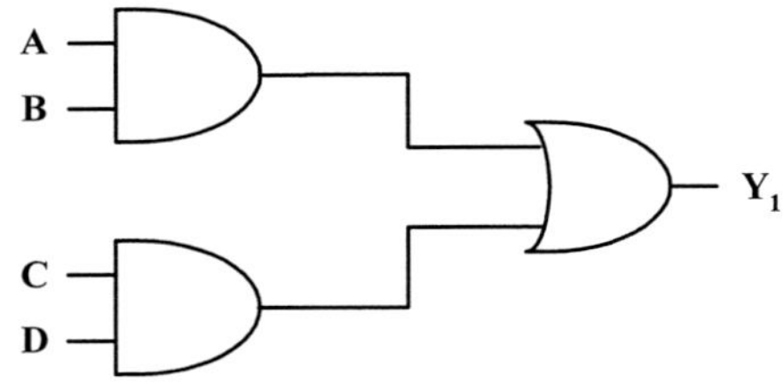

(a)

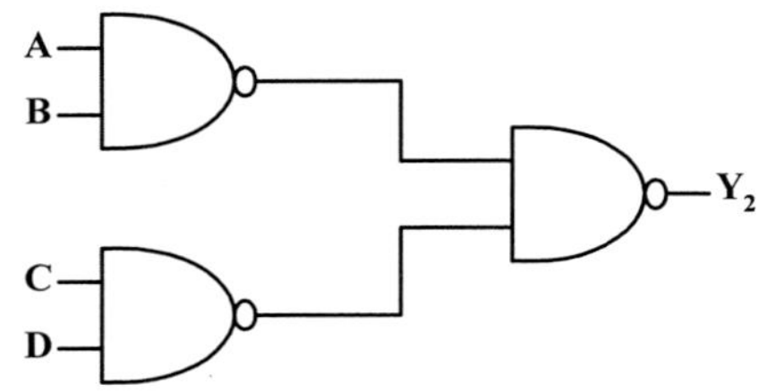

(b)

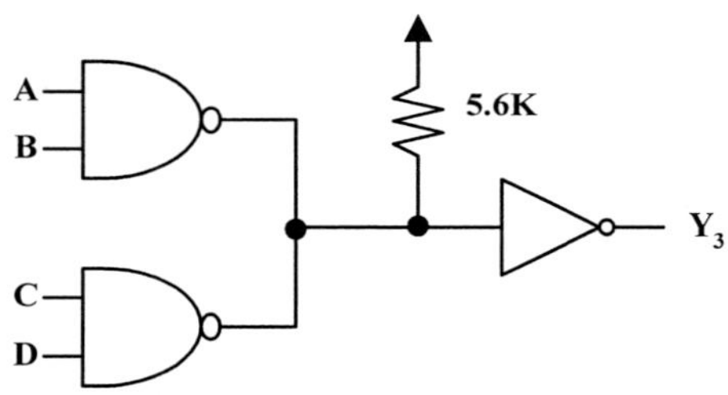

(c)

그림 3.55

5. 실험 결과 검토

(1) 그림 3.47과 3.48의 회로를 실험하여 얻어진 표 3.26과 3.27이 이론치와 일치하는지 확인하여 보자.

(2) 그림 3.49의 회로를 실험하여 얻어진 표 3.28이 이론치와 일치하는지 확인하여 보자.

(3) 그림 3.50의 회로를 실험하여 얻어진 표 3.29가 이론치와 일치하는지 확인하여 보자.

(4) 그림 3.51의 회로를 실험하여 얻어진 표 3.30이 이론치와 일치하는지 확인하여 보자.

(5) 그림 3.52의 회로를 실험하여 얻어진 표 3.31이 이론치와 일치하는지 확인하여 보자.

(6) 그림 3.53와 그림 3.54의 회로를 실험하여 얻어진 표 3.32가 이론치와 일치하는지 확인하여 보자.

(7) 그림 3.55의 회로를 실험하여 얻어진 진리표가 예상치와 일치하는지 확인하여 보자.

3.2 논리함수

최소항과 최대항

논리변수 x가 주어질 때, 그 변수의 값이 1이면 x, 0이면 x'으로 나타낸다. 논리변수들의 조합은 곱(AND 연산)이나 합(OR 연산)으로 표시되는데, 한 개 또는 둘 이상의 논리변수(x)나 보원의 변수(x')들의 곱으로만 표시되는 항을 곱항(product term)이라 한다. 예를 들면, x, $x'y$, $xy'z'$, xyz는 모두 곱항이다.

논리변수가 n개일 때, n개의 논리변수를 모두 포함하는 곱항을 최소항(minterm) 또는 표준곱(standard product)이라고 한다. 최소항에서 논리변수는 원래의 값(x) 또는 보원의 값(x')의 형태로 한번만 포함된다. 예를 들어 논리변수가 x, y 두 개일 때, 만들어질 수 있는 최소항은 $x'y'$, $x'y$, xy', xy의 4개이다.

또한 논리변수가 x, y, z 세 개이면 표 3.1과 같이 8개의 최소항($x'y'z'$, $x'y'z$, $x'yz'$, $x'yz$, $xy'z'$, $xy'z$, xyz', xyz)을 만들 수 있다. 이와 같은 사실로부터 논리변수가 n개일 때, 2^n개의 최소항이 있음을 알 수 있다. 최소항 $x'y'z'$는 $x=y=z=0$일 때만 그 값이 1이 되며, 다른 모든 논리변수의 조합에 대해서는 0이 된다. 또한 $x'yz$는 $x=0$, $y=z=1$일 때만 1이 된다. 따라서 최소항은 2^n개의 논리변수의 조합 중에서 오직 하나의 조합에 대해서만 1의 값을 갖는다. 각 최소항은 기호 m_j(여기서 j는 최소항에 해당하는 2진수를 10진수로 바꾼 숫자)로 표시되며, 논리변수가 n개이면, 0부터 2^n-1까지의 최소항이 존재한다.

한 개 또는 둘 이상의 논리변수(x)나 보원의 변수(x')들의 합으로만 표시되는 항을 합 항(sum term)이라 한다. 예를 들면,

$x+y$, $x'+y$, $x+y'+z'$, $x+y+z$는 모두 합항이다. 논리변수가 n개일 때, n개의 논리변수를 모두 포함하는 합항을 최대항(maxterm) 또는 표준합(standard sum)이라고 한다. 최대항에서도 논리변수는 원래의 값(x) 또는 보원의 값(x')의 형태로 한번만 포함된다. 논리변수가 x, y, z 세 개 이면 표 3.33과 같이 8개의 최대항을 만들 수 있다. 따라서 논리변수가 n개일 때, 2^n개의 최대항이 존재함을 알 수 있다. 최소항 $x'+y'+z'$는 $x=y=z=1$일 때만 그 값이 0이 되며, 다른 모든 논리변수의 조합에 대해서는 1이 된다. 즉 최대항은 2^n개의 논리변수의 조합 중에서 오직 하나의 조합에 대해서만 0의 값을 갖는다. 최대항은 기호 M_j로 표시된다.

표 3.33 3변수로 만들어지는 최소항과 최대항

	최소항		최대항	
x y z	항	표시	항	표시
0 0 0	$x'y'z'$	m_0	$x+y+z$	M_0
0 0 1	$x'y'z$	m_1	$x+y+z'$	M_1
0 1 0	$x'yz'$	m_2	$x+y'+z$	M_2
0 1 1	$x'yz$	m_3	$x+y'+z'$	M_3
1 0 0	$xy'z'$	m_4	$x'+y+z$	M_4
1 0 1	$xy'z$	m_5	$x'+y+z'$	M_5
1 1 0	xyz'	m_6	$x'+y'+z$	M_6
1 1 1	xyz	m_7	$x'+y'+z'$	M_7

표 3.33에서 최소항 m_0와 최대항 M_0의 관계를 살펴보면,

$$(m_0)' = (x'y'z')' = x+y+z = M_0$$

임을 알 수 있다. 그러므로 일반적으로 $m_j' = M_j$ 또는 $M_j' = m_j$의 관계가 성립함을 알 수 있다. 즉, 최소항과 최대항은 서로 보원(보수)의 관계임을 알 수 있다.

모든 논리함수는 2개의 표준형식(standard form) 즉, 곱의 합(sum of product)과 합의 곱(product of sum)으로 나타낼 수 있다. 곱의 합은 곱항(product term)들의 합, 즉 최소항의 합으로만 표시하는 방법이다. 곱의 합으로 표시한 함수의 예는 다음과 같다.

$$F_1 = y' + x'y + xy'z$$

이 식은 각각 1개, 2개 및 3개의 문자에 대한 3개의 곱의 항을 가지고 있다. 이 합은 OR연산이다. 그리고 합의 곱은 합 항(sum term)들의 곱, 즉 최대항의 곱으로만 표시하는 방법이다. 합의 곱으로 표시한 함수의 예는 다음과 같다.

$$F_2 = y(x'+z)(x+y+z'+w)$$

이 식은 각각 1개, 2개 및 4개의 문자에 대한 3개의 합의 항을 가지고 있다. 이 곱은 AND연산이다.

최소항의 합

n개의 2진수 변수(binary variable)에 대하여 2^n개의 다른 최소항을 얻을 수 있고, 임의의 부울 함수는 최소항의 합으로 표시할 수 있다. 그의 합으로 부울 함수를 정의할 최소항은 진리표에서 함수의 1을 이루는 것이다. 각 최소항에 대해 함수는 1 또는 0으로 될 수 있으며, 2^n개의 최소항이 있기 때문에 2^n이 되는 n개의 변수로 형성될 수 있는 가능한 함수들을 계산할 수 있다. 부울 함수를 그의 최소항의 합 형식으로 표시하는 것이 때로는 편리하다. 이 형식이 아닌 경우에는 그 식을 AND항의 합으로 우선 전개함으로써 그와 같이 만들 수 있다. 다음 각 항을 그것이 변수 전부를 포함하고 있는지 알기 위하여 조사한다. 그것이 하나 또는 그 이상의 변수를 갖고 있지 않으면 누락된 변수의 정규값과 보원값의 합을 AND처리하여 최소항으로 복원한다. 예를 들어 변수 x가 누락되어 있으면 $x+x'$을 AND처리하면 된다. 최소항의 합으로 표현하는 과정을 정리하면 다음과 같다.

❶ 논리함수를 곱의 합 형태로 전개한다.
❷ 각각의 곱항에 빠진 변수(x)의 조합($x+x'$)을 곱한 다음 다시 전개한다.
❸ 모든 곱항이 최대항이 될 때까지 위의 과정을 반복한다.

예제 3-3

부울 함수 $F=x+y'z$를 최소항의 합으로 표현하시오.

풀이 이 함수는 3변수 x, y 및 z를 갖고 있다. 첫 항 x는 2변수가 누락되어 있으므로 다음과 같이 최소항으로 복원한다.

$$\begin{aligned} x &= x(y+y')(z+z') \\ &= (xy+xy')(z+z') \\ &= xyz+xyz'+xy'z+xy'z' \end{aligned}$$

제2항 역시 1개의 변수가 누락되어 있다. 그러므로

$$y'z=y'z(x+x')=xy'z+x'y'z$$

모든 항을 합치면

$$\begin{aligned} F &= x+y'z \\ &= xyz+xyz'+xy'z+xy'z'+xy'z+x'y'z \end{aligned}$$

그러나 $xy'z$는 2회 나타나 있으며, 정리 1(즉, $x+x=x$)에 따르면 그들 중의 하나는 제거할 수 있다. 오름차순으로 재정리함으로써 최종적으로 얻어지는 결과는 다음과 같다.

$$F = x'y'z + xy'z' + xy'z + xyz' + xyz$$
$$= m_1 + m_4 + m_5 + m_6 + m_7$$

흔히 최소항의 합으로 되어 있을 때는 부울 함수를 다음과 같이 간단한 방법으로 나타낼 수 있다.

$$F(x,y,z) = \Sigma(1,4,5,6,7)$$

합계의 기호 Σ는 항들을 OR처리한 것을 뜻한다. 그 다음의 숫자는 이 함수의 최소항들이며 이들의 최소항은 진리표에서 함수F의 값이 "1"임을 의미한다. F 다음 괄호 안의 문자는 최소항을 AND항으로 바꿀 때 취하여진 순서로 되어 있는 변수를 의미한다.

이 함수에 대한 진리표(truth table)를 작성하면 다음과 같다.

표 3.34 $F = x + y'z$에 대한 진리표

x	y	z	F
0	0	0	0
0	0	1	1
0	1	0	0
0	1	1	0
1	0	0	1
1	0	1	1
1	1	0	1
1	1	1	1

예제 3-4

부울 함수 $F(A,B,C,D) = ACD + BCD + ACD' + BD'$를 최소항의 합으로 표현하시오.

풀이 이 함수는 4변수 A, B, C 및 D를 갖고 있다. 1, 2, 3항은 1변수가 누락되어 있고, 4항은 2변수가 누락되어 있으므로 다음과 같이 최소항으로 복원한다.

$$
\begin{aligned}
F(A,B,C,D) &= A(B+B')CD + (A+A')BCD \\
&\quad + A(B+B')CD' + (A+A')B(C+C')D' \\
&= ABCD + AB'CD + ABCD + A'BCD + ABCD' \\
&\quad + AB'CD' + ABCD' + A'BCD' + ABC'D' + A'BC'D'
\end{aligned}
$$

그러나 $ABCD$와 $ABCD'$는 2회 나타나 있으며, 정리 1(즉, $x+x=x$)에 따르면 그들 중의 하나는 제거할 수 있다. 오름차순으로 재정리함으로써 최종적으로 얻어지는 결과는 다음과 같다.

$$
\begin{aligned}
F(A,B,C,D) &= A'BC'D' + A'BCD' + A'BCD + AB'CD' \\
&\quad + AB'CD + ABC'D' + ABCD' + ABCD
\end{aligned}
$$

따라서 다음과 같이 간단한 방법으로 표시할 수 있다.

$$F(A,B,C,D) = \Sigma(4,6,7,10,11,12,14,15)$$

예제 3-5

다음과 같은 진리표로 표시되는 부울 함수 F_1, F_2, F_3, F_4를 최소항의 합으로 표현하시오.

x	y	z	F_1	F_2	F_3	F_4
0	0	0	0	0	1	1
0	0	1	0	1	1	1
0	1	0	0	0	0	1
0	1	1	1	1	1	0
1	0	0	1	1	0	0
1	0	1	1	0	1	0
1	1	0	0	1	0	1
1	1	1	1	0	0	1

풀이

$$
\begin{aligned}
F_1(x,y,z) &= \Sigma(3,4,5,7) \\
F_2(x,y,z) &= \Sigma(1,3,4,6) \\
F_3(x,y,z) &= \Sigma(0,1,3,5) \\
F_4(x,y,z) &= \Sigma(0,1,2,6,7)
\end{aligned}
$$

최대항의 곱

부울 함수를 최대항의 나타내기 위해서 먼저 분배법칙 $x+yz=(x+y)(x+z)$을 이용하여 그것을 OR항의 형태로 만들어야 한다. 그리고 각 OR항에서 변수 x가 빠져 있으면 xx'을 더하여 준다. 왜냐하면 $xx'=0$이므로 부울 함수의 값이 변하지 않기 때문이다.

최대항의 곱으로 표현하는 과정을 정리하면 다음과 같다.

❶ 논리함수를 합의 곱 형태로 전개한다.
❷ 각각의 합항에 빠진 변수(x)의 조합(xx')을 합한 다음, 다시 변환한다.
❸ 모든 합항이 최대항이 될 때까지 위의 과정을 반복한다.

예제 3-6

부울 함수 $F=xy'+x'z$를 최대항의 곱으로 표현하시오.

풀이 ❶ 먼저 분배법칙을 이용하여 함수를 합항의 형식으로 변환한다.

$$F= xy'+x'z=(xy'+x')(xy'+z)$$
$$=(x+x')(x'+y')(x+z)(y'+z) \quad \leftarrow x+x'=1$$
$$=(x'+y')(x+z)(y'+z)$$

❷ 각 합항에 빠진 변수의 조합을 더한다.

$$(x'+y')=x'+y'+zz'=(x'+y'+z)(x'+y'+z')$$
$$x+z=x+z+yy'=(x+y+z)(x+y'+z)$$
$$y'+z=y'+z+xx'=(x+y'+z)(x'+y'+z)$$

❸ 모든 항을 결합하고 한번 이상 나온 것들을 제거하면 다음과 같다.

$$F= (x+y+z)(x+y'+z)(x'+y'+z)(x'+y'+z')$$
$$=M_0M_2M_6M_7$$

이 함수를 표시하는 편리한 방법은 다음과 같다.

$$F(x,y,z) = \Pi(0,2,6,7)$$

Π기호는 최대항의 곱(AND)을 의미한다.

정준형식의 상호변환

최소항의 합으로 표현된 함수의 보원(complement)은 원래의 함수로부터 빠진 최소항의 합과 같다. 예로서, 다음과 같은 함수를 생각해 보자.

$$F(x,y,z) = \Sigma(0,2,4,5)$$

이것의 보수는 빠진 최소항들의 합으로 다음과 같이 표현할 수 있다.

$$F'(x,y,z) = \Sigma(1,3,6,7) = m_1 + m_3 + m_6 + m_7$$

드모르간(De Morgan)의 법칙을 이용하여 F'의 보수를 취하면 다른 형식의 F를 얻을 수 있다.

$$F = (m_1 + m_3 + m_6 + m_7)' = m_1' m_3' m_6' m_7'$$

$$= M_1 M_3 M_6 M_7 = \Pi(1,3,6,7) = \Sigma(0,2,4,5)$$

위의 부울 함수식에서 $F(x,y,z) = \Pi(1,3,6,7) = \Sigma(0,2,4,5)$이다. 즉, 최대항의 곱에 나타나는 숫자는 최소항의 합에서 빠진 숫자들이다. 따라서 어떤 정준형식으로부터 다른 정준형식으로 변환하기 위해서는 Σ와 Π를 교환하고 원래 진리표상에 빠진 숫자를 기입하면 된다.

함수 $F(x,y,z) = \Pi(1,3,5)$는 최대항의 곱으로 표현되어 있는데, 이를 최소항의 합으로 변환하면 $F(x,y,z) = \Sigma(0,2,4,5)$이다. 부울 변수가 n개이면 모두 2^n개의 최소항과 최대항이 존재함으로 두 가지 표현에서 나타나는 숫자의 개수 합은 2^n이어야 한다.

예제 3-7

다음과 같은 진리표를 갖는 부울 함수 $F(x,y,z)$를 최대항의 곱으로 표현하시오.

x	y	z	F
0	0	0	0
0	0	1	1
0	1	0	0
0	1	1	1
1	0	0	0
1	0	1	1
1	1	0	0
1	1	1	0

풀이 진리표로부터 최소항의 합을 구하고 이로부터 최대항의 곱을 구해보자. F를 최소항의 합으로 표현하면 다음과 같다.

$$F(x,y,z) = \Sigma(1,3,5)$$

3개의 부울 변수를 가진 함수는 총 8개의 최소항이나 최대항을 가지기 때문에 누락된 항들은 0, 2, 4, 6 및 7이다. 따라서 최대항의 곱의 표현은 다음과 같다.

$$F(x,y,z) = \Pi(0,2,4,6,7)$$

3.3 부울함수의 간략화

카르노 맵(Karnaugh map)을 이용한 간략화

부울 함수는 대수적인 방법으로 간략화할 수 있다. 그러나 이 최소화 방법은 조작과정에서 진행되는 단계를 예측할 수 있는 특정된 규칙이 없기 때문에 사용하기 불편하다는 단점이 있다. 그러나 카르노 맵 방법은 부울 함수를 간략화하기 위한 간단하고 직접적인 수단을 제공해 준다. 이 맵은 사각형의 칸으로 구성된 도면이고, 각 사각형 칸은 하나의 최소항을 나타낸다.

임의의 부울 함수는 최소항의 합으로 표시할 수 있기 때문에 이 맵은 부울 함수를 표준형식으로 나타낼 수 있는 모든 가능한 방법을 직접 눈으로 확인시켜 준다. 가장 간단한 대수적 수식은 최소의 문자수를 갖는 곱의 합(sum of products) 또는 합의 곱(product of sums)으로 된 식으로 가정한다.

2 또는 3변수의 맵

2변수 맵을 그림 3.56(a)에 나타내었다. 2변수에 대해서는 4개의 최소항이 존재하고, 그 맵은 4개의 사각형 칸으로 구성되어 있으며, 각 사각형 칸은 최소항을 의미한다. 사각형 칸과 2개 변수와의 관계를 그림 3.56(b)에 나타내었다. 여기서 각 행(row)과 열(column)에 대해 표시한 0과 1은 각각 변수 $x'(y')$와 $x(y)$의 값을 나타낸다.

주어진 함수에 소속되는 최소항에 해당되는 네모칸을 묶어서 표현하면 2변수 맵은 16가지의 2변수 부울 함수 중 임의의 하나로 나타낼 수 있다. 이것에 대한 예는 그림 3.57에 나타내었다. (a)에서 $x'y'$는 m_0와 같기 때문에 m_0에 속하는 사각형에 1을 표시한다. (b)에서 y는 1로 표시된 2개의 사각형 표시하였다. 이들 사각형은 함수의 최소항으로부터 구해진다. 즉,

$$y = x'y + xy = m_1 + m_3 = y(x' + x)$$

x \ y	0	1
0	m_0	m_1
1	m_2	m_3

(a)

x \ y	0	1
0	$x'y'$	$x'y$
1	xy'	xy

(b)

그림 3.56 2변수 맵

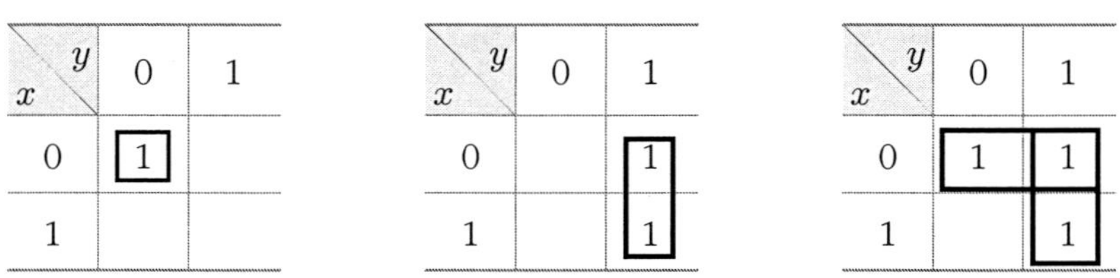

(a) $x'y'$ (b) y (c) $x'+y$

그림 3.57 맵 위에서 2변수 함수의 표시

동일한 방법으로 (c)에서 $x'+y$는 1로 표시된 3개의 사각형 표시하였다. 이들 사각형은 함수의 최소항으로부터 구해진다. 즉,

$$x'+y = x'y'+x'y+xy = m_0+m_1+m_3$$
$$= x'(y'+y)+xy = (x'+x)(x'+y)$$

3변수 맵을 그림 3.58에 나타내었다. 3변수에 대해서는 8개의 최소항이 존재하고, 그 맵은 8개의 사각형 칸으로 구성되어 있으며, 각 사각형 칸은 최소항을 의미한다. 사각형 칸과 3개 변수와의 관계를 그림 3.58(b)에 나타내었다. 이 최소항은 2진식 순서가 아니라 그레이코드와 비슷한 순서로 배열되어 있음을 알 수 있다. 즉, 표의 순서에 있어서 한 비트만이 1에서 0 또는 0에서 1로 바뀐다는 것이다. (b)부분에 그린 맵은 각 행과 열에 번호를 부여하여 그 사각형과 3변수 사이의 관계를 나타내었다. 예를 들면, m_2에 배당된 사각형은 행 0과 열 10에 해당한다. 이들 두 개의 수가 연결되면 2진수 010이 되며, 10진수 2와 등가적이 된다. 사각형 m_2를 보는 다른 방법은 x'로 표시된 행과 $y'z$에 속하는 열에 있는 것으로 보는 것이다. 각 변수에 대해서 1인 사각형이 4개 존재하고 0인 사각형이 4개 존재한다.

x \ yz	00	01	11	10
0	m_0	m_1	m_3	m_2
1	m_4	m_5	m_7	m_6

(a) 최소항

x \ yz	00	01	11	10
0	$x'y'z'$	$x'y'z$	$x'yz$	$x'yz'$
1	$xy'z'$	$xy'z$	xyz	xyz'

(b) 변수조합

그림 3.58 3변수 맵

x \ yz	00	01	11	10
0	1			1
1	1			1

(a) z'

x \ yz	00	01	11	10
0		1		
1		1		

(b) $y'z$

x \ yz	00	01	11	10
0	1	1	1	1
1				

(c) x'

x \ yz	00	01	11	10
0		1	1	
1		1	1	

(d) y

그림 3.59 맵 위에서 3변수 함수의 표시

예제 3-8

다음 부울 함수를 간략화하시오.

$$F(x,\ y,\ z) = \sum(0,\ 1,\ 6,\ 7)$$

풀이 먼저 그림 3.26과 같이 함수를 표현하기 위해서 부울 함수의 최소항에 해당하는 각 사각형에 1을 써넣는다. 여기서 000, 001, 110 및 111이 맵에 1로 표시되어 있다. 다음 과정은 1로 표시된 인접한 사각형을 묶는 일이다. 인접한 사각형을 묶을 때 적용되는 원칙은 다음과 같다. 여기서 인접한 사각형이란 카르노 맵을 행과 열 각각의 중심선을 접었을 때 마주치는 면을 말한다.

❶ 인접한 사각형들은 항상 1, 2, 4 및 8과 같이 2의 지수 형태로 묶을 수 있다. 단, 대각선 방향으로는 묶을 수 없다.
❷ 묶을 때, 사각형이 두 번 이상 포함되어도 좋다.
❸ 1로 표시된 모든 사각형이 최소한 1번 이상 묶여질 때까지 ❶의 과정을 반복한다.
❹ 다른 사각형과 인접하지 않는 사각형은 혼자 묶는다.

x \ yz	00	01	11	10
0	1	1		
1			1	1

그림 3.60 예제 3-8에 대한 맵

이러한 원칙에 따라 그림 3.60의 카르노 맵에 1로 표시된 사각형들은 2개의 직사각형 묶음으로 묶여진다. 왼쪽 위의 직사각형은 $x'y'$로 표현되며, 이것은 2개의 사각형이 x 영역의 0의 열(x')에 공통으로 포함되어 있고, 동시에 yz 영역에서 y변수의 0이 행(y')에 공통으로 포함되어 있으므로 $x'y'$로 표현된다. 마찬가지 방법으로 오른쪽 아래의 직사각형은 xy로 표현된다. 그러므로 부울 함수는 다음과 같이 간략화 된다. 즉,

$$F = x'y' + xy$$

카르노 맵에서 많은 수의 인접한 사각형들이 묶여질수록 작은 수의 변수의 곱으로 표현할 수 있다. 이를 3변수 맵에서 정리하면 다음과 같다.

❶ 하나의 사각형은 3변수의 한 항으로 표현된다.
❷ 2개의 인접한 사각형의 묶음은 2변수의 한 항으로 표현된다.
❸ 4개의 인접한 사각형의 묶음은 1변수의 한 항으로 표현된다.
❹ 8개의 인접한 사각형의 묶음은 모든 최소항이 1이기 때문에 '1'로 표현된다.

예제 3-9

다음 부울 함수를 간략화하시오.

$$F(x, y, z) = \sum(2, 3, 4, 5)$$

풀이 이 함수의 카르노 맵은 그림 3.61과 같다. 앞의 예제와 마찬가지 방법으로 간략화 하면 첫째 열의 두 인접 사각형이 묶여져 두 문자의 항 $x'y$가 된다. 그리고 둘째 열의 두 인접 사각형이 묶여져 두 문자의 항 xy'가 된다. 그러므로 간략화된 함수는 다음과 같다.

$$F = x'y + xy' = x \oplus y$$

x \ yz	00	01	11	10
0			1	1
1	1	1		

그림 3.61 예제 3.9에 대한 맵

예제 3-10

다음 부울 함수를 간략화하시오.

$$F(x,\ y,\ z) = \sum(0,1,2,4,6)$$

풀이 이 함수의 카르노 맵은 그림 3.62와 같다. 실선으로 표시된 4개의 사각형은 서로 인접하므로 이들을 하나로 묶을 수 있다. 이 묶음에서 변수 x와 y는 서로 다른 값을 가지므로 삭제되고 z'만 남는다. 점선으로 묶여진 작은 사각형은 2개의 사각형이 x 영역의 0의 열(x')에 공통으로 포함되어 있고, 동시에 yz 영역에서 y변수의 0이 행(y')에 공통으로 포함되어 있으므로 $x'y'$로 표현된다. 따라서 간략화된 수식은 다음과 같다.

$$F = z' + x'y'$$

x \ yz	00	01	11	10
0	1	1		1
1	1			1

그림 3.62 예제 3-10에 대한 맵

예제 3-11

다음 부울 함수를 간략화하시오.

$$F = x'z + x'y + xz$$

풀이 ❶ 최소항의 합으로 표현하시오.

$$F = x'z + x'y + xz = x'(y'+y)z + x'y(z'+z) + x(y'+y)z$$
$$= x'y'z + x'yz + x'yz' + x'yz + xy'z + xyz$$

그러므로 최소항들의 합은

$$F(x,\ y,\ z)=\sum(1,\ 2.\ 3.\ 5.\ 7)$$

로 표현된다.

❷ 최소 곱의 합으로 나타내시오.

❶항 함수의 카르노 맵은 그림 3.63과 같다.
이를 간략화하면 맵에서 보는 바와 같이 2개의 항으로 표현할 수 있다.

$$F=z+x'y$$

x \ yz	00	01	11	10
0		1	1	1
1		1	1	

그림 3.63 예제 3-11에 대한 맵

4변수 맵

4변수 맵을 그림 3.64에 나타내었다. 3.64(a)에서는 16개의 최소항과 각 항에 배정된 16개의 사각형을 표로 나타내었다. 사각형 칸과 4개 변수와의 관계를 그림 3.64(b)에 나타내었다. 3변수 카르노 맵과 마찬가지로 가로 및 세로 방향의 변수 값은 그레이 코드로 표시되어야 한다. 또, 각 사각형에 표시된 최소항의 숫자는 각 행과 열의 숫자를 연결하여 나타나는 숫자와 일치한다. 예를 들면, 4행(10)과 2열(01)을 연결시키면 2진수 1001이 되는데, 이는 10진수 9이다. 그러므로 4행 2열의 사각형은 최소항 m9으로 표시된다. 카르노 맵을 이용하여 4변수의 부울 함수를 간략화하는 것도 지금까지의 방법과 같다. 이를 4변수 맵에서 정리하면 다음과 같다.

❶ 하나의 사각형은 4변수의 한 항으로 표현된다.
❷ 2개의 인접한 사각형의 묶음은 3수의 한 항으로 표현된다.
❸ 4개의 인접한 사각형의 묶음은 2변수의 한 항으로 표현된다.
❹ 8개의 인접한 사각형의 묶음은 1변수의 한 항으로 표현된다.
❺ 16개의 인접한 사각형의 묶음은 모든 최소항이 1이기 때문에 '1'로 표현된다.

yz \ wx	00	01	11	10
00	m_0	m_1	m_3	m_2
01	m_4	m_5	m_7	m_6
11	m_{12}	m_{13}	m_{15}	m_{14}
10	m_8	m_9	m_{11}	m_{10}

(a) 최소항

yz \ wx	00	01	11	10
00	$w'x'y'z'$	$w'x'y'z$	$w'x'yz$	$w'x'yz'$
01	$w'xy'z'$	$w'xy'z$	$w'xyz$	$w'xyz'$
11	$wxy'z'$	$wxy'z$	$wxyz$	$wxyz'$
10	$wx'y'z'$	$wx'y'z$	$wx'yz$	$wx'yz'$

(b) 변수조합

그림 3.64 4변수 맵

예제 3-12

다음 부울 함수를 간략화하시오.

$$F(w,\ x,\ y,\ z) = \sum(0,2,3,6,7,8,10)$$

풀이 함수가 4개의 변수를 가지고 있기 때문에 4변수의 카르노 맵을 사용해야 한다. 주어진 부울 함수를 카르노 맵에 표시하면 그림 3.65와 같다. 오른쪽 상단의 4개를 묶으면 변수 x와 z는 서로 다른 값을 가지므로 삭제되고 $w=0$, $y=1$이므로 $w'y$이 된다. 카르노 맵의 행과 열의 중심선을 접었을 때 마주치는 면은 인접한 면이기 때문에 모서리의 사각형 4개는 서로 인접해 있으므로 하나로 묶을 수 있다. 모서리 사각형 4개를 묶으면 w와 y는 서로 다른 값을 가지므로 삭제되고 $x=0$, $z=0$이 되므로 $x'z'$가 된다. 그러므로 간략화된 결과는 $F=w'y+x'z'$가 된다.

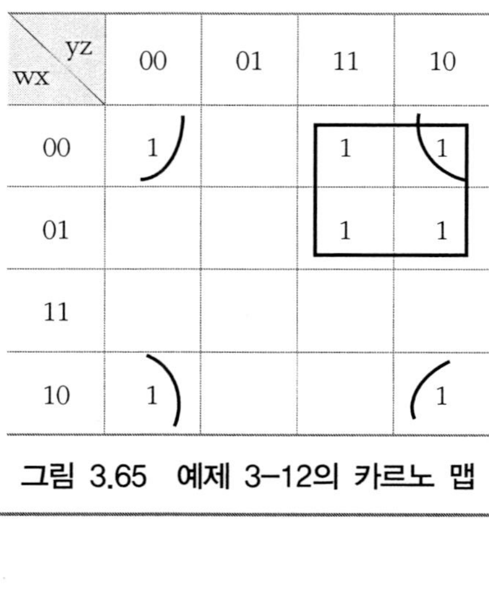

그림 3.65 예제 3-12의 카르노 맵

예제 3-13

다음 부울 함수를 간략화하시오.

$$F(w,\ x,\ y,\ z) = \sum(0,2,3,4,6,7,10,11,12,14,15)$$

풀이 주어진 부울 함수를 카르노 맵에 표시하면 그림 3.66과 같다. 오른쪽에 표시된 8개의 사각형들은 y으로 간략화되고, 나머지 좌우측 위쪽과 아래쪽에 표시된 4개의 사각형들의 묶음 각각은 $w'z'$과 xz'으로 간략화된다. 그러므로 간략화된 결과는 $F = y + w'z' + xz'$이 된다.

wx \ yz	00	01	11	10
00	1		1	1
01	1		1	1
11	1		1	1
10			1	1

그림 3.66 예제 3-13의 카르노 맵

합의 곱으로 표현된 부울 함수의 간략화

지금까지 설명한 곱의 합(sum of products)의 형태로 표현된 부울 함수를 간략화하는 절차를 약간 수정하면 합의 곱(product of sums)의 형태로 간략화된 부울 함수를 구할 수 있다. 부울 함수를 카르노 맵에 표시했을 때 1은 함수에 포함되는 최소항을 나타내며, 0은 최대항(1로 표시된 함수의 보원)을 나타낸다. 1로 표시되는 최소항을 묶어 곱의 합의 형태로 간략화할 수 있다면, 0으로 표시되는 최대항을 묶으면 합의 곱의 형태로 간략화할 수 있다. 합의 곱의 형태로 간략화하는 절차를 살펴보도록 하자.(최소항의 합으로 표현된 함수를 F라고 가정)

❶ 먼저 카르노 맵에 1로 표시되지 않은 칸을 0으로 표시한다.
❷ 최소항(1로 표시된)을 간략화하는 절차와 동일하게 간략화하여 그 함수의 보원, 즉 F'의 간략화된 식(곱의 합형태)을 얻는다.
❸ 그런 후 F'의 보원 즉, F''을 구하면 간략화된 합의 곱의 형태의 함수 F를 얻게 된다.

예제 3-14

다음 부울 함수를 (a) 곱의 합과 (b) 합의 곱의 형태로 간략화 하시오.

$$F(w,\ x,\ y,\ z) = \sum(0,2,10,11,12,14)$$

풀이 그림 3.67(a)의 맵에서 표시된 1은 함수의 모든 최소항을 나타낸다. 그림 (b)에서 0으로 표시된 네모꼴은 F에 포함되지 않은 최소항을 표시하며, 따라서 F'을 나타낸다.

❶ 1로 표시된 네모꼴을 조합하면 간략화된 곱의 합의 형태의 함수를 얻을 수 있다.

$$F = w'x'z' + wxz' + wx'y$$

❷ 0으로 표시된 네모꼴을 간략화하면 보원화된 함수를 얻게 된다.

$$F' = w'x + w'z + xz + wx'y'$$

이 보원화된 함수를 한번 더 보원화하면 합의 곱으로 간략화된 함수를 얻을 수 있다.

$$F = (w + x')(w + z')(x' + z')(w' + x + y)$$

wx \ yz	00	01	11	10
00	1			1
01				
11	1			1
10			1	1

(a) 최소항

wx \ yz	00	01	11	10
00		0	0	
01	0	0	0	0
11		0	0	
10	0	0		

(b) 최대항

그림 3.67 예제 3-14의 카르노 맵

3.4 무정의 조건

앞에서 다루었던 부울 함수는 모든 입력 조합에 대해 1 또는 0의 값이 할당되었다. 이러한 함수의 변수값들은 모든 조합이 완전히 명시되었다고 한다. 그러나 어떤 입력 조건이 결코 발생하지 않는다면 이에 대응하는 출력이 정의되지 않는 논리 회로를 만들 수 있다. 즉 출력값이 1이든 0이든 논리회로의 동작과 무관하다. 이와 같이 논리회로의 동작과 무관한 입력의 조합을 무정의 조건(don't care condition)이라고 한다. 무정의 조건은 진리표나 카르노 맵에서 'X' 또는 'd'로 표시한다.

예를 들면, BCD 코드에서 6개의 입력변수의 조합 1010, 1011, 1100, 1101, 1110, 1111은 사용되지 않는다. 그러므로 이들 사용하지 않는 조합이 결코 발생하지 않는다고 보장했기 때문에 그들 입력변수의 조합들에 대한 함수 출력이 무엇이든 회로의 동작과는 무관하다. 이러한 입력조건들은 함수를 간략화하는 데 사용할 수 있다.

함수를 간략화하기 위해 인접한 사각형의 조합을 선택할 때, X를 가장 간단한 부울 함수 표현을 얻을 수 있도록 1이나 0으로 사용할 수 있다. 무정의 조건은 간략화 과정에서 반드시 묶을 필요는 없다. 묶여진 무정의 조건은 1로 취급된 것이고, 그렇지 않은 것은 0으로 취급된 것이다.

예제 3-15

무정의 조건 $d(x,\ y,\ z) = \Sigma(3,5,7)$를 갖는 다음 부울 함수를 간략화하시오.

$$F(x,\ y,\ z) = \Sigma(0,1,4,6)$$

풀이 그림 3.68의 카르노 맵에서 함수의 최소항은 1로, 무정의 조건은 X로 표시되며, 나머지는 0으로 표시되었다. 1과 X를 4개씩 묶을 때 X를 모두 다 사용할 필요는 없으며, 간단히 하는데 유용한 만큼만 쓰면 된다. 그림 3.68에서는 두 개의 X를 사용했고 나머지 1개는 쓰지 않았다. 함수를 간략화한 결과는 $F = x + y'$이다.

x \ yz	00	01	11	10
0	1	1	X	0
1	1	X	X	1

그림 3.68 예제 3-15에 대한 맵

실험 05 카르노맵

1. 목적

부울함수를 이용한 회로설계방법과 카르노맵을 이용한 함수의 최소화방법을 연습하고 실험을 통해 실제회로의 동작을 확인한다.

2. 예비보고서

(1) 부울함수 $F(A, B, C) = \overline{A}\,\overline{B}\,C + \overline{A}\,B\,C + A\,\overline{B}$ 에 대해서 진리표를 그리고, 회로로 그려라.

(2) (1)의 함수에 대해서 카르노 맵을 구성하고 그것을 이용해 간략화된 함수를 구하라. 간략화된 함수에 대한 진리표를 그리고 회로를 그린 후 (1)의 결과와 비교하라.

(3) 함수 F에 있어서 입력이 아래의 그림과 같을 때 출력파형을 그려라.

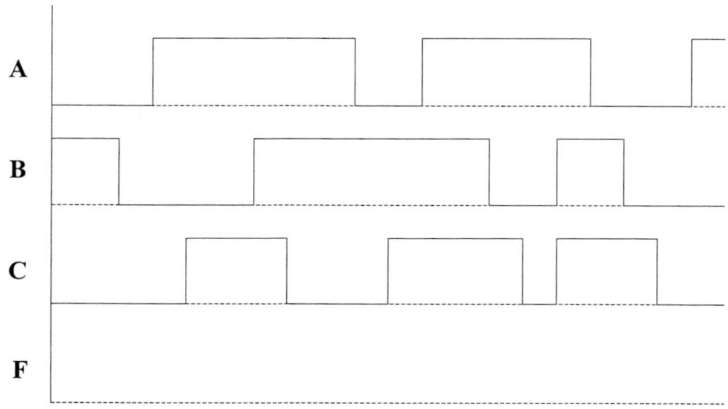

(4) 부울함수 $F(A, B, C, D) = A\overline{B}CD + \overline{A}CD + \overline{B}\,\overline{C}D + ABCD$ 에 대해서 진리표를 그리고, 회로로 그려라.

(5) (4)의 함수에 대해서 카르노 맵을 구성하고 그것을 이용해 간략화된 함수를 구하라. 간략화된 함수에 대한 진리표를 그리고 회로로 그린 후 (4)의 결과와 비교하라.

(6) 함수 F에 있어서 입력이 아래의 그림과 같을 때 출력파형을 그려라.

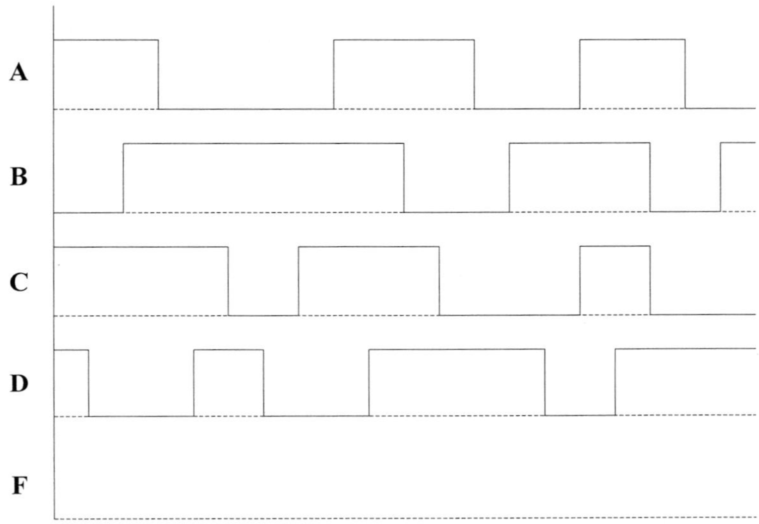

3. 사용기기 및 부품

- ◻ 논리회로 실험장치
- ◻ 오실로스코프
- ◻ IC74LS04 (NOT 게이트)

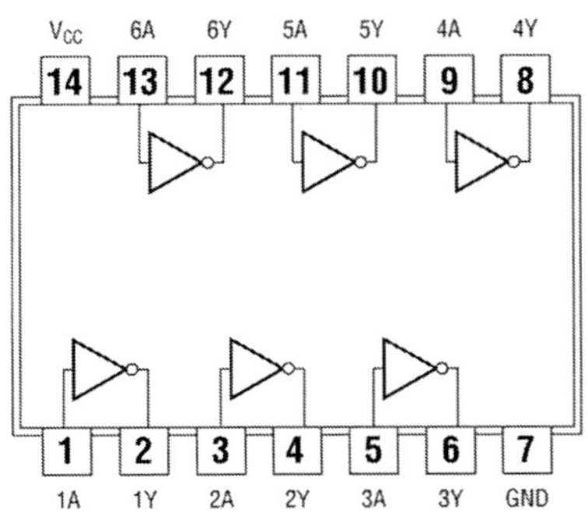

- ◻ IC74LS08 (2입력 AND 게이트)

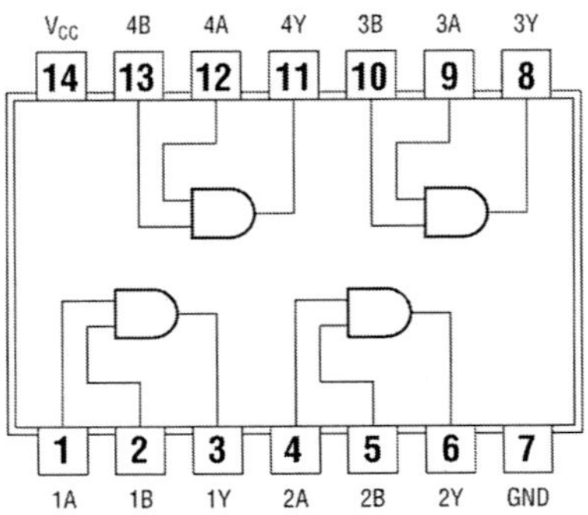

□ IC74LS11 (3입력 AND 게이트)

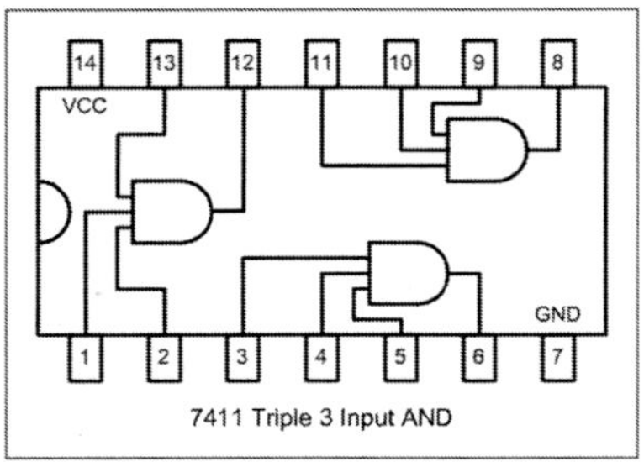

□ IC74LS32 (OR 게이트)

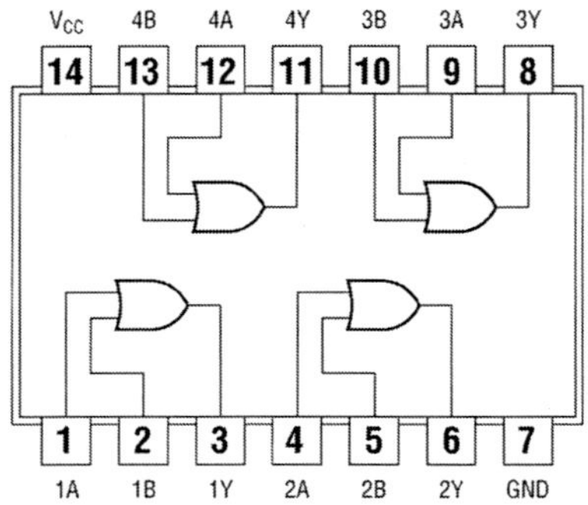

4. 실험

(1) $F = \overline{A}\,\overline{B}\,C + \overline{A}\,B\,C + A\,\overline{B}$ 의 회로를 그려 회로를 구성하고, 출력상태를 측정하여 표 3-34에 기록하시오.

표 3.35

A	B	C	$\bar{A}\bar{B}C$	$\bar{A}BC$	$A\bar{B}$	F
0	0	0				
0	0	1				
0	1	0				
0	1	1				
1	0	0				
1	0	1				
1	1	0				
1	1	1				

(2) (1)의 함수를 카르노맵을 이용해서 간략화한 함수를 구하여 기술하고, 그 함수의 회로를 그린 후 회로를 구성하여 출력상태를 측정하여 표 3.36에 기록하시오.

표 3.36

A	B	C	F
0	0	0	
0	0	1	
0	1	0	
0	1	1	
1	0	0	
1	0	1	
1	1	0	
1	1	1	

(3) 다음의 카르노 맵을 간략화하여 함수를 구한 후 기술하고, 회로를 그리고, 구성하여 출력을 측정 후 표 3.37에 기록하시오.

A \ BC	00	01	11	10
0	1 ^{0}	1 ^{1}	1 ^{3}	1 ^{2}
1	0 ^{4}	1 ^{5}	0 ^{7}	0 ^{6}

표 3.37

A	B	C	F
0	0	0	
0	0	1	
0	1	0	
0	1	1	
1	0	0	
1	0	1	
1	1	0	
1	1	1	

(4) 다음의 카르노 맵을 간략화하여 함수를 구한 후 기술하고, 회로를 그리고, 구성하여 출력을 측정 후 표 3.38에 기록하시오.

AB \ CD	00	01	11	10
00	0 0	1 1	3 0	2 1
01	4 1	5 1	7 0	6 1
11	12 1	13 0	15 0	14 1
10	8 0	9 0	11 0	10 1

표 3.38

A	B	C	D	F
0	0	0	0	
0	0	0	1	
0	0	1	0	
0	0	1	1	
0	1	0	0	
0	1	0	1	
0	1	1	0	
0	1	1	1	
1	0	0	0	
1	0	0	1	
1	0	1	0	
1	0	1	1	
1	1	0	0	
1	1	0	1	
1	1	1	0	
1	1	1	1	

(5) $F(A, B, C, D) = m_1 + m_3 + m_7 + m_{11} + m_{15}$, $d = m_0 + m_2 + m_5$일 때 카르노맵을 이용해서 간략화된 함수를 구해 회로를 그려 구성하고 출력을 측정하여 표 3.39에 기록하시오.

표 3.39

A	B	C	D	F
0	0	0	0	
0	0	0	1	
0	0	1	0	
0	0	1	1	
0	1	0	0	
0	1	0	1	
0	1	1	0	
0	1	1	1	
1	0	0	0	
1	0	0	1	
1	0	1	0	
1	0	1	1	
1	1	0	0	
1	1	0	1	
1	1	1	0	
1	1	1	1	

4. 실험 결과 검토

(1) 실험 (1)에서 얻어진 회로의 동작을 설명하고, 이론적으로 얻어진 회로의 출력과 실제의 실험결과에 대해서 비교, 검토하여 보자.

(2) 실험 (2)에서 얻어진 회로의 동작을 설명하고, 이론적으로 얻어진 회로의 출력과 실제의 실험결과에 대해서 비교, 검토한 후, 실험 (1)의 결과와도 비교, 검토하라.

(3) 실험 (3)에서 얻어진 회로의 동작을 설명하고, 이론적으로 얻어진 회로의 출력과 실제의 실험결과에 대해서 비교, 검토하라.

(4) 실험 (4)에서 얻어진 회로의 동작을 설명하고, 이론적으로 얻어진 회로의 출력과 실제의 실험결과에 대해서 비교, 검토하라.

(5) 실험 (1)에서 얻어진 회로의 동작을 설명하고, 이론적으로 얻어진 회로의 출력과 실제의 실험결과에 대해서 비교, 검토하라.

03 종합평가문제

01 다음 부울함수를 부울대수를 사용하여 가장 적은 수의 문자로 간략화하시오.

① $x'y' + x'y + xy'$
② $(x+y)(x'+y')$
③ $x' + xy + xy' + xy'z'$
④ $x'yz + xz$
⑤ $x'z' + xyz + xz'$

02 다음 부울함수의 보원을 구하시오.

① $xy + x'y'$
② $xy + x(wz + wz')$
③ $y + xz$
④ $(y+z')(x+y)(y'+z)$

03 다음 함수들에 대한 진리표를 구하고, 각 함수를 최소항의 합과 최대항의 적으로 표현하시오.

① $xy + x'z$
② $(x'+y)(y'+z)$
③ $x'z + wx'y + wxz' + w'xz$

04 다음의 진리표로 주어진 부울함수 F에 대하여 다음 물음에 답하시오.

x	y	z	F
0	0	0	1
0	0	1	1
0	1	0	0
0	1	1	0
1	0	0	1
1	0	1	1
1	1	0	0
1	1	1	0

① 함수의 최소항을 구하시오.
② F를 대수적 형태로 최소항의 합으로 표현하시오.
③ 함수를 부울대수를 사용하여 가장 적은 수의 문자로 간략화하시오.

05 다음과 같은 부울함수 F에 대하여 물음에 답하시오.

$$F = xy'z + x'y'z + w'xy + wx'y + wxy$$

① 함수의 진리표를 구하시오.
② 함수를 부울대수를 사용하여 가장 적은 수의 문자로 간략화하시오.
③ 간략화된 식으로부터 논리도를 작성하시오.

06 다음 함수를 최소항의 합과 최대항의 곱으로 표현하시오.

① $F(w,x,y,z) = x'z + w'z + xz$
② $F(w,x,y,z) = (wx + y)(x + y'z)$

07 다음을 다른 정준형식으로 변환하시오.

① $F(x,y,z) = \Sigma(2,4,6)$
② $F(w,x,y,z) = \Pi(0,1,4,7,13,15)$

08 다음 부울함수를 카르나 맵을 사용하여 간략화하시오.

① $F(x,y,z) = \Sigma(0,1,4,5)$
② $F(x,y,z) = \Sigma(0,2,4,6)$
③ $F(w,x,y,z) = \Sigma(4,6,7,15)$
④ $F(w,x,y,z) = \Sigma(3,7,11,13,14,15)$
⑤ $F(w,x,y,z) = \Sigma(0,1,2,4,5,7,11,15)$
⑥ $F(w,x,y,z) = \Sigma(0,2,4,5,6,7,8,10,13,15)$
⑦ $F(w,x,y,z) = \Pi(1,3,5,7,13,15)$
⑧$F(w,x,y,z) = \Pi(0,1,2,3,4,10,11)$

09 다음 부울함수를 카르나 맵을 사용하여 간략화하시오.

① $w'z + xz + x'y + wx'z$
② $x'z + w'xy' + wx'y + wxy'$
③ $y'z + wxy' + wxz' + w'x'z$
④ $wxy + x'z' + w'xz$

10 다음 함수를 (a) 곱의 합 (b) 합의 곱으로 간략화한 후 AND-OR게이트로 구현하시오.

$$F(w,\ x,\ y,\ z) = \Sigma(0,\ 2,\ 5,\ 6,\ 7,\ 8,\ 10)$$

11 무정의 조건 d를 사용하여 부울함수를 간략화하시오.

① $F(x,y,z) = \Sigma(0,1,2,4,5)$
$d(x,y,z) = \Sigma(3,6,7)$

② $F(w,x,y,z) = \Sigma(0,6,8,13,14)$
$d(w,x,y,z) = \Sigma(2,4,10)$

③ $F(w,x,y,z) = \Sigma(0,1,2,3,7,8,10)$
$d(w,x,y,z) = \Sigma(5,6,11,15)$

Chapter 4

조합논리회로 I

개요

조합논리회로는 논리곱, 논리합, 논리 부정의 세가지 기본 논리회로의 조합으로 만들어지는 논리회로로써 입력신호, 논리게이트 및 출력신호로 구성된다. 본 장에서는 현재의 입력의 조합에 의해서 출력이 결정되는 조합논리회로의 기본이 되는 가산기, 감산기 및 비교기 등에 대해서 회로를 설계하는 방법과 이들을 이용하는 방법에 대해서 살펴보고자 한다.

학습 목표

- 반가산기, 전가산기의 동작을 이해하고 설계하는 방법을 알아본다.
- 반감산기, 전감산기의 동작을 이해하고 설계하는 방법을 알아본다.
- 비교기의 동작을 이해하고 설계하는 방법을 알아본다.

4.1 가산기

가산기는 2진수 1비트씩을 더할 수 있는 회로이며, 단위 1비트가산기를 합하면 여러 비트의 연산도 가능하다. 아래에서 올라온 캐리를 고려하지 않고 단순 덧셈만을 수행하는 반가산기와 캐리를 고려해서 덧셈을 할 수 있는 전가산기로 구분된다.

반가산기(Half Adder : HA)

2개의 1비트 2진수 덧셈은 디지털 컴퓨터의 가장 기본적인 연산으로 식 (4.1)에서 보인 것과 같이 4가지의 경우가 있을 수 있다.

$$\begin{aligned} 0+0&=0\ 0 \\ 0+1&=0\ 1 \\ 1+0&=0\ 1 \\ 1+1&=1\ 0 \end{aligned} \tag{4.1}$$

따라서 식 (4.1)을 정리하면 표 4.1과 같은 반가산기의 진리표를 만들 수 있다. 여기서 C(carry)는 올림수, S(sum)는 덧셈결과를 나타낸다. 따라서 C와 S를 각각에 대해서 함수로 정리하면 식 (4.2)와 (4.3)과 같이 정리된다. 따라서 식(4.2)와 (4.3)을 이용해 회로를 구성하면 그림 4.1의 회로로 나타낼 수 있다. 이러한 반가산기는 2개의 1비트 2진수만 더할 수 있을 뿐 캐리에 대해서는 전혀 고려할 수 없는 회로이다.

표 4.1 반가산기의 진리표

x	y	C	S
0	0	0	0
0	1	0	1
1	0	0	1
1	1	1	0

$$S=\overline{x}y+x\overline{y}=x\oplus y \tag{4.2}$$

$$C=xy \tag{4.3}$$

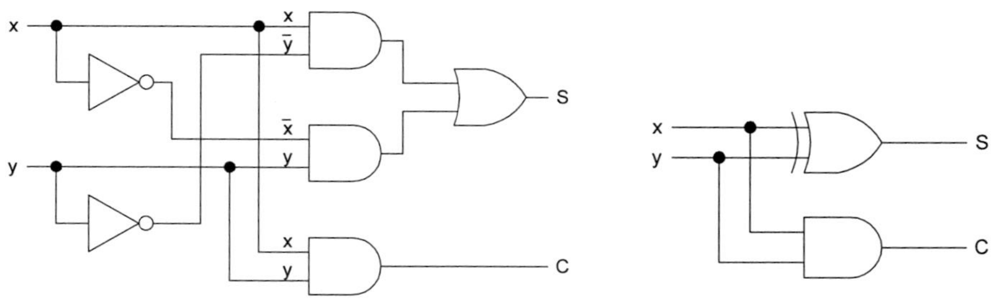

(a) $S = \overline{x}y + x\overline{y}$, $C = xy$ (b) $S = x \oplus y$, $C = xy$

그림 4.1 반가산기 회로

그림 4.2는 반가산기의 다른 구현 방법을 보여주고 있다.

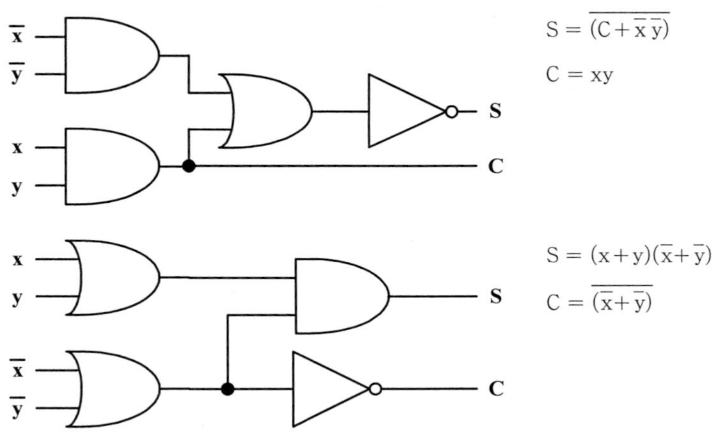

그림 4.2 반가산기의 다른 구현

전가산기(Full Adder : FA)

전가산기는 3비트의 산술적인 합을 형성하는 조합회로로서 3개의 2진식 입력과 2개의 2진식 출력을 필요로 한다. 또한 전가산기는 반가산기 2개를 이용해서 전단에서 올라온 캐리까지 더할 수 있도록 한 덧셈기로 입력구성이 덧셈입력 2개와 캐리까지 해서 3개로 구성된다. 따라서 덧셈의 경우의 수가 식 (4.4)에서 보는 것처럼 8가지의 경우가 존재한다.

$$
\begin{aligned}
0+0+0&=0\ 0\\
0+0+1&=0\ 1\\
0+1+0&=0\ 1\\
0+1+1&=1\ 0\\
1+0+0&=0\ 1\\
1+0+1&=1\ 0\\
1+1+0&=1\ 0\\
1+1+1&=1\ 1
\end{aligned}
\tag{4.4}
$$

식 (4.4)를 정리하면 표 4.2의 진리표를 얻을 수 있고 이 진리표에서 최소항의 합을 이용해 각각의 함수를 정리하면 식 (4.5)와 (4.6)을 얻을 수 있다.

$$C = \bar{x}yz + x\bar{y}z + xy\bar{z} + xyz \tag{4.5}$$

$$S = \bar{x}\,\bar{y}z + \bar{x}y\bar{z} + x\bar{y}\,\bar{z} + xyz \tag{4.6}$$

이 함수들은 다시 그림 4.3처럼 카르노맵을 이용하여 간략화 한 결과가 식 (4.7)과 (4.8)인데 그 결과가 별로 유용하지 못함을 알 수 있다.

표 4.2 전가산기의 진리표

x	y	z	C	S
0	0	0	0	0
0	0	1	0	1
0	1	0	0	1
0	1	1	1	0
1	0	0	0	1
1	0	1	1	0
1	1	0	1	0
1	1	1	1	1

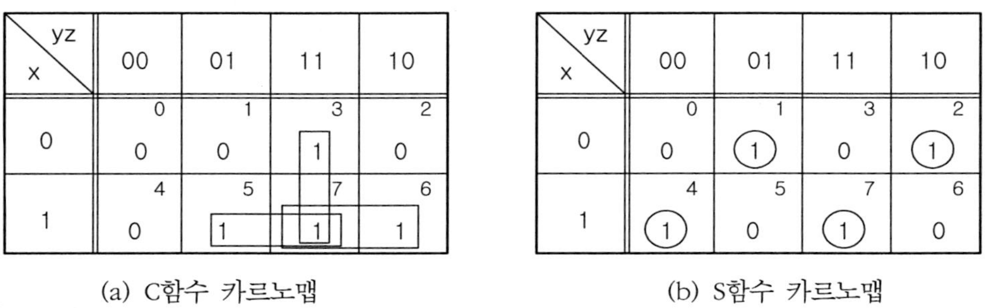

(a) C함수 카르노맵

(b) S함수 카르노맵

그림 4.3 카르노맵을 이용한 간략화

$$C = xy + yz + xz \tag{4.7}$$

$$S = \overline{x}\,\overline{y}z + \overline{x}y\overline{z} + x\overline{y}\,\overline{z} + xyz \tag{4.8}$$

그러므로 여러 가지 법칙들을 이용하여 직접 수식을 이용해서 간략화를 해 보면 식 (4.9)와 (4.10)의 결과를 얻을 수 있다.

$$\begin{aligned} C &= \overline{x}yz + x\overline{y}z + xy\overline{z} + xyz \\ &= (\overline{x}y + x\overline{y})z + xy(\overline{z} + z) \\ &= (x \oplus y)z + xy \end{aligned} \tag{4.9}$$

$$\begin{aligned} S &= \overline{x}\,\overline{y}z + \overline{x}y\overline{z} + x\overline{y}\,\overline{z} + xyz \\ &= (\overline{x}\,\overline{y} + xy)z + (\overline{x}y + x\overline{y})\overline{z} \\ &= (x \odot y)z + (x \oplus y)\overline{z} \\ &= \overline{(x \oplus y)}z + (x \oplus y)\overline{z} \\ &= (x \oplus y) \oplus z \end{aligned} \tag{4.10}$$

따라서 식 (4.9)와 (4.10)을 결과만 새로 정리하면 식 (4.11)과 (4.12)로 되고, 이를 회로로 나타낸 것이 그림 4.4이다. 그림 4.4에서 보듯이 전가산기는 반가산기 2개를 조합한 형태의 것임을 알 수 있다.

$$C = (x \oplus y)z + xy \tag{4.11}$$

$$S = (x \oplus y) \oplus z \tag{4.12}$$

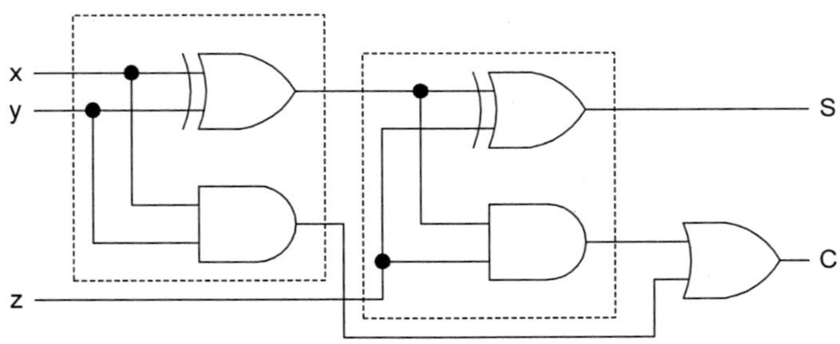

그림 4.4 전가산기 회로

실험 06 연산회로(I) : 가산기

1. 목적

반가산기와 전가산기의 원리와 구성회로를 이해하고 가산기의 동작을 실험을 통하여 확인한다.

2. 예비보고서

(1) NOR 게이트만을 사용하여 반가산기를 설계하시오.

(2) NAND 게이트만을 사용하여 전가산기를 설계하시오.

(3) 2개의 반가산기와 OR 게이트를 이용하면 전가산기가 되는 원리를 설명하시오.

(4) 병렬 2진 가산회로를 사용하여 8비트의 2진수를 가산할 경우 최소 몇 개의 가산기가 필요한가?

3. 사용기기 및 부품

□ IC 74 LS 00(NAND 게이트) 2개

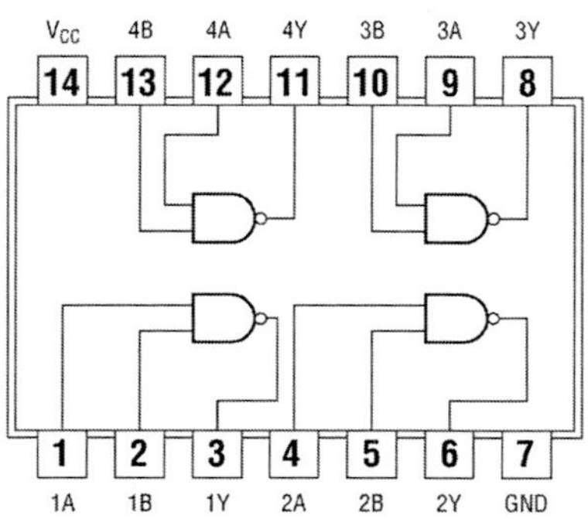

□ IC 74 LS 02(NOR 게이트)

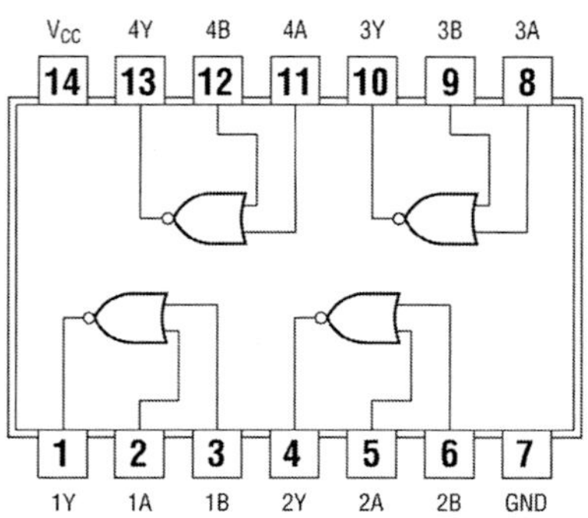

□ IC 74 LS 04(NOT 게이트)

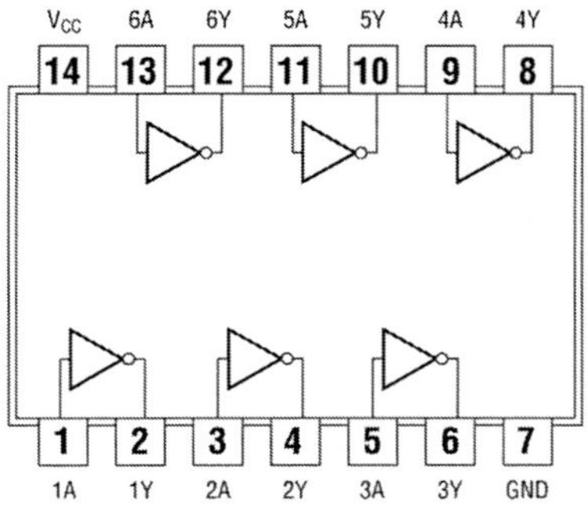

□ IC 74 LS 08(AND 게이트)

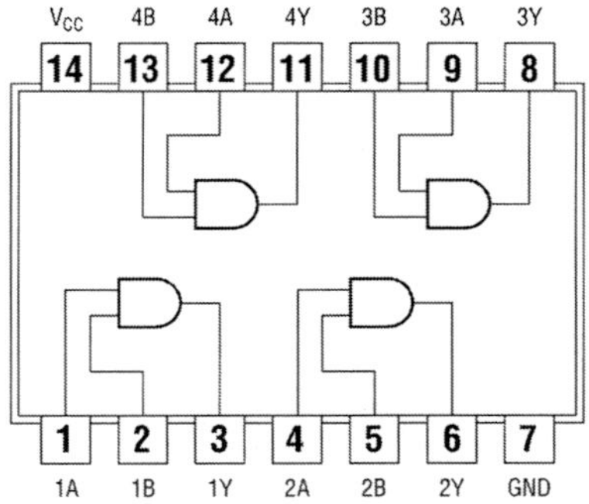

□ IC 74 LS 32(OR 게이트)

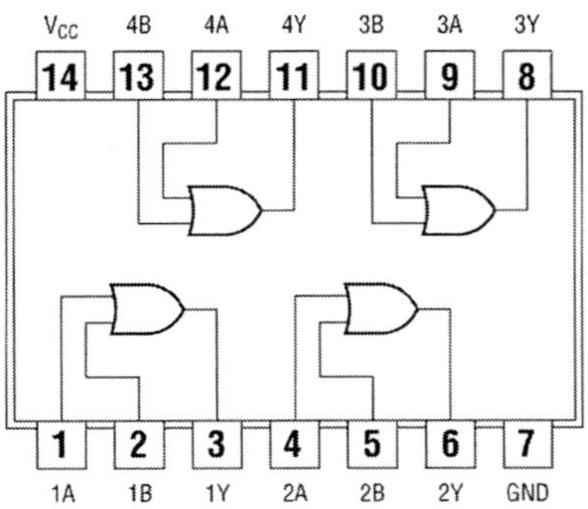

□ IC 74 LS 86(EX-OR 게이트)

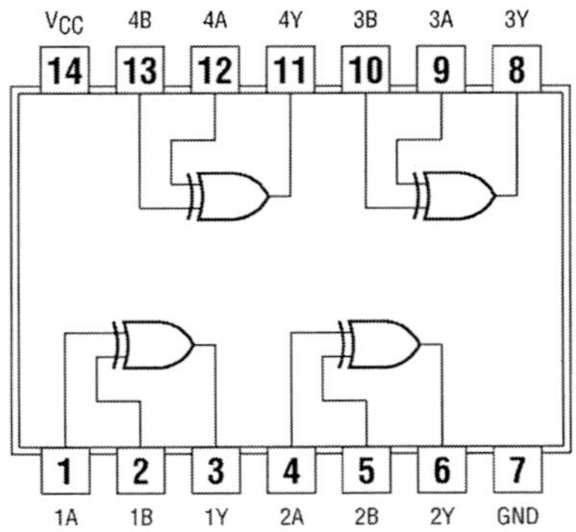

□ IC 74 LS 283(FULL-ADDER)

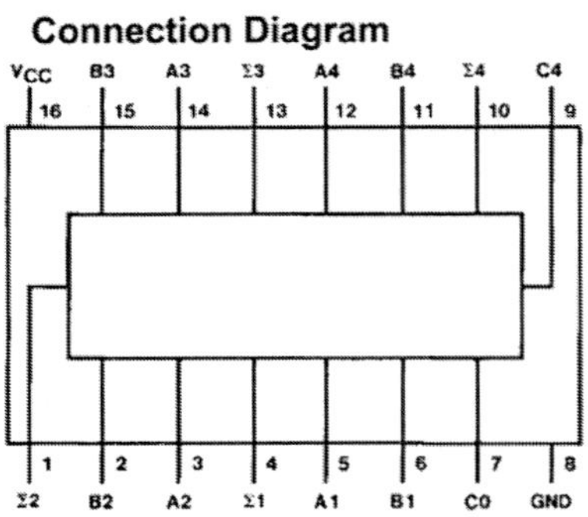

□ 논리회로 실험장치

□ 오실로스코프

4. 실험

(1) 그림 4.5와 같은 회로를 구성하고 출력 상태를 측정하여 표 4.3에 기록하시오.

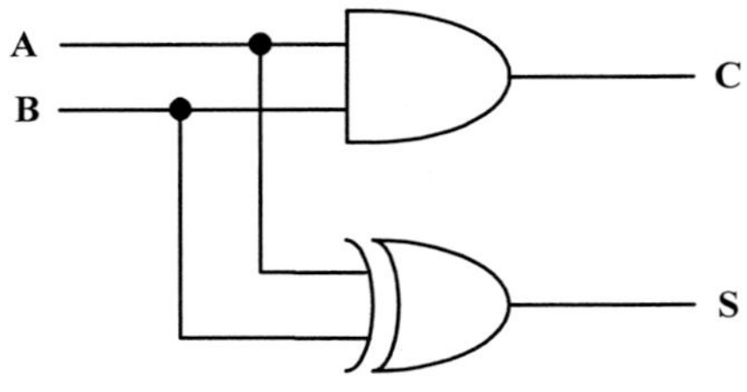

그림 4.5

표 4.3

A	B	C	S
0	0		
0	1		
1	0		
1	1		

(2) 그림 4.6와 같은 회로를 구성하여 출력 상태를 측정하여 표 4-4에 기록하시오.

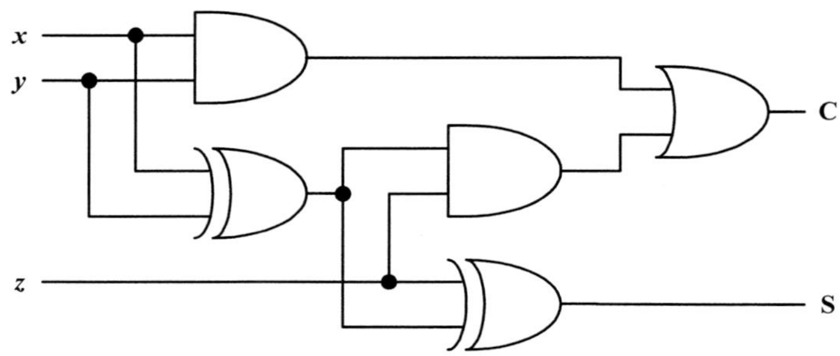

그림 4.6

표 4.4

x	y	z	C	S
0	0	0		
0	0	1		
0	1	0		
0	1	1		
1	0	0		
1	0	1		
1	1	0		
1	1	1		

(3) 그림 4.7처럼 회로를 구성하여 출력 상태를 측정하여 표 4.5에 기록하시오.

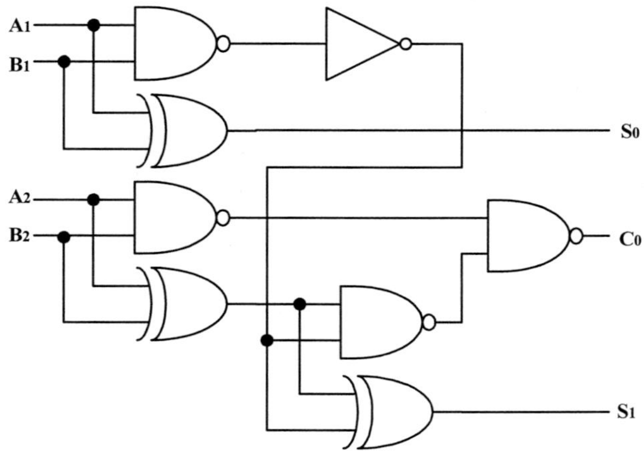

그림 4.7

표 4.5

A_2	A_1	B_2	B_1	C_0	S_1	S_0
0	0	0	0			
0	0	0	1			
0	0	1	0			
0	0	1	1			
0	1	0	0			
0	1	0	1			
0	1	1	0			
0	1	1	1			
1	0	0	0			
1	0	0	1			
1	0	1	0			
1	0	1	1			
1	1	0	0			
1	1	0	1			
1	1	1	0			
1	1	1	1			

(4) 74LS283(4bit binary Full Adder)을 사용하여 회로를 구성하고 출력 상태를 측정하여 표 4.6에 기록하시오(단, 초기 올림수(C_0) = 0).

표 4.6

A_4	A_3	A_2	A_1	B_4	B_3	B_2	B_1	C_4	S_4	S_3	S_2	S_1
0	0	0	1	0	0	0	1					
0	0	1	0	0	1	1	1					
0	0	1	1	1	0	0	1					
0	1	0	0	1	0	1	0					
0	1	0	1	1	1	1	1					
0	1	1	0	0	0	1	1					
0	1	1	1	0	0	1	0					
1	0	0	0	1	0	1	1					
1	0	1	0	0	1	1	0					
1	0	1	1	1	0	0	1					

(5) 예비보고서 (1)번의 회로를 설계하고 출력 상태를 측정하여 표 4.7에 기록한 후 실험 (1)번과 비교하시오.

표 4.7

A	B	C	S
0	0		
0	1		
1	0		
1	1		

(6) 예비보고서 (2)번의 회로를 설계하고 출력 상태를 측정하여 표 4.8에 기록한 후 실험 (2)번과 비교하시오.

표 4.8

x	y	z	C	S
0	0	0		
0	0	1		
0	1	0		
0	1	1		
1	0	0		
1	0	1		
1	1	0		
1	1	1		

5. 실험 결과 검토

(1) 그림 4.5의 회로를 실험하여 얻어진 표 4.3이 이론치와 일치하는지 확인하여 보자.

(2) 그림 4.6의 회로를 실험하여 얻어진 표 4.4가 이론치와 일치하는지 확인하여 보자.

(3) 그림 4.7의 회로를 실험하여 얻어진 표 4.5가 이론치와 일치하는지 확인하여 보자.

(4) 실험 (4)의 4비트 2진 가산기를 실험하여 얻어진 표 4.6이 이론치와 일치하는지 확인하여 보자.

(5) 실험 (5)의 NOR 게이트만을 사용하여 설계한 반가산기 회로를 실험하여 얻어진 표 4.7이 실험 (1)의 결과와 일치하는지 확인해 보자.

(6) 실험 (6)의 NAND 게이트만을 사용하여 설계한 전가산기 회로를 실험하여 얻어진 표 4.8이 실험 (2)의 결과와 일치하는지 확인해 보자.

4.2 감산기

반감산기(Half Subtractor : HS)

2개의 1비트 2진수 뺄셈은 덧셈에서와 마찬가지로 식 (4.13)에서 보인 것과 같이 4가지의 경우가 있을 수 있다.

$$\begin{aligned} 0-0&=0\ 0 \\ 0-1&=1\ 1 \\ 1-0&=0\ 1 \\ 1-1&=0\ 0 \end{aligned} \tag{4.13}$$

따라서 식 (4.13)을 정리하면 표 4.9와 같은 반감산기의 진리표를 만들 수 있다. 여기서 B(Borrow)는 빌림수, D(Difference)는 뺄셈 결과를 나타낸다. 따라서 B와 D를 각각에 대해서 함수로 정리하면 식 (4.14)와 (4.15)와 같이 정리된다.

표 4.9 반감산기의 진리표

x	y	B	D
0	0	0	0
0	1	1	1
1	0	0	1
1	1	0	0

$$D=\overline{x}y+x\overline{y}=x\oplus y \tag{4.14}$$

$$C=\overline{x}y \tag{4.15}$$

따라서 식(4.14)와 (4.15)를 이용해 회로를 구성하면 그림 4.8의 회로로 나타낼 수 있다. 이러한 반감산기는 2개의 1비트 2진수만 뺄 수 있을 뿐 빌림에 대해서는 전혀 고려할 수 없는 회로이다.

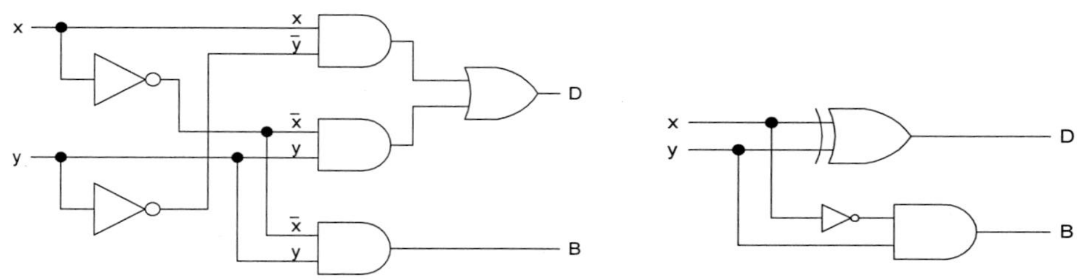

(a) $D=\overline{x}y+x\overline{y},\ B=\overline{x}y$ (b) $D=x\oplus y\ ,\ B=\overline{x}y$

그림 4.8 반감산기 회로

전감산기(Full Subtractor : FS)

전가산기와 마찬가지로 전감산기도 반감산기 2개를 이용해서 전단에서 발생한 빌림까지 고려할 수 있도록 한 뺄셈기로 입력구성이 뺄셈입력 2개와 빌림까지 해서 3개로 구성된다. 따라서 뺄셈의 경우의 수가 식 (4.16)에서 보는 것처럼 8가지의 경우가 있다.

$$\begin{aligned}0-0-0&=00\\0-0-1&=11\\0-1-0&=11\\0-1-1&=10\\1-0-0&=01\\1-0-1&=00\\1-1-0&=00\\1-1-1&=11\end{aligned} \tag{4.16}$$

식 (4.16)을 정리하면 표 4.10의 진리표를 얻을 수 있고, 이 진리표에서 최소항의 합을 이용해 각각의 함수를 정리하면 식 (4.17)과 (4.18)을 얻을 수 있다.

$$D=\overline{x}\,\overline{y}z+\overline{x}y\overline{z}+x\overline{y}\,\overline{z}+xyz \tag{4.17}$$

$$B=\overline{x}\,\overline{y}z+\overline{x}y\overline{z}+\overline{x}yz+xyz \tag{4.18}$$

이 함수들은 다시 그림 4.9처럼 카르노맵을 이용하여 간략화 한 결과가 식 (4.17)과 (4.18)인데 반감산기의 경우도 역시 그 결과가 별로 유용하지 못함을 알 수 있다.

$$B=\overline{x}y+yz+\overline{x}z \tag{4.19}$$

$$D=\overline{x}\,\overline{y}z+\overline{x}y\overline{z}+x\overline{y}\,\overline{z}+xyz \tag{4.20}$$

그러므로 부울 함수의 여러 가지 법칙들을 이용하여 직접 수식을 이용해서 간략화를 해 보면 식 (4.21)와 (4.22)의 결과를 얻을 수 있다.

표 4.10 전감산기의 진리표

x	y	z	B	D
0	0	0	0	0
0	0	1	1	1
0	1	0	1	1
0	1	1	1	0
1	0	0	0	1
1	0	1	0	0
1	1	0	0	0
1	1	1	1	1

x \ yz	00	01	11	10
0	[0] 0	[1] 1	[3] 1	[2] 1
1	[4] 0	[5] 0	[7] 1	[6] 0

(a) B함수의 카르노맵

x \ yz	00	01	11	10
0	[0] 0	[1] 1	[3] 0	[2] 1
1	[4] 1	[5] 0	[7] 1	[6] 0

(b) D함수의 카르노맵

그림 4.9 카르노맵을 이용한 간략화

$$B = \bar{x}\,\bar{y}z + \bar{x}y\bar{z} + \bar{x}yz + xyz \quad (4.21)$$

$$= (\bar{x}\,\bar{y} + xy)z + \bar{x}y(\bar{z} + z)$$

$$= \overline{(x \oplus y)}z + \bar{x}y$$

$$D = \bar{x}\,\bar{y}z + \bar{x}y\bar{z} + x\bar{y}\,\bar{z} + xyz \quad (4.22)$$

$$= (\bar{x}\,\bar{y} + xy)z + (\bar{x}y + x\bar{y})\bar{z}$$

$$= (x \odot y)z + (x \oplus y)\bar{z}$$

$$= \overline{(x \oplus y)}z + (x \oplus y)\bar{z}$$

$$= (x \oplus y) \oplus z$$

따라서 식 (4.21)과 (4.22)를 결과만 새로 정리하면 식 (4.23)과 (4.24)로 되고, 이를 회로로 나타낸 것이 그림 4.10이다. 그림 4.10에서 보듯이 전감산기는 반감산기 2개를 조합한 형태의 것임을 알 수 있다.

$$B = (\overline{x \oplus y})z + \overline{x}y \tag{4.23}$$

$$D = (x \oplus y) \oplus z \tag{4.24}$$

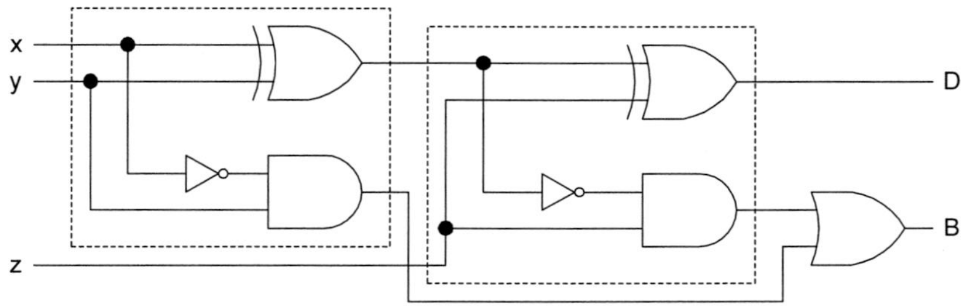

그림 4.10 전감산기

실험 07 연산회로(II) : 감산기

1. 목적

반감산기와 전감산기의 원리와 구성회로를 이해하고 감산기의 동작을 실험을 통하여 확인한다.

2. 예비보고서

(1) 반감산기와 전감산기를 비교 설명하시오.
(2) NAND 게이트만을 사용하여 반감산기를 설계하시오.
(3) 2개의 반감산기와 OR 게이트를 이용하면 전감산기가 되는 원리를 설명하시오.

3. 사용기기 및 부품

□ IC 74 LS 00(NAND 게이트) 2개

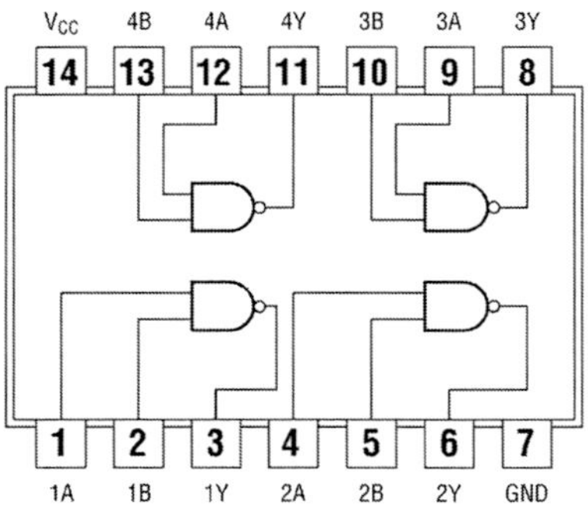

□ IC 74 LS 04(NOT 게이트)

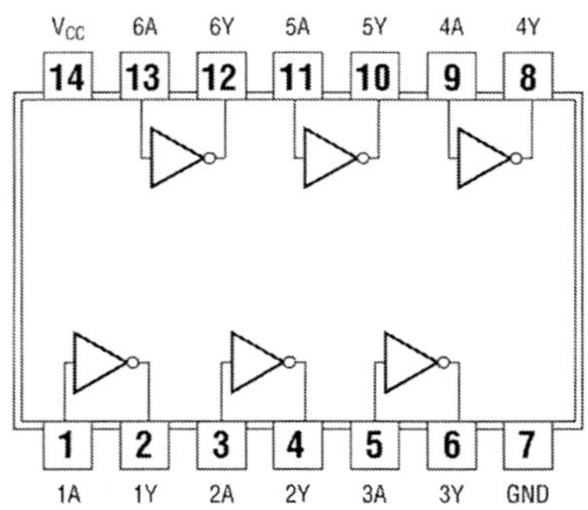

□ IC 74 LS 08(AND 게이트)

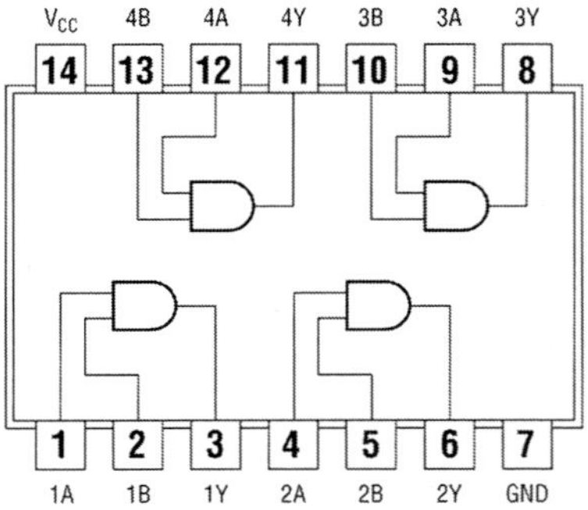

□ IC 74 LS 11(3 input AND 게이트)

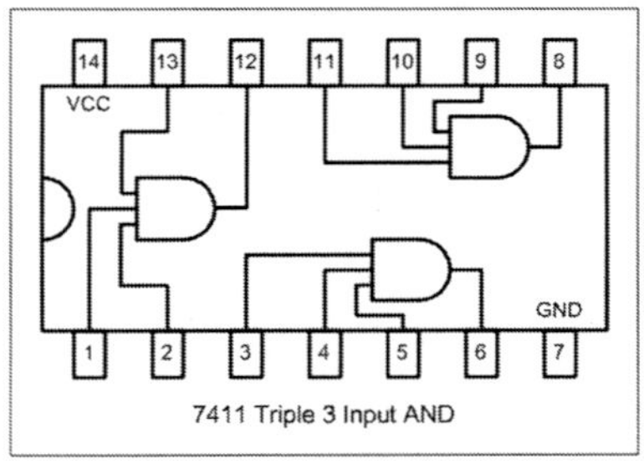

□ IC 74 LS 32(OR 게이트)

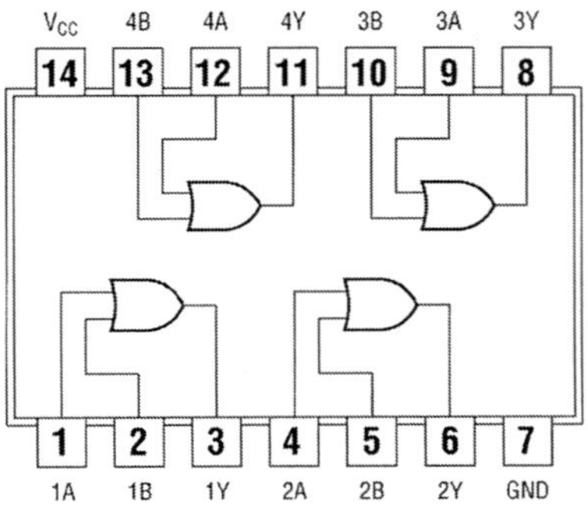

□ IC 74 LS 86(EX-OR 게이트)

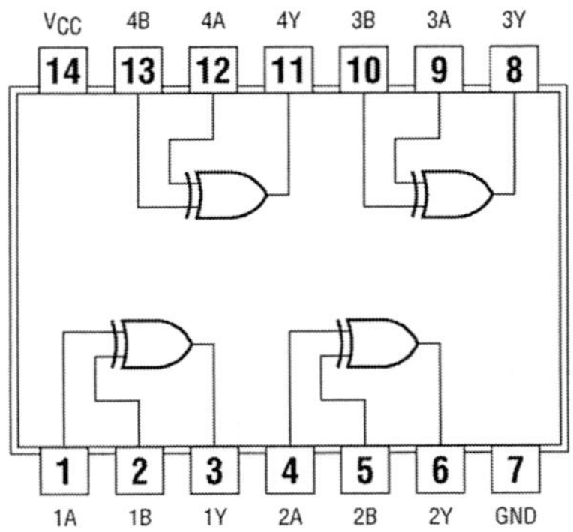

□ 논리회로 실험장치

□ 오실로스코프

4. 실험

(1) 그림 4.11과 같은 회로를 구성하고 출력 상태를 측정하여 표 4.11에 기록하시오.

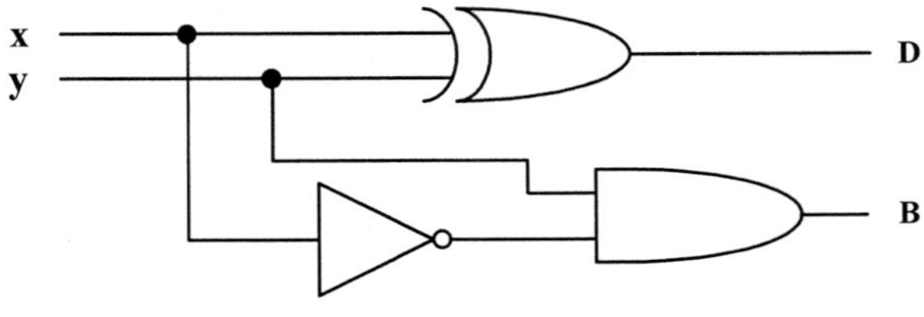

그림 4.11

표 4.11

x	y	B	D
0	0		
0	1		
1	0		
1	1		

(2) 그림 4.12와 같은 회로를 구성하여 출력 상태를 측정하여 표 4.12에 기록하시오.

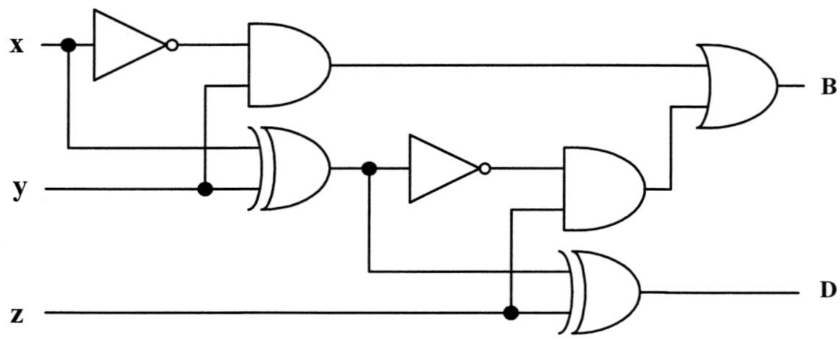

그림 4.12

표 4.12

x	y	z	B	D
0	0	0		
0	0	1		
0	1	0		
0	1	1		
1	0	0		
1	0	1		
1	1	0		
1	1	1		

(3) 그림 4.13과 같은 회로를 구성, 출력 상태를 측정하여 표 4.13에 기록하시오.

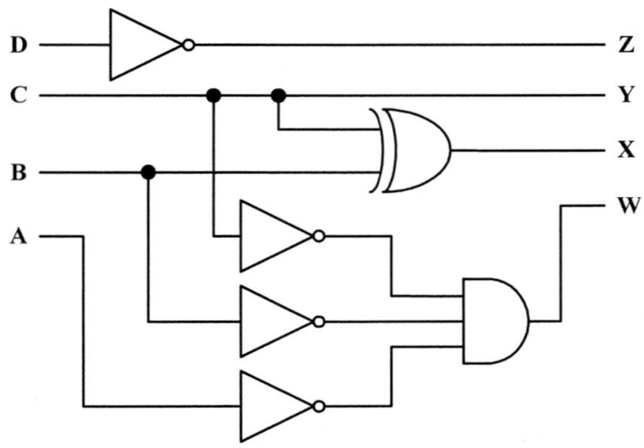

그림 4.13

표 4.13

A	B	C	D	W	X	Y	Z
0	0	0	0				
0	0	0	1				
0	0	1	0				
0	0	1	1				
0	1	0	0				
0	1	0	1				
0	1	1	0				
0	1	1	1				
1	0	0	0				
1	0	0	1				

(4) 예비보고서 (2)번의 회로를 설계하고 출력 상태를 측정하여 표 4.14에 기록한 후 실험 (1)번과 비교하시오.

표 4.14

x	y	B	D
0	0		
0	1		
1	0		
1	1		

6. 실험 결과 검토

(1) 그림 4.11의 회로를 실험하여 얻어진 표 4.11이 이론치와 일치하는지 확인하여 보자.

(2) 그림 4.12의 회로를 실험하여 얻어진 표 4.12가 이론치와 일치하는지 확인하여 보자.

(3) 그림 4.13의 9의 보수 회로를 실험하여 얻어진 표 4.13이 이론치와 일치하는지 확인하여 보자.

(4) 실험 (4)의 NAND 게이트만을 사용하여 설계한 반감산기 회로를 실험하여 얻어진 표 4.14가 실험 (1)의 결과와 일치하는지 확인하여 보자.

가감산기용 IC

앞에서 공부한 전가산기와 감산기를 활용하면 여러 비트의 가감산으로의 응용이 가능하다. 4.1절의 전가산기는 2개의 1비트 2진수의 덧셈에 활용할 수 있는 것이며, 전가산기 4개를 사용하면 2개의 4비트 2진수의 덧셈이 가능하다. 그림 4.14는 전가산기 4개를 이용해서 4비트 2진수 $A_3A_2A_1A_0$와 $B_3B_2B_1B_0$의 덧셈을 할 수 있는 4비트 가산기 회로를 보인 것이다. 각각의 하위 비트에서 발생된 캐리는 상위 비트 덧셈기의 3번째 입력으로 들어간다. 이 덧셈기의 덧셈결과는 $C_4S_3S_2S_1S_0$가 되며, 최하위 비트의 덧셈기의 캐리 C_0는 0으로 입력해야 한다. 이러한 4비트 가산기의 구조를 갖는 가산기 IC로 7483이 있으며, 그림 4.15의 핀구성을 갖는다. 이를 이용하면 앞에서 설명한 것들과 같이 논리게이트들을 이용해서 일일이 전가산기를 만들어 줄 필요없이 간단하게 4비트 가산기를 구현할 수 있다. 또한 7483 IC 여러 개를 쓰면 4비트뿐만 아니라 8비트 이상의 덧셈기로의 확장이 가능하다.

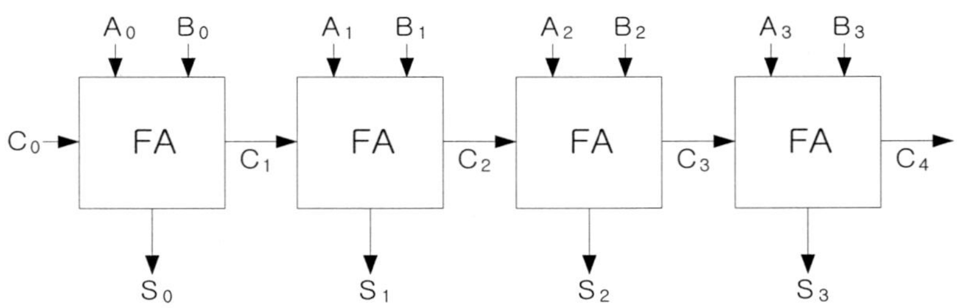

그림 4.14 4 비트 가산기

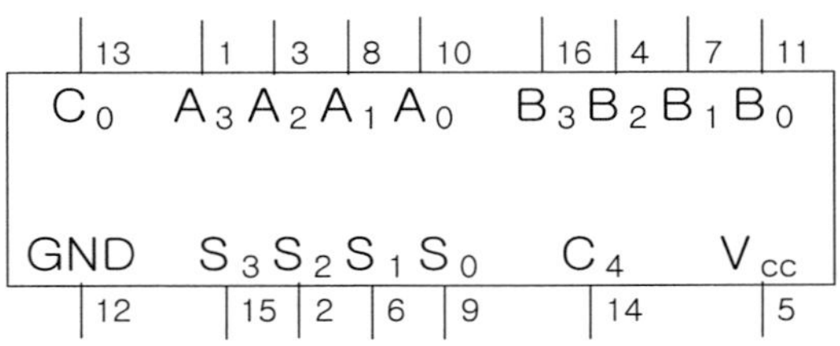

그림 4.15 가산기 IC 7483의 핀구성

4비트 감산기도 4비트 가산기와 같이 1비트 감산기 4개를 병렬로 연결해서 사용하면 얻을 수 있다. 그러나 일반적으로 디지털회로에서는 감산기회로를 따로 사용하지 않고 가산기를 이용해서 뺄셈을 한다. 디지털회로에서는 보수를 이용해 가산기를 통해서도 뺄셈을 할 수 있다는 것을 앞에서 이미 배웠을 것이다. 따라서 앞에서 공부한 4비트 가산기에 보수를 구하는 회로를 추가하면 감산기회로를 구현할 수 있다.

4비트 가산기는 이미 공부했으니 보수를 구하는 회로를 살펴보자. 2진수의 2의 보수는 1의 보수를 구한 뒤 1을 더하면 얻을 수 있다. 그리고 1의 보수는 2진수에 1→0, 0→1로 바꾸어주기만 하면 얻을 수 있다. 따라서 2의 보수를 구하는 회로는 인버터와 가산기가 필요하다.

그림 4.16의 회로는 덧셈과 뺄셈을 모두 할 수 있는 회로를 보여주고 있다. 회로에서 SUB단자는 가산과 감산을 선택하기 위한 신호로 회로는 SUB=0이면 가산기로, SUB=1이면 감산기로 동작한다. SUB=0이면 $C_0 = 0$이고 각 비트의 XOR게이트에 입력이 모두 0으로 들어가므로 $B \oplus 0 = B$ 이므로 정상적으로 가산기의 동작을 수행한다. 그러나 SUB=1이면 $B \oplus 1 = \overline{B}$가 되어 각 가산기의 B 입력으로 1의 보수가 들어가게 되고, $C_0 = 1$이 되어 1이 더해지므로 2의 보수가 들어가게 된다. 따라서 회로는 감산기의 동작을 수행하며, 4비트 가산기 7483을 이용하면 그림 4.17에서 보는 바와 같이 쉽게 4비트 가감산기회로를 구현할 수 있다.

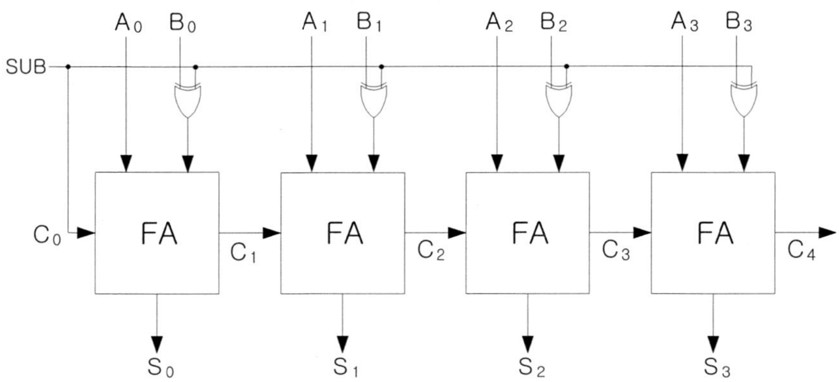

그림 4.16 4비트 가감산기

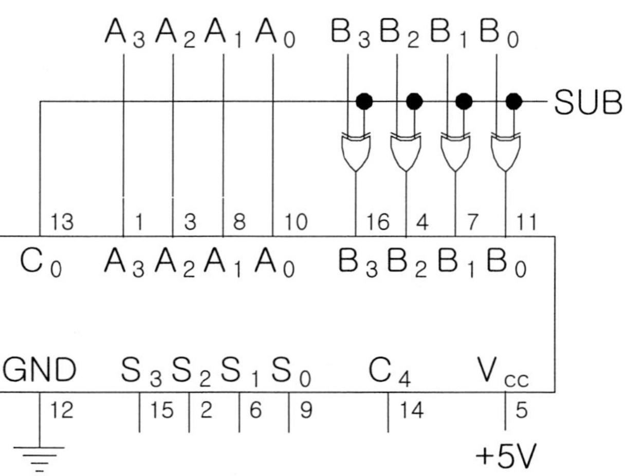

그림 4.17 7483을 이용한 4 비트 가감산기

논리 게이트들의 등가 NAND와 NOR게이트 구현

AND, OR, NOT등의 논리게이트들은 모두 NAND와 NOR게이트를 이용해서 같은 기능하는 등가회로로 표현하는 것이 가능하며, 표 4.15에 등가회로를 나타내었다. 디지털회로의 설계에 있어서 같은 회로의 동작을 하면서도 동일한 종류의 게이트들을 사용할 수 있으면 여러 가지 이점이 있다. 그 이점이란 등가회로를 이용해서 서로 변환해서 사용하면 여러 종류의 여러개의 IC들을 사용하지 않아도 되고, 쓰다 남아 낭비되는 게이트를 줄일 수 있다는 것이다. 표 4.15의 회로들은 서로 같은 기능을 하면서도 서로 다른 게이트들로 구성된 것으로 설계자가 필요에 따라서 선택하여 사용할 수 있다.

표 4.15에서 게이트의 입출력마다 함수들을 표기하였으므로 관심있게 들여다보면 등가회로에 대한 이해가 금방 올 것이라 생각된다.

표 4.15 논리 게이트들의 NAND와 NOR게이트의 등가회로

게이트	NAND로 구현	NOR로 구현
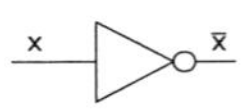	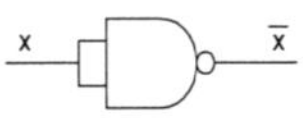	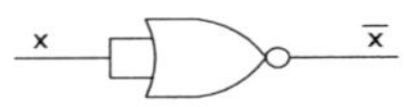
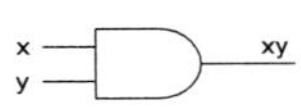	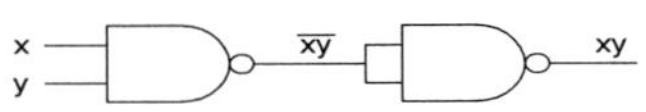	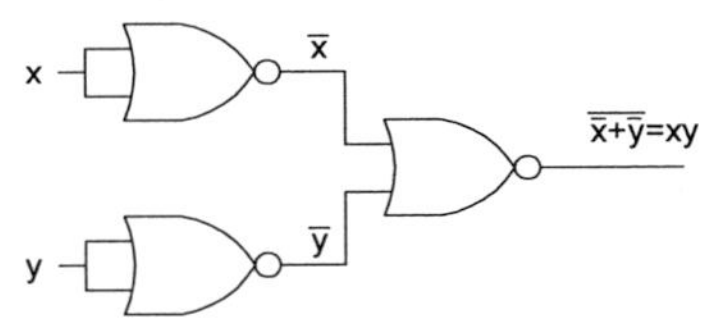
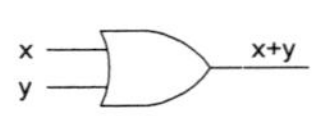	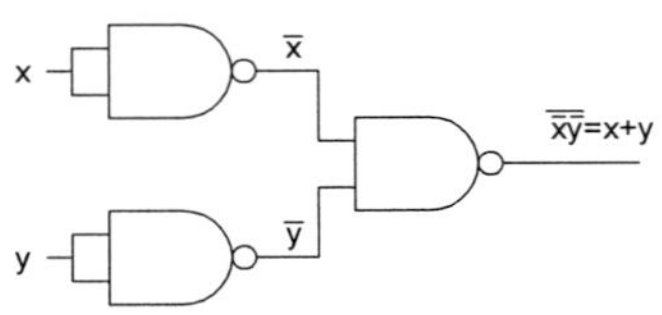	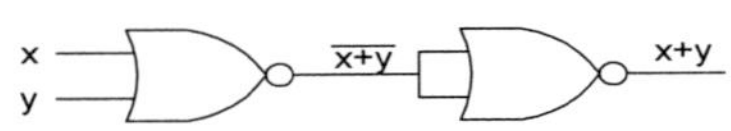

표 4.15의 등가회로를 이용해서 회로를 변환하는 법을 반가산기 회로를 이용해서 예를 들어보자. 그림 4.1의 반가산기회로 중에서 AND와 OR게이트만을 사용해서 구성한 (a)회로를 그림 4.18에 다시 나타내었다. 그림 4.18의 회로는 NOT, AND, OR게이트를 모두 포함하므로 이들을 차례로 하나씩 등가회로로 바꾸어 주면 회로의 변환은 쉽게 이루어진다.

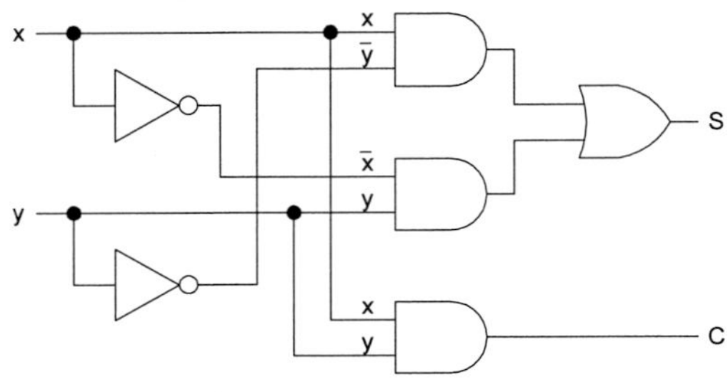

그림 4.18 반가산기

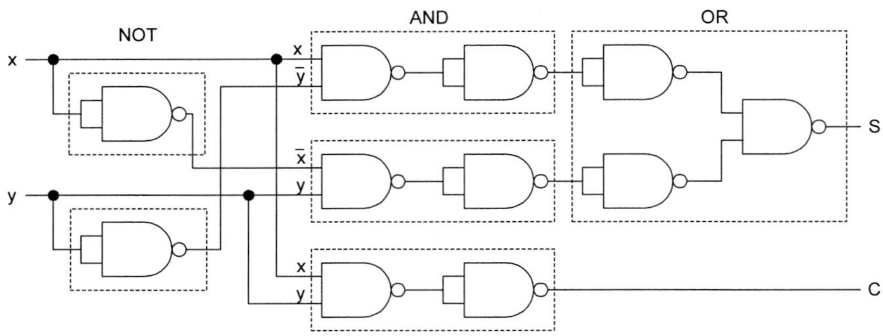

그림 4.19 NAND 게이트만을 이용한 구현

NAND 게이트만을 이용해서 반가산기를 구성한 것이 그림 4.19이며, 단순히 각 게이트들에 등가회로를 대치하기만 하면 되므로 쉽게 변환할 수 있다. 또한 NOR 게이트만을 이용해서 구성한 것이 그림 4.20이며 이도 역시 단순히 대치함으로써 얻어질 수 있다.

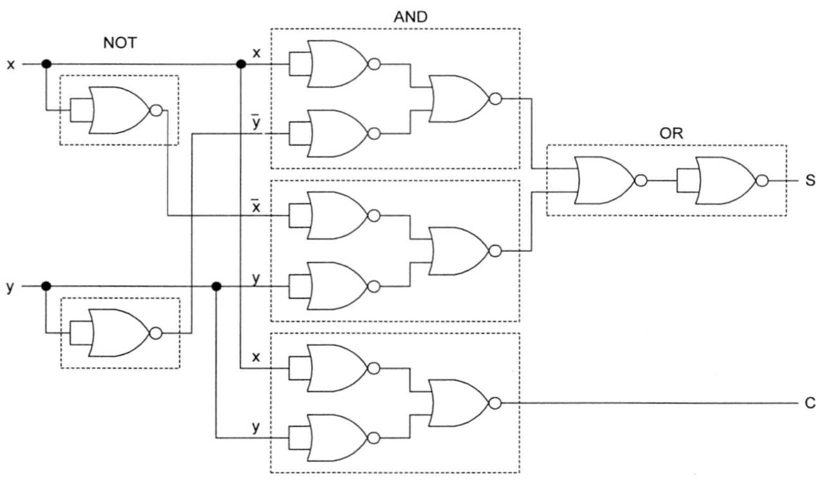

그림 4.20 NOR 게이트만을 이용한 구현

4.3 비교기

비교기

2개의 2진수를 서로 비교해서 그 값의 크고 작음을 판별할 수 있는 회로를 비교기라고 한다. 따라서 두 수의 크기에 따라서 표 4.16의 진리표를 얻을 수 있다. 표 4.16은 2진수 B_1B_0와 비교해 2진수 A_1A_0이 크면($A_1A_0 > B_1B_0$) 크다는 의미의 G(Greater than)출력이 "1"이 된다. 또한 B_1B_0과 A_1A_0이 같으면($A_1A_0 = B_1B_0$) 같다는 의미의 E(Equal)이 "1"이 되고, 작으면($A_1A_0 < B_1B_0$) 작다는 의미의 L(Less than)이 "1"이 되도록 표를 구성한 것이다.

표 4.16 비교기의 진리표

A_1 A_0	B_1 B_0	G	E	L
0 0	0 0	0	1	0
0 0	0 1	0	0	1
0 0	1 0	0	0	1
0 0	1 1	0	0	1
0 1	0 0	1	0	0
0 1	0 1	0	1	0
0 1	1 0	0	0	1
0 1	1 1	0	0	1
1 0	0 0	1	0	0
1 0	0 1	1	0	0
1 0	1 0	0	1	0
1 0	1 1	0	0	1
1 1	0 0	1	0	0
1 1	0 1	1	0	0
1 1	1 0	1	0	0
1 1	1 1	0	1	0

그러므로 표 4.16의 진리표를 각각의 출력(G, E, L)의 함수를 카르노맵으로 그리면 그림 4.21과 같다. 따라서 그림 4.21의 카르노맵을 이용해서 축소된 각각의 출력함수를 입력에 대해서 써보면 식 (4-24)에서 (4-26)과 같다.

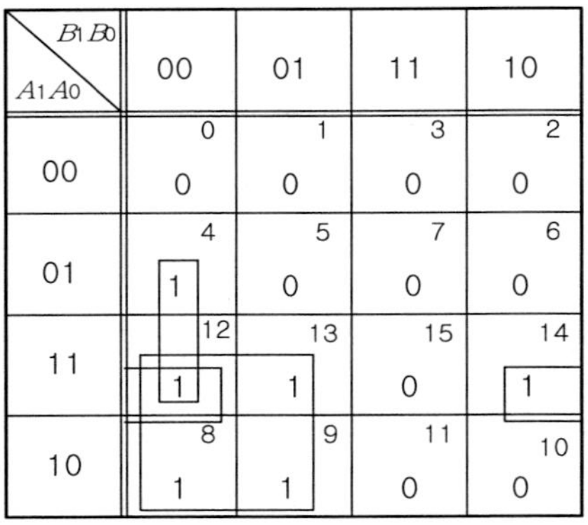

(a) G의 카르노 맵

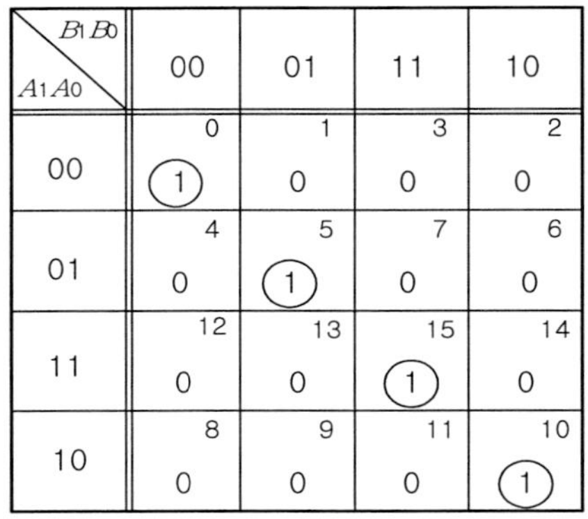

(b) E의 카르노 맵

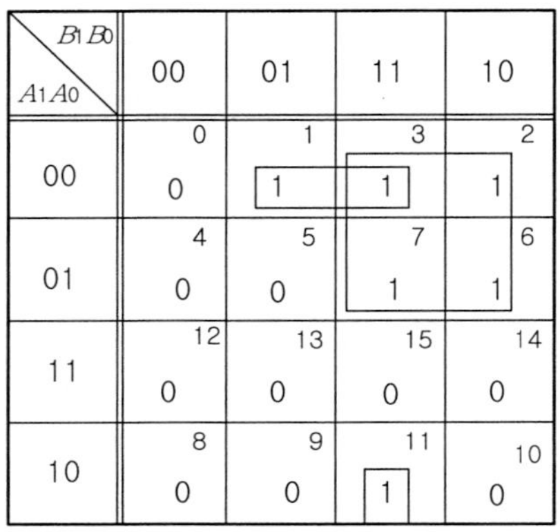

(c) L의 카르노 맵

그림 4.21 비교기 출력함수들의 카르노 맵

$$G = A_1\overline{B_1} + A_0\overline{B_1}\,\overline{B_0} + A_1A_0\overline{B_0} \tag{4.25}$$

$$E = \overline{A_1}\,\overline{A_0}\,\overline{B_1}\,\overline{B_0} + \overline{A_1}A_0\overline{B_1}B_0 + A_1A_0B_1B_0 + A_1\overline{A_0}B_1\overline{B_0} \tag{4.26}$$

$$L = \overline{A_1}B_1 + \overline{A_1}\,\overline{A_0}B_0 + \overline{A_1}B_1B_0 \tag{4.27}$$

식 (4.26)을 좀 더 간략화해서 정리하면 식 (4.28)과 같이 정리된다. 따라서 얻어진 수식 (4.25), (4.27), (4.28)은 비교기의 출력함수이며 이 식들을 이용해서 회로를 구성하면 그림 4.22의 비교기가 완성된다.

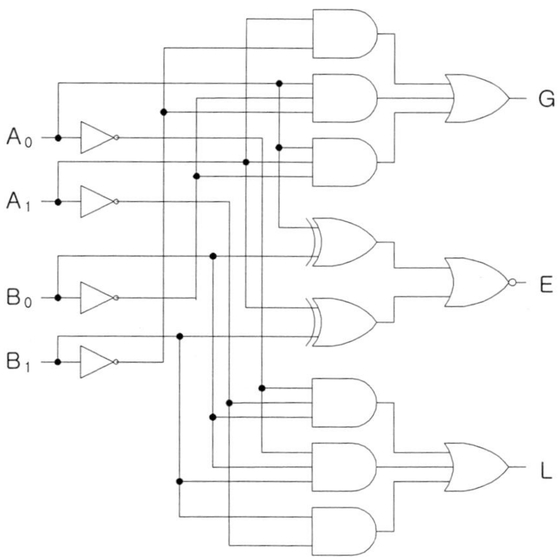

그림 4.22 2진수의 비교기

$$E = \overline{A_1}\,\overline{A_0}\,\overline{B_1}\,\overline{B_0} + \overline{A_1}A_0\overline{B_1}B_0 + A_1A_0B_1B_0 + A_1\overline{A_0}B_1\overline{B_0} \tag{4.28}$$

$$= \overline{A_1}\,\overline{B_1}(\overline{A_0}\,\overline{B_0} + A_0B_0) + A_1B_1(A_0B_0 + \overline{A_0}\,\overline{B_0})$$

$$= (\overline{A_1}\,\overline{B_1} + A_1B_1)(A_0B_0 + \overline{A_0}\,\overline{B_0})$$

$$= (A_1 \odot B_1)(A_0 \odot B_0)$$

$$= \overline{(A_1 \oplus B_1)}\ \overline{(A_0 \oplus B_0)}$$

$$= \overline{(A_1 \oplus B_1) + (A_0 \oplus B_0)}$$

비교기 IC

TTL IC 7485는 그림 4.22의 회로가 내장된 4비트 비교기 IC로 핀구성이 그림 4.23에 나타나 있다. 4비트 2진수 A($A_3 \sim A_0$)와 B($B_3 \sim B_0$)가 입력되면 비교된 결과가 $O_{A>B}$, $O_{A=B}$, $O_{A<B}$로 출력되는데 각 출력의 첨자에서도 볼 수 있듯이 해당되는 출력이 "1"이고 나머지는 "0"이 되며, 표 4.17로 정리된다.

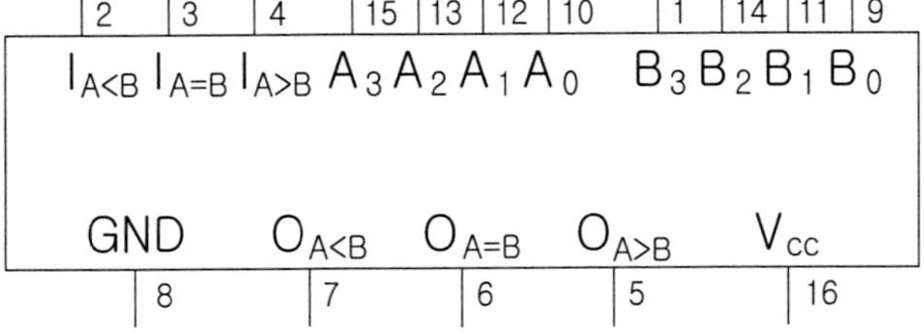

그림 4.23 4비트 비교기 IC 7485

표 4.17 7485의 진리표

	$O_{A>B}$	$O_{A=B}$	$O_{A<B}$
$A>B$	1	0	0
$A=B$	0	1	0
$A<B$	0	0	1

04 종합평가문제

01 Carry에 대해서 설명하라.

02 Borrow에 대해서 설명하라.

03 반가산기와 전가산기의 차이에 대해서 설명하라.

04 반감산기와 전감산기의 차이에 대해서 설명하라.

05 전가산기를 이용해서 BCD 덧셈기를 설계하시오.

06 반감산기를 NOR게이트만을 이용하여 설계하시오.

07 반감산기를 NAND게이트만을 이용하여 설계하시오.

08 7483 IC를 사용하여 8비트 가산기를 설계하시오.

09 그림 4.17의 가·감산기에서 입력과 출력이 다음과 같을 때 각 Carry 출력 $(C_4, C_3, C_2, C_1, C_0)$ 과 Sum 출력(S_3, S_2, S_1, S_0)을 구하라.

① A=1001, B=0101, SUB=1
② A=0100, B=1101, SUB=0
③ A=0011, B=0110, SUB=1
④ A=0111, B=0101, SUB=0

10 4비트 비교기 7485를 이용하여 8비트 비교기를 설계하라.

11 3비트 2진수의 짝수와 홀수를 구별할 수 있는 회로를 설계하라.

12 4비트 2진수가 입력되면 입력된 2진수가 7보다 크면 출력이 "1"이 되고, 작으면 출력이 "0"이 되는 회로를 설계하시오.

13 그림 4.22에서 $A_1A_0 = 10$, $B_1B_0 = 10$일 때 출력을 구하라.

Chapter 5

조합논리회로 II

개요

조합논리회로는 논리곱, 논리합, 논리 부정의 세 가지 기본 논리회로의 조합으로 만들어지는 논리회로로써 입력신호, 논리게이트 및 출력신호로 구성된다. 본 장에서는 현재의 입력의 조합에 의해서 출력이 결정되는 조합논리회로의 기본이 되는 멀티플렉서, 디멀티플렉서, 디코더, 인코더 및 코드변환기 등에 대해서 회로를 설계하는 방법과 이들을 이용하는 방법에 대해서 살펴보고자 한다.

학습 목표

- 멀티플렉서와 디멀티플렉서의 동작을 이해하고 설계하는 방법을 알아본다.
- 디코더와 인코더의 동작을 이해하고 설계하는 방법을 알아본다.
- 여러 가지 코드변환기의 동작을 이해하고 설계하는 방법을 알아본다.

5.1 멀티플렉서(Multiplexer, MUX)

멀티플렉서의 원리

멀티플렉서란 여러 개의 입력신호선 가운데 하나를 선택하여 출력선에다 2진식 정보를 보내주기 때문에 데이터 선택기(data selecter)라고도 하며, 그림 5.1과 같은 구성을 갖는 회로이다. 여러 개의 입력과 1개의 출력을 가지며, 입력과 출력의 연결을 선택하기 위한 여러 개의 선택입력들로 회로가 구성된다. 멀티플렉서의 입력은 선택입력의 개수에 의해 제한이 되는데 그림 5.1에서처럼 선택입력의 개수가 n개일 때 선택가능한 입력의 개수는 2^n개로 결정된다. 따라서 멀티플렉서의 이름은 "(입력갯수×출력갯수)멀티플렉서"로 붙여지는데, 일반적으로 "$2^{(선택입력의갯수)} \times 1$ 티플렉서" 형태로 붙여진다.

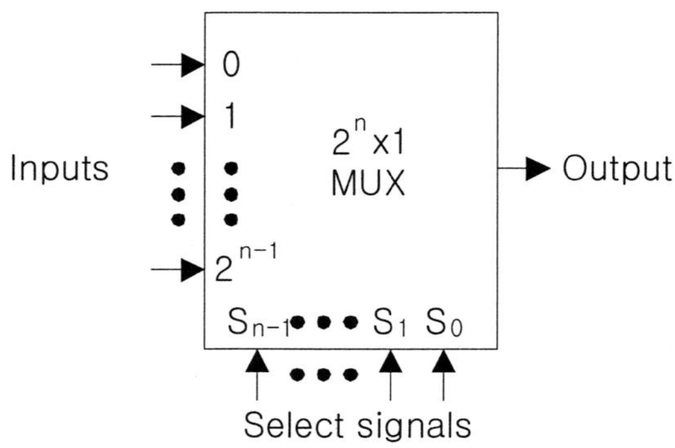

그림 5.1 $2^n \times 1$ **멀티플렉서**

그림 5.2는 4×1멀티플렉서를 예로 들어 설명하기 위한 것이다. 선택입력이 S_1,S_0로 2개이므로 선택가능한 입력의 개수는 $2^2 = 4$개로 4×1 멀티플렉서가 된다. 그림 5.2의 (a)를 통해 동작을 살펴보자.

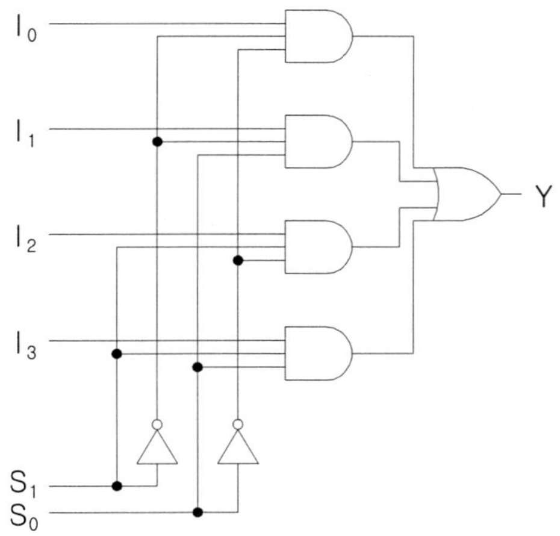

(a) 논리도

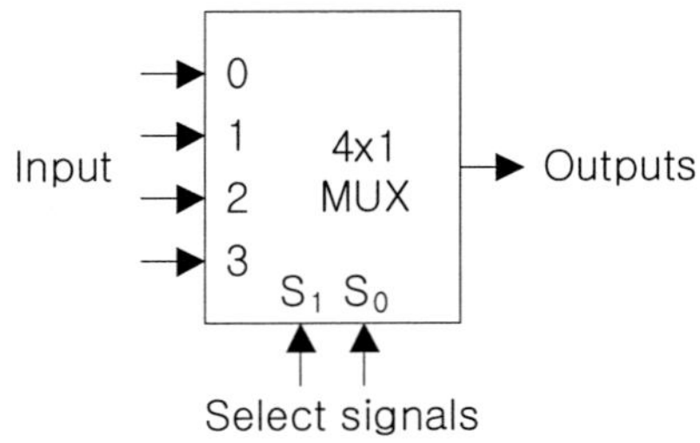

(b) 심볼

S_1	S_0	Y
0	0	I_0
0	1	I_1
1	0	I_2
1	1	I_3

(c) 진리표

그림 5.2 4×1 멀티플렉서

지금 선택한 입력이 I_0이라 하자. 선택입력이 I_0이므로 선택입력 $S_1 S_0$=00을 주고 각각의 입력들이 합쳐지는 AND게이트의 입력들이 어떻게 들어가게 되는지 선을 따라가면서 연필로 써보자. 연필로 선을 따라가면서 G0~G3의 입력을 써 보면 알겠지만 각 AND 게이트의 입력이 그림 5.3과 같다는 것을 알 수 있다. 그림 5.3에서 입력선을 제외한 선택입력들이 G0는 모두 "1"인 반면, 나머지 게이트들의 선택입력들은 반드시 "0"을 포함하고 있는 것을 알 수 있다. 따라서 G1~G3의 출력은 모두 "0"이 되고 G0의 출력은 I_0=0이면 "0", I_0=1이면 "1"이 됨을 알 수 있다. 따라서 G0~G3의 출력이 합쳐지는 G4의 입력은 I0를 제외한 다른 입력들은 모두 0이므로 출력 Y에는 I_0와 같은 값이 출력되게 되는 것이다.

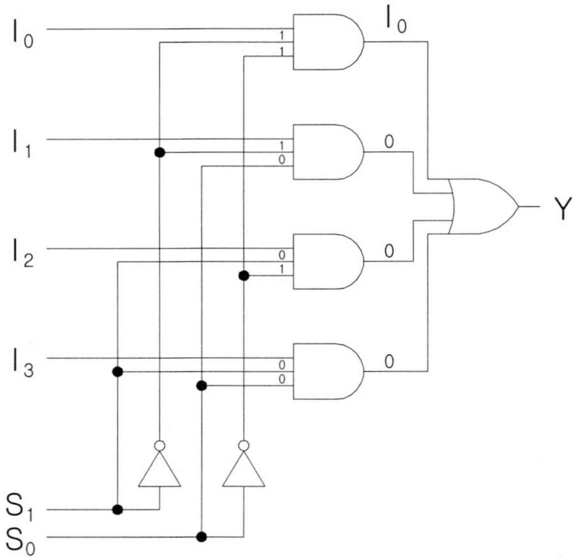

그림 5.3 I0 선택시의 회로동작상황

그러므로 위와 같은 원리로 선택입력을 I_1으로 하고 싶으면 선택입력을 "01"로 하면 I_1이 선택되고, I_2의 경우는 "10", I_3의 경우는 "11"의 선택입력을 줌으로써 원하는 입력을 선택하여 출력으로 내보낼 수 있게 된다. 이를 정리한 것이 그림 5.2(c)의 진리표이다.

8×1멀티플렉서, 16×1멀티플렉서도 앞의 4×1멀티플렉서에 비해 입력과 선택입력의 수가 늘었을 뿐 같은 원리로 동작한다.

멀티플렉서 IC

그림 5.4는 멀티플렉서 IC인 74150의 블록도와 진리표를 나타내고 있으며, 그림에서 보듯이 74150은 16×1멀티플렉서이다. $D_0 \sim D_{15}$까지는 입력, A, B, C, D는 선택입력, Y는 출력핀을 나타내며, 출력은 Active Low로 동작한다. 그 외에 Strobe신호는 칩 선택신호(Chip Select)의 기능을 하는 것으로 이도 역시 Active Low로 동작해 이 신호가 "0"일 경우 74150은 멀티플렉서로 동작하며, "1"일 경우는 출력이 입력에 관계없이 "1"만 출력된다.

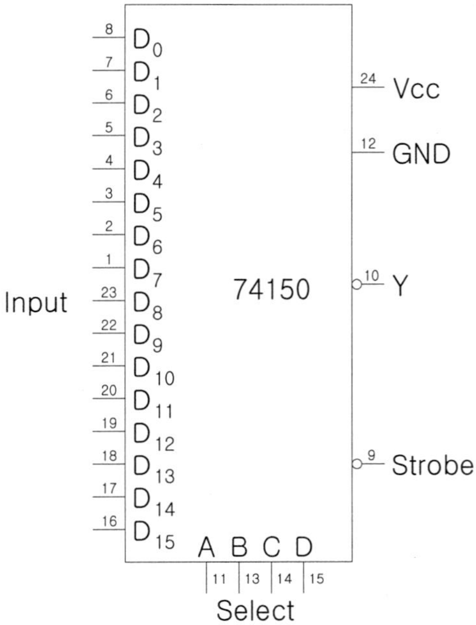

Strobe	ABCD	Y
0	0000	$\overline{D_0}$
0	0001	$\overline{D_1}$
0	0010	$\overline{D_2}$
0	0011	$\overline{D_3}$
0	0100	$\overline{D_4}$
0	0101	$\overline{D_5}$
0	0110	$\overline{D_6}$
0	0111	$\overline{D_7}$
0	1000	$\overline{D_8}$
0	1001	$\overline{D_9}$
0	1010	$\overline{D_{10}}$
0	1011	$\overline{D_{11}}$
0	1100	$\overline{D_{12}}$
0	1101	$\overline{D_{13}}$
0	1110	$\overline{D_{14}}$
0	1111	$\overline{D_{15}}$
1	XXXX	1

그림 5.4 74150 16×1 멀티플렉서

멀티플렉서(MUX) IC는 이외에도 74151과 74152(이상 8×1 MUX), 74153(2개의 4×1 MUX), 74157과 74158(이상 4개의 2×1 MUX)등 여러 가지가 있으며, 이의 자세한 기능들은 데이터쉬트(Datasheet)를 참조하면 될 것이다. 각각의 데이터시트들은 인터넷을 이용하면 쉽게 구할 수 있다. TTL 논리게이트 IC는 대부분의 IC회사들이 생산하고 있으며, 이들 IC 생산업체들은 인터넷을 통해 자신들의 제품에 대한 데이터시트 등의 정보들을 제공하고 있다. 특히 TTL IC의 경우 모토로라(www.mot.com)이나 내셔널(www.national.com)등의 홈페이지에서 많이 제공하고 있으므로 참조하면 될 것이다.

멀티플렉서를 이용한 일반 논리함수의 구성

멀티플렉서를 이용하면 식 (5.1)과 같은 논리함수들을 구현할 수 있다.

$$F(x,y,z) = \Sigma(1,3,5,6) \qquad (5.1)$$

우선, 식 (5-1)의 논리함수를 앞에서 배운 논리 게이트를 이용한 방식대로 설계해보자. 그림

5.5는 식 (5.1)의 논리함수의 진리표와 카르노 맵을 나타낸 것으로, (a)는 진리표를 나타내고, (b)는 카르노 맵을 그린 것으로 인접한 항끼리 묶어 놓았다.

x	y	z	F
0	0	0	0
0	0	1	1
0	1	0	0
0	1	1	1
1	0	0	0
1	0	1	1
1	1	0	1
1	1	1	0

(a) 진리표

x \ yz	00	01	11	10
0	(0) 0	(1) 1	(3) 1	(2) 0
1	(4) 0	(5) 1	(7) 0	(6) 1

(b) 카르노 맵

그림 5.5 카르노 맵을 이용한 논리함수의 설계

그림 5.5 (b)에서 서로 인접한 항끼리 묶은 것을 나열하여 정리하면 식 (5.2)와 같이 된다.

$$
\begin{aligned}
F &= xy\bar{z} + \bar{x}z + \bar{y}z \qquad (5.2) \\
&= xy\bar{z} + (\bar{x} + \bar{y})z \\
&= xy\bar{z} + \overline{xy}z \\
&= (xy) \oplus z
\end{aligned}
$$

그러므로 식 (5.2)에서 정리된 것을 논리 게이트를 이용해서 구성하면 그림 5.6으로 구현된다.

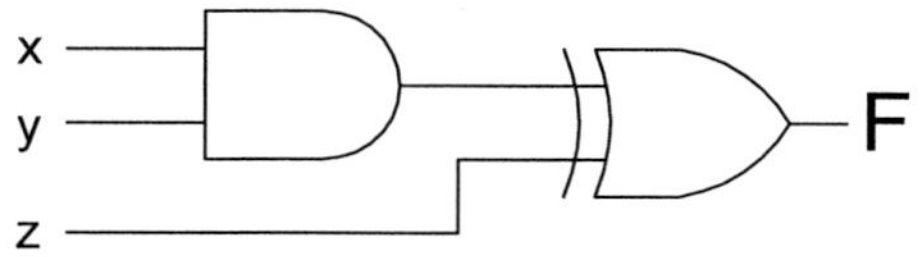

그림 5.6 논리 게이트를 이용해서 구현한 회로

이제 식 (5.1)의 논리함수를 MUX를 이용해서 구현해 보자. MUX를 이용한 함수의 설계는 다음의 표 5.1과 같은 표를 이용하는데 이 표에 의해서 MUX의 입력이 결정될 수 있다. 여기서 입력변수 x, y, z중 x는 MUX의 입력으로 y, z는 선택입력으로 정의하며, 숫자 0~7은 최소항의 번호를 나타낸다. 표 5.2는 선택입력 y, z에 따라 출력으로 선택되는 입력에 대해서 나타낸 것이다. 표에서 보듯이 선택입력이 2개이므로 사용되는 MUX는 4×1 MUX를 사용하고, x를 입력으로 사용하므로 x=0일 때와 1일 때 각각 4개의 입력을 선택할 수 있으므로, 8개의 출력조건을 만들어 낼 수 있는 것이다.

표 5.1 MUX를 이용한 논리함수 설계 표

	I_0	I_1	I_2	I_3
$\overline{x}$	0	①	2	③
x	4	⑤	⑥	7
입력정의	0	1	x	$\overline{x}$

표 5.2 선택입력에 따른 출력의 변화

y	z	F
0	0	I_0
0	1	I_1
1	0	I_2
1	1	I_3

그림 5.5 (a)의 진리표를 참조하여 함수의 최소항의 값이 1이 되는 곳은 표 5.1에서 동그라미로 표시를 하였다. 즉 동그라미로 표시된 항들은 모두 값이 1이고, 나머지는 0임을 나타낸다. 표 5.1은 의미적으로 보면 표 5.3과 같이 고쳐 그리면 좀 더 명확한 개념이 되므로 잘 이해가 가지 않으면, 표 5.3으로 개념을 이해하고, 실제의 설계는 간편한 표 5.1을 이용하는 것이 좋을 것 같다.

여기서 MUX의 입력 $I_0 \sim I_3$을 x의 함수로 결정하게 되는데, 우선 I_0는 x=0일 때($\overline{x}$)지정된 최소항 0번과 x=1일 때(x) 지정된 최소항 4번이 모두 0이므로 선택신호 y, z에 의해 입력 I_0가 선택될 때는 x와 상관없이 항상 0인 입력을 넣어주면 됨을 알 수 있다. 또한 I_1은 x=0일 때($\overline{x}$)와 x=1일 때(x) 모두 1의 값을 가지므로 x와 상관없이 항상 1인 입력을 넣어주면 되므로 I_1의 입력은 1로 결정된다. I_2의 경우는 x=0일 때($\overline{x}$) 최소항 2번이 0, x=1일 때(x) 최소항 6번이 1의 값을 가지므로 x와 항상 같은 값을 가지므로 x를 I_2의 입력으로 넣어주면 된다. 마지막으로 I_3의 경우는 x=0일 때($\overline{x}$) 최소항 3번이 1, x=1일 때(x) 최소항 7번이 0의 값을 가지므로 x와 항상 반대의 값을 가지므로 $\overline{x}$가 I_3의 입력으로 결정된다.

표 5.3 표 4.1의 개념도

MUX입력	I_0	I_1	I_2	I_3
x \ yz	00	01	10	11
0	0	1	2	3
	0	1	0	1
1	4	5	6	7
	0	1	1	0
입력정의	0	1	x	$\overline{x}$

그러므로 위와 같은 과정으로 입력들이 결정되면 이를 바로 그림 5.7의 회로도로 구성하면 MUX를 이용한 일반 논리함수의 설계가 완성된다.

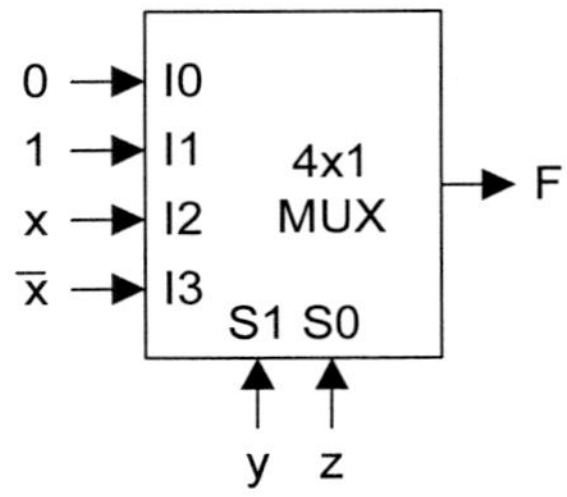

그림 5.7 MUX를 이용해 논리함수의 구현한 회로

앞에서 설명한 설계방법을 설계순서대로 일목요연하게 정리하면 다음과 같다.

[설계순서]

❶ 가장 상위 비트를 기준으로 표 5.1의 표 작성한다. 여기서 최상위 비트를 제외한 나머지 비트들은 모두 선택 비트(순서대로)로 할당한다.

(예) 입력변수 : w, x, y, z

- w를 입력, 나머지는 모두 선택신호
- x → S_2 , y → S_1 , z → S_0

❷ 표 5.1 형식의 표에서 1이 되는 최소항에 동그라미를 표시한다.
❸ 가장 상위 비트와 관계를 비교해 입력 결정한다.
❹ 회로를 구성한다.

예제 5-1

논리함수 $F(w,x,y,z) = \Sigma(0,1,3,4,8,9,15)$를 MUX를 이용해서 구현해 보자.

풀이 ❶ 우선 표 5.1 형태의 표를 그리면 다음과 같다. 부울변수가 w, x, y, z이므로 w를 입력변수로 나머지를 차례로 선택신호로 할당한다.

입력	I_0	I_1	I_2	I_3	I_4	I_5	I_6	I_7
0	0	1	2	3	4	5	6	7
1	8	9	10	11	12	13	14	15
입력정의								

❷ 1이 되는 최소항에 동그라미를 표시한다.

입력	I_0	I_1	I_2	I_3	I_4	I_5	I_6	I_7
0	⓪	①	2	③	④	5	6	7
1	⑧	⑨	10	11	12	13	14	⑮
입력정의								

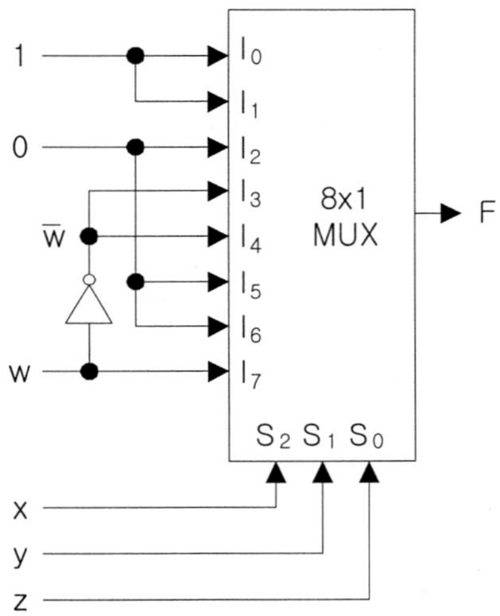

그림 5.8 MUX를 이용해 논리함수의 구현한 회로

❸ 가장 상위 비트와 비교해 입력을 결정한다.

입력	I_0	I_1	I_2	I_3	I_4	I_5	I_6	I_7
0	⓪	①	2	③	④	5	6	7
1	⑧	⑨	10	11	12	13	14	⑮
입력정의	1	1	0	$\bar{x}$	$\bar{x}$	0	0	x

❹ 결정된 입력정의에 의해 그림 5.8과 같은 회로를 구성한다.

5.2 디멀티플렉서(Demultiplexer, DEMUX)

디멀티플렉서의 원리

디멀티플렉서란 1개의 입력 신호선을 여러 개의 출력선 가운데 하나로 선택하여 전송하는 회로로서 데이터 분배기(data distributer)라고도 하며, 그림 5.9와 같은 구성을 갖는 회로이다. 1개의 입력과 여러 개의 출력을 가지며, 멀티플렉서와 마찬가지로 입력과 출력의 연결을 선택하기 위한 여러 개의 선택입력들로 회로가 구성된다. 멀티플렉서의 입력의 수가 선택입력의 수에 제한을 받듯이 디멀티플렉서에서는 출력이 선택입력의 개수에 의해 제한이 되는데 그림 5.9에서처럼 선택입력의 개수가 n개일 때 선택가능한 출력의 개수는 2^n개로 결정된다. 따라서 디멀티플렉서의 이름은 "(입력갯수×출력갯수)디멀티플렉서"로 붙여지는데, 일반적으로 "$1 \times 2^{(\text{선택입력의갯수})}$디멀티플렉서" 형태로 붙여진다.

그림 5.10은 1×4 디멀티플렉서로 선택입력이 S_1, S_0로 2개이므로 선택가능한 출력의 개수는 $2^2 = 4$개로 1×4 디멀티플렉서가 된다. 출력 선택 동작의 원리는 그림 5.2와 5.3의 멀티플렉서의 경우와 유사하다.

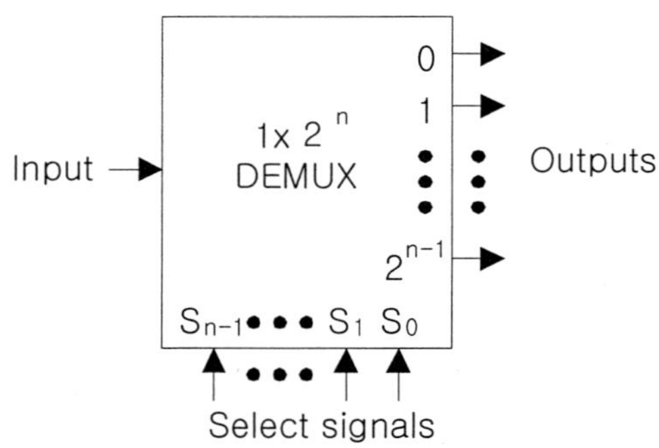

그림 5.9 1×2^n 디멀티플렉서

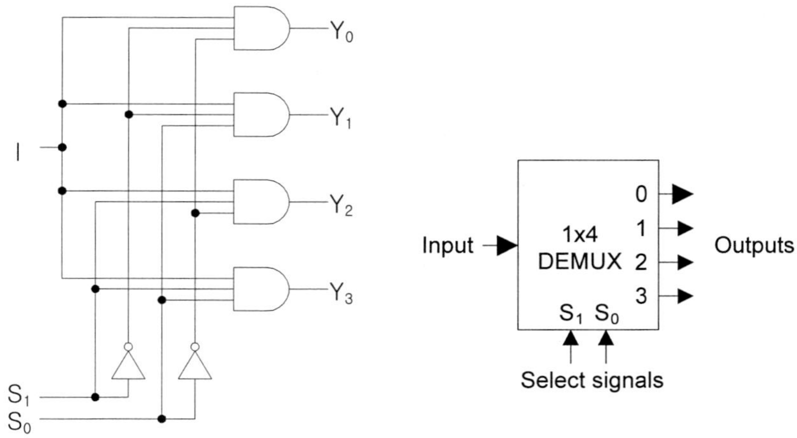

(a) 논리도　　　　(b) 심볼

I	S_1	S_0	Y_0	Y_1	Y_2	Y_3
0	x	x	0	0	0	0
1	0	0	1	0	0	0
1	0	1	0	1	0	0
1	1	0	0	0	1	0
1	1	1	0	0	0	1

(c) 진리표

그림 5.10　1×4 디멀티플렉서

지금 선택한 출력이 Y_0이라 하자. 선택 출력이 Y_0이므로 선택입력으로 $S_1 S_0$=00을 주면 각 AND 게이트의 입력이 그림 5.11과 같이 된다. 그림 5.11에서 입력선을 제외한 선택입력들이 G0는 모두 "1"인 반면, 나머지 게이트들의 선택입력들은 반드시 "0"을 포함하고 있는 것을 알 수 있다. 따라서 G1~G3의 출력은 모두 "0"이 되고 G0의 출력은 I=0이면 "0", I=1이면 "1"이 됨을 알 수 있다. 따라서 입력 I는 Y_0로 출력된다.

마찬가지로 선택출력을 Y_1으로 하고 싶으면 선택신호를 "01"로 하면 되고, Y_2의 경우는 "10", Y_3의 경우는 "11"의 선택입력을 줌으로써 원하는 입력을 선택하여 출력으로 내보낼 수 있게 된다. 이를 정리한 것이 그림 5.10 (c)의 진리표이다. 1×8 디멀티플렉서, 1×16 디멀티플렉서도 앞의 1×4 디멀티플렉서에 비해 출력과 선택신호의 수가 늘었을 뿐 같은 원리로 동작한다.

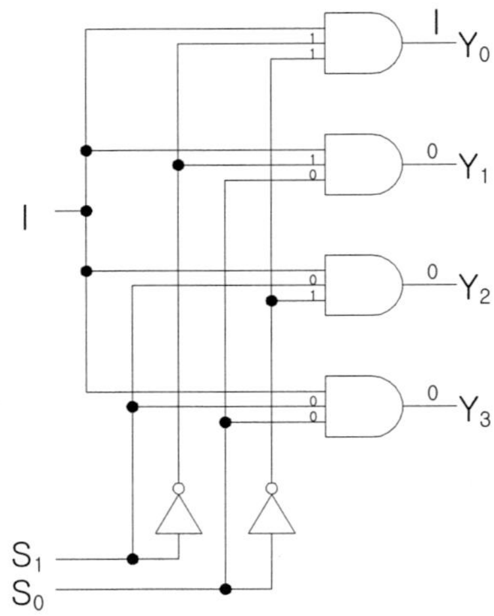

그림 5.11 I_0 선택시의 회로동작상황

디멀티플렉서 IC

그림 5.12는 디멀티플렉서 IC인 74138의 블록도와 진리표를 나타내고 있다.

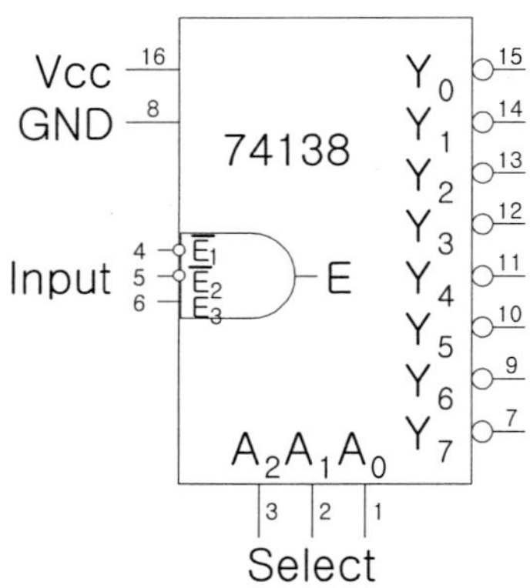

$\overline{E_1}$	$\overline{E_2}$	E_3	$A_2A_1A_0$	$\overline{Y_7}$	$\overline{Y_6}$	$\overline{Y_5}$	$\overline{Y_4}$	$\overline{Y_3}$	$\overline{Y_2}$	$\overline{Y_1}$	$\overline{Y_0}$
0	0	1	000	1	1	1	1	1	1	1	0
0	0	1	001	1	1	1	1	1	1	0	1
0	0	1	010	1	1	1	1	1	0	1	1
0	0	1	011	1	1	1	1	0	1	1	1
0	0	1	100	1	1	1	0	1	1	1	1
0	0	1	101	1	1	0	1	1	1	1	1
0	0	1	110	1	0	1	1	1	1	1	1
0	0	1	111	0	1	1	1	1	1	1	1
1	X	X	XXX	1	1	1	1	1	1	1	1
X	1	X	XXX	1	1	1	1	1	1	1	1
X	X	0	XXX	1	1	1	1	1	1	1	1

그림 5.12 디멀티플렉서 IC 74138

그림에서 보듯이 74138은 디멀티플렉서(DEMUX)이다. 74138의 입력은 enable 입력 $\overline{E_1}$,$\overline{E_2}$, E_3로 구성된 디멀티플렉서로서 진리표에서 보듯이 이 입력들이 $\overline{E_1}=0$, $\overline{E_2}=0$, $E_3=1$일 때 디멀티플렉서의 동작을 수행하고 그 외는 출력이 모두 1로 고정된다. 선택입력과 enable 입력들을 활용하면 74138 IC 여러 개를 병렬로 연결해 출력의 개수를 확장하는 것이 가능하다.

실험 08 멀티플렉서와 디멀티플렉서

1. 목적

멀티플렉서와 디멀티플렉서의 기본 원리와 특성을 이해하고 응용력을 기르도록 한다.

2. 예비보고서

(1) 멀티플렉서와 디멀티플렉서를 비교 설명하시오.

(2) 그림 5.3의 4-to-1 라인 멀티플렉서의 논리식을 구하시오

3. 사용기기 및 부품

□ IC 74 LS 04(NOT 게이트)

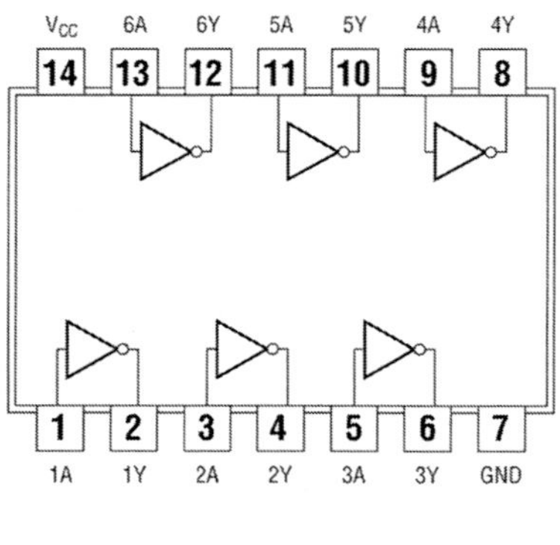

□ IC 74 LS 08(AND 게이트)

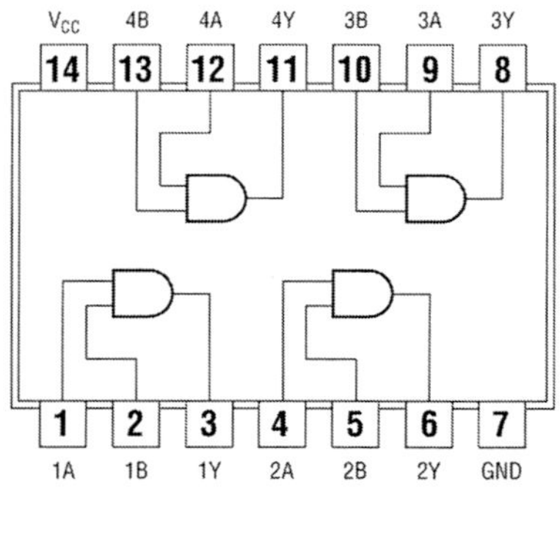

□ IC 74 LS 10(3 input NAND 게이트) 3개

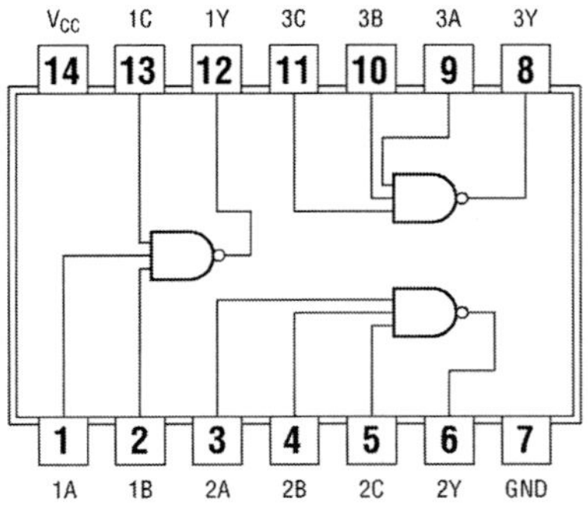

□ IC 74 LS 20(4 input NAND 게이트) 3개

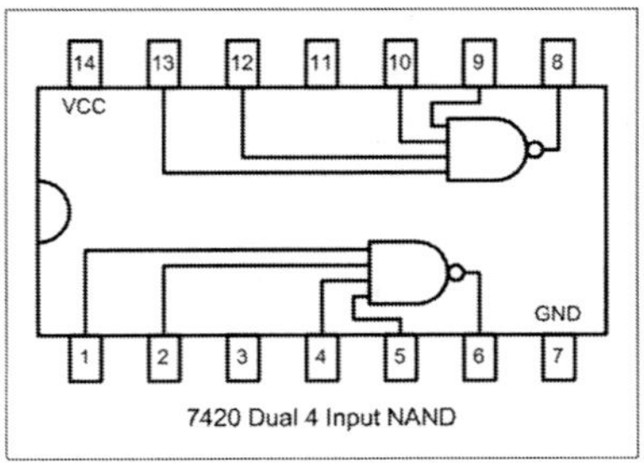

□ IC 74 LS 32(OR 게이트)

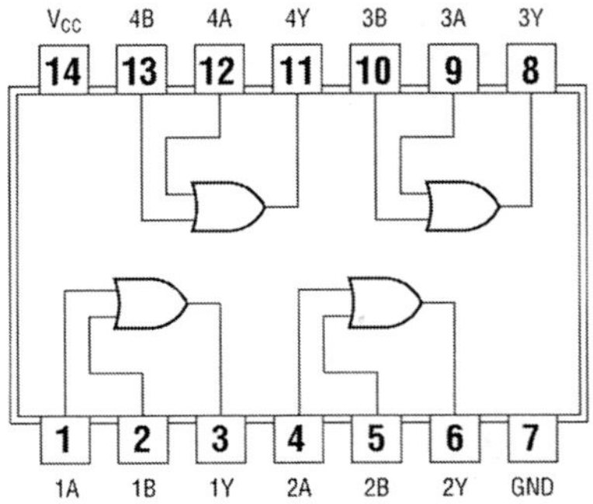

□ 논리회로 실험장치

□ 오실로스코프

4. 실험

(1) 그림 5.13과 같은 회로를 구성하고 출력 상태를 측정하여 표 5.4에 기록하시오.

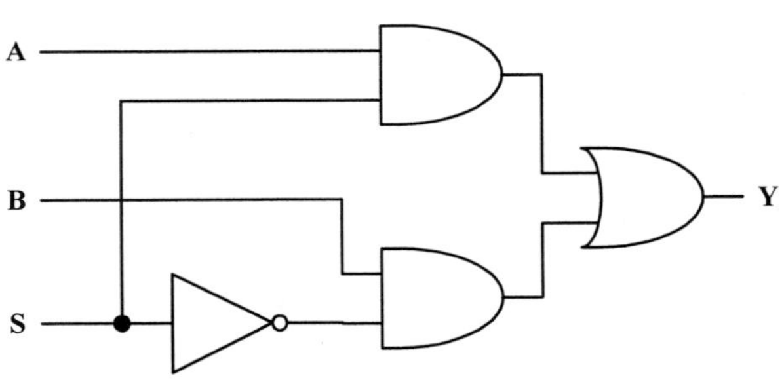

그림 5.13

표 5.4

S	A	B	Y	S	A	B	Y
0	0	0		1	0	0	
0	0	1		1	0	1	
0	1	0		1	1	0	
0	1	1		1	1	1	

(2) 그림 5.14와 같은 회로를 구성하고 출력 상태를 측정하여 표 5.5에 기록하시오.

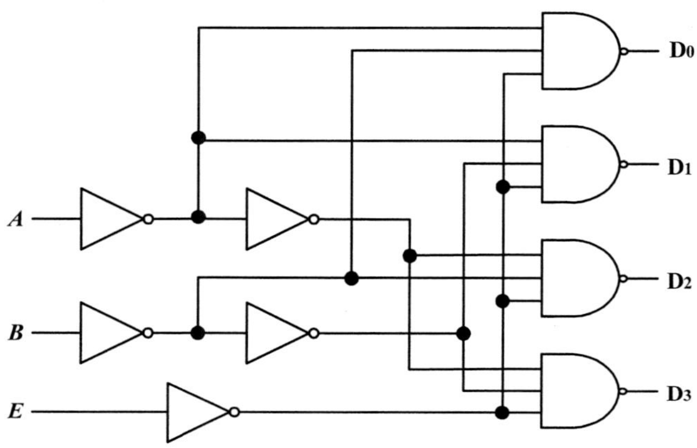

그림 5.14

표 5.5

E	A	B	D_0	D_1	D_2	D_3
1	X	X				
0	0	0				
0	0	1				
0	1	0				
0	1	1				

(3) 그림 5.15와 같은 회로를 구성하고 출력 상태를 측정하여 표 5.6에 기록하시오.

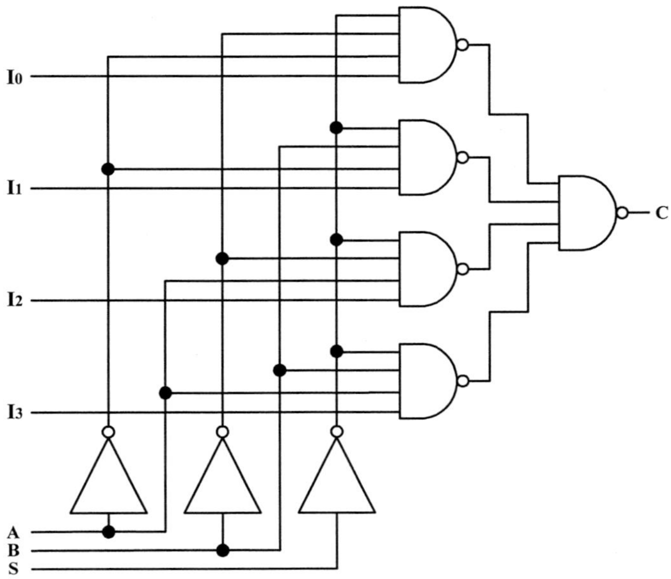

그림 5.15

표 5.6

A	B	S	I_0	I_1	I_2	I_3	C
x	x	1	x	x	x	x	
0	0	0	0	x	x	x	
0	0	0	1	x	x	x	
0	1	0	x	0	x	x	
0	1	0	x	1	x	x	
1	0	0	x	x	0	x	
1	0	0	x	x	1	x	
1	1	0	x	x	x	0	
1	1	0	x	x	x	1	

5. 실험 결과 검토

(1) 그림 5.13의 2입력 멀티플렉서 회로를 실험하여 얻어진 표 5.4가 이론치와 일치하는지 확인하여 보자.

(2) 그림 5.14의 1-to-4 라인 디멀티플렉서 회로를 실험하여 얻어진 표 5.5가 이론치와 일치하는지 확인하여 보자.

(3) 그림 5.15의 4-to-1 라인 멀티플렉서 회로를 실험하여 얻어진 표 5.6이 이론치와 일치하는지 확인하여 보자.

5.3 디코더(Decoder)

디코더의 원리

디코더에 포함된 단어 코드(code)는 암호라는 뜻이며, 디코더는 그 암호를 풀어내는 기계라는 뜻이다. 일반적으로 디코더는 n개의 입력으로 2^n개의 최소항을 출력하는 회로이다. 즉 n개의 입력은 어떤 출력중의 하나를 가리키는 암호이고 2^n개의 최소항은 입력에서 선택된 출력만이 "1"의 값을 가지고 나머지는 모두 "0"의 값을 출력하도록 설계되어 있다. 그림 5.16은 2×4 디코더를 나타낸 것이다. 이 그림에서 x, y는 코드이며, 출력 $D_0 \sim D_3$는 코드에 의해서 선택되는 출력들이다.

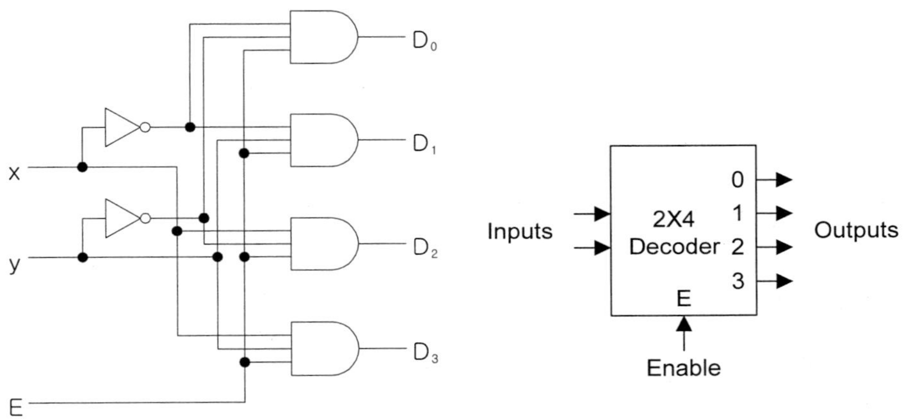

(a) 논리도 (b) 심볼

E	x	y	D3	D2	D1	D0
0	X	X	0	0	0	0
1	0	0	0	0	0	1
1	0	1	0	0	1	0
1	1	0	0	1	0	0
1	1	1	1	0	0	0

(c) 진리표

그림 5.16 2×4 디코더

코드 $xy = 00$이면 이는 첫 번째 출력 $D_0 = 1$이고, $D_1 = D_2 = D_3 = 0$이라는 의미의 코드이다. 또한 $xy = 01$이면 $D_1 = 1$, $xy = 10$이면 $D_2 = 1$, $xy = 11$이면 $D_3 = 1$이라는 의미가 담겨

있다. 따라서 그림 5.16의 디코더의 코드에 따른 출력의 변화는 그림 5.16 (c)에 나타내었다. 여기서 E신호는 Enable 신호로서 $E=1$이면 디코더 회로가 코드를 해독하는 동작을 하는 것으로 $D_0 \sim D_3$가 입력 코드에 따라 출력되고, $E=0$이면 출력이 모두 0이 되어 디코더 회로의 동작을 할 수 없다.

앞에서 보듯이 코드의 비트수에 따라 출력의 개수가 제한이 되며, 출력의 개수는 $2^{(\text{입력코드의 개수})}$로 제한된다. 이제까지의 디코더 회로와 5.2절의 디멀티플렉서회로와 유사한 점이 많은데 실제로 같은 회로를 가지고 사용하는 초점에 따라서 디코더인지 디멀티플렉서인지가 결정된다. 그림 5.17은 1×4 디멀티플렉서와 2×4 디코더의 논리도를 나타낸 것이며, 74LS138과 같은 경우에는 두 가지 모두로 사용이 가능하다.

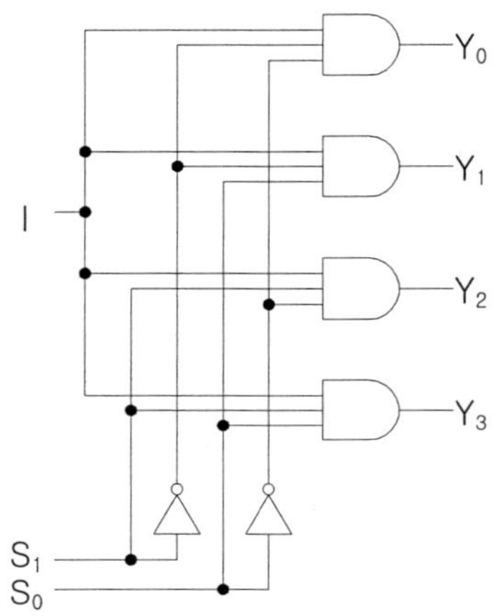

(a) 1×4 디멀티플렉서

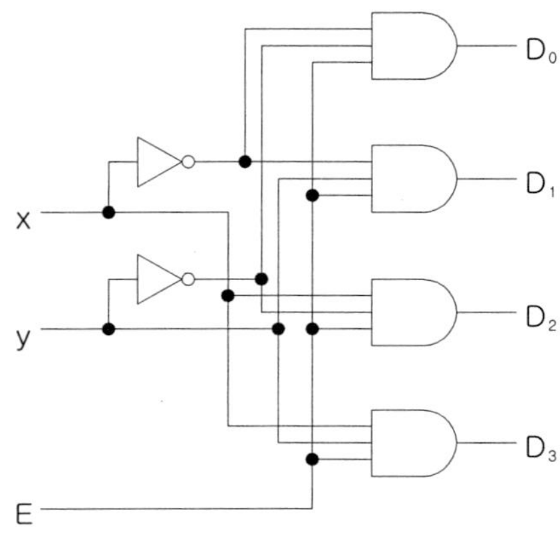

(b) 2×4 디코더

그림 5.17 1×4 디멀티플렉서와 2×4 디코더

그림 5.18은 2×4 디코더 2개를 이용하여 3×8 디코더를 설계한 예를 보인 것으로 8가지의 입력코드에 대한 출력의 변화를 그림 5.15 (a)에서 나타내었다. 그림 5.18 (a)에서 보면 $x=0$인 코드와 $x=1$인 코드의 2 부분으로 나누어짐을 볼 수 있는데, $x=0$일 때는 디코더1이 선택되게 하여 $D_0 \sim D_3$까지의 출력을 가능하게 하고, $x=1$일 때는 디코더 2가 선택되게 하여 $D_4 \sim D_7$까지의 출력을 내보내게 하면 될 것이다. 따라서 x를 디코더의 Enable 신호로 사용하여 그림 5.18 (b)와 같이 회로를 구성하면 2×4 디코더를 이용하여 3×8디코더의 설계가 가능하다. 이와 같은 방법을 사용하면 디코더의 입력코드의 비트수와 출력을 원하는 만큼 확장할 수 있다.

E	x	y	z	D7	D6	D5	D4	D3	D2	D1	D0
0	X	X	X	0	0	0	0	0	0	0	0
1	0	0	0	0	0	0	0	0	0	0	1
1	0	0	1	0	0	0	0	0	0	1	0
1	0	1	0	0	0	0	0	0	1	0	0
1	0	1	1	0	0	0	0	1	0	0	0
1	1	0	0	0	0	0	1	0	0	0	0
1	1	0	1	0	0	1	0	0	0	0	0
1	1	1	0	0	1	0	0	0	0	0	0
1	1	1	1	1	0	0	0	0	0	0	0

(a) 진리표

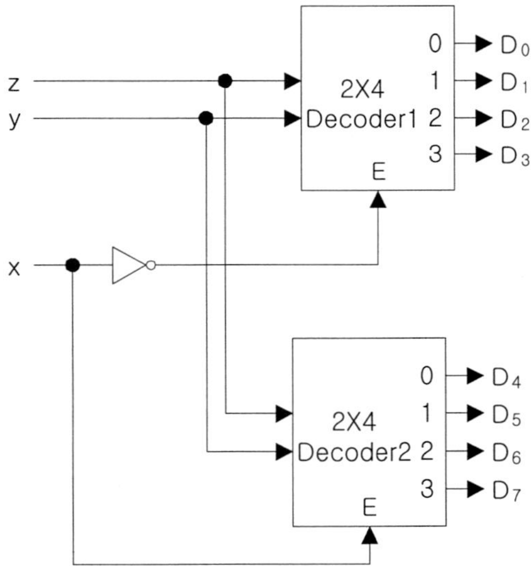

(b) 논리도

그림 5.18 2×4 디코더를 이용한 3×8 디코더의 설계

그러므로 그림 5.18 (b)에서 $x=0$일 때 디코더1의 Enable 신호가 1이 되므로 디코더1만 디코더의 동작을 수행하고, 디코더 2는 Enable 신호가 0이므로 출력이 모두 0이 된다. 따라서 $yz=00$이면 $D_0=1$이 되고 나머지 다른 출력들은 모두 0이 되고, $yz=01$이면 $D_1=1$, $yz=10$이면 $D_2=1$, $yz=11$이면 $D_3=1$이 출력되고 나머지 출력들은 모두 0이 된다. 그러나 $x=1$일 때는 디코더 1의 Enable 신호가 0이 되어 출력들이 모두 0이 되고, 디코더 2의 Enable 신호가 1이 되어 디코더의 동작을 수행하므로 $yz=00$이면 $D_4=1$, $yz=01$이면 $D_5=1$, $yz=10$이면 $D_6=1$, $yz=11$이면 $D_7=1$이 출력되고 나머지 출력들은 모두 0이 된다.

디코더 IC

그림 5.12의 74138은 디멀티플렉서로 뿐만 아니라 디코더로도 사용되는 IC이다. 74138의 블록도와 진리표에서 보듯이 선택신호 $A_2A_1A_0$를 입력으로 사용하면 74138은 디코더로 사용될 수 있다.

또한 BCD-7세그먼트 디코더로 7447과 7448이 사용되고 있으며, 이 외에 BCD-10진 디코더 IC인 7442와 7445가 있다. 이 IC들은 그림 5.19의 구조로 구성되어 있으며, 4비트의 BCD코드를 입력받아 그에 해당하는 0~9까지의 출력을 선택하도록 설계되어 있다.

(1) BCD-7 세그먼트 디코더

현재 간단한 표시장치로 일반적으로 사용되고 있는 것이 7세그먼트라 불리우는 장치로 이는 그림 5.19의 (a)에서 보는 바와 같이 LED 7개를 이용해 10개의 숫자를 표시할 수 있도록 고안된 장치이다. 이 장치의 내부 회로를 살펴보면 2가지 종류가 있는데 (b)의 공통 애노드형이 있고 (c)의 공통 캐소드형이 있다.

7 세그먼트의 내부구조를 보면 (b)의 공통애노드형의 경우에는 내부 LED들의 애노드부분이 모두 묶어져 있고, (c)의 공통 캐소드형인 경우는 LED의 캐소드부분이 묶어져 있다. 따라서 (b)의 공통애노드형은 공통된 애노드에 전원을 연결해야 하며, (c)의 공통 캐소드인 경우에는 공통된 캐소드에 GND를 연결해야 한다. 그리고 7 세그먼트를 이용해 숫자 "2"를 쓰려면 그림 5.20과 같이 세그먼트 a, b, d, e, g를 ON시키고 c, f는 OFF 시키면 된다. 이를 위해 (b)의 공통애노드형을 이용하려면 해당되는 세그먼트를 "0"으로 만들어 주어야 한다.

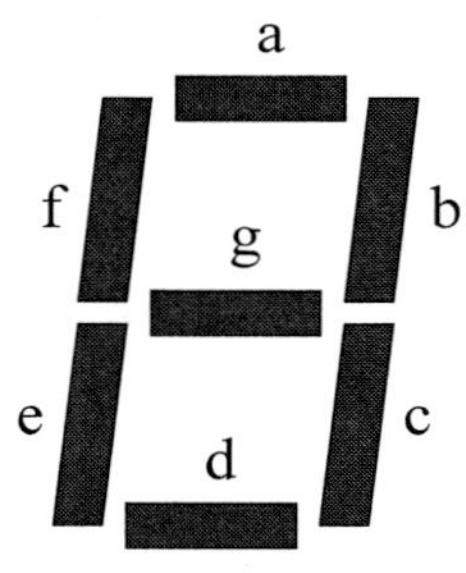

(a)

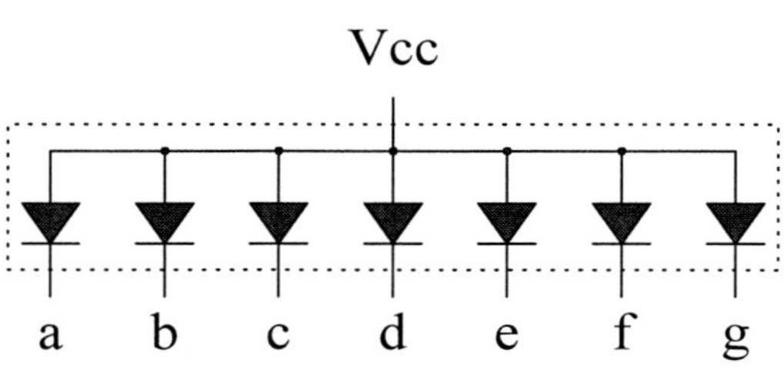

(b)

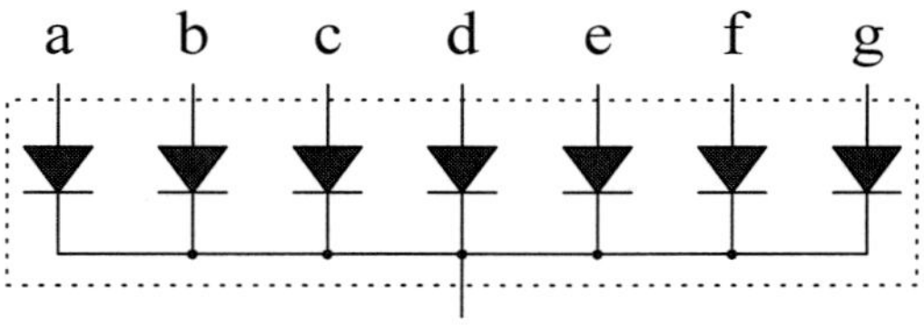

(c)

그림 5.19 7 세그먼트

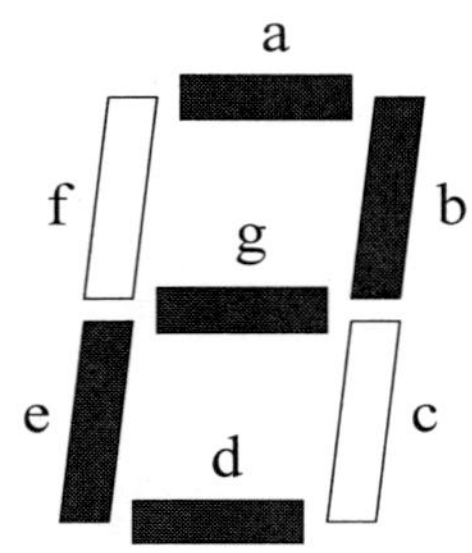

그림 5.20 표시예

즉, a, b, d, e, g의 입력으로 "0"을 c, f는 "1"을 주면 된다. 또한 (c)의 공통캐소드형의 경우에는 공통 애노드형과 반대로 a, b, c, d, e, g의 입력을 "1"로 c, f는 "0"으로 주어야 한다.

또 다른 숫자를 쓰려면 이와 같은 방법으로 입력들을 정해주면 된다. 따라서 이와 같이 표시하고 싶은 숫자를 표시하도록 LED를 제어하는 입력을 넣어주면 되는데, 이러한 일을 BCD 숫자만 입력하면 정해주는 IC가 BCD-7 세그먼트 디코더이다. 7 세그먼트가 공통애노드 형태와 공통 캐소드 형태의 2가지가 있으므로 BCD-7 세그먼트 디코더도 2가지의 형태에 대한 것들이 나와 있다. BCD-7 세그먼트 디코더 IC중 7447은 공통 에미터 형태의 7세그먼트 디코더이고, 7448은 공통 캐소드 형태에 대한 디코더이다.

그림 5.21은 7447을 이용하여 공통 에미터 형태의 7세그먼트에 숫자를 표시하도록 하기 위한 회로를 나타낸 것이다. 그림에서 보듯이 7447의 a~g까지의 출력을 7세크먼트로 연결해 주기만 하면 된다. 단, 그 연결의 사이에 전류제한 저항 약 330Ω 정도를 넣어주어야 한다.

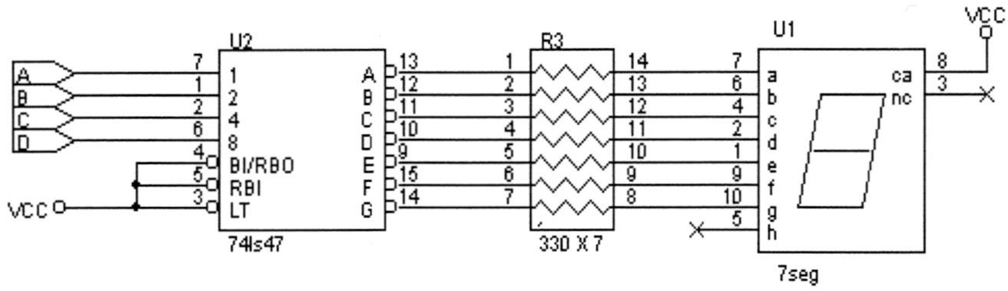

그림 5.21 7447과 7 세그먼트의 연결

(2) BCD-10진 디코더

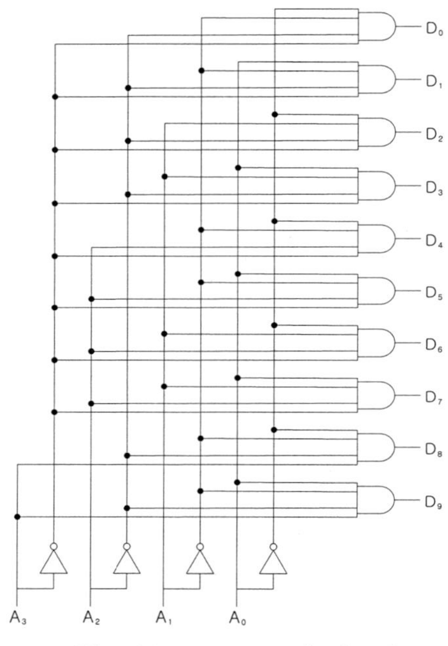

그림 5.22 BCD-10진 디코더

BCD-10진 디코더는 BCD 코드를 입력하면 출력중의 1개를 선택할 수 있는 회로이며, 그 구성은 그림 5.22와 같다. 5.22의 디코더는 입력이 "0101"이면 Y_5의 출력이 "1"이 되며, "1001"이면 Y_9의 출력이 "1"이 되고 나머지 출력은 모두 0이 된다. BCD_10진 디코더 IC로는 7445가 있다.

5.4 인코더(Encoder)

인코더의 원리

인코더는 디코더와 상반되는 동작을 하는 회로로 어떤 신호에 대한 암호를 만들어내는 기계라는 뜻이다. 일반적으로 인코더는 2^n개의 입력을 받아들여 n비트의 최소항의 번호, 즉 암호를 출력하는 회로이다.

D7	D6	D5	D4	D3	D2	D1	D0	x	y	z
0	0	0	0	0	0	0	1	0	0	0
0	0	0	0	0	0	1	0	0	0	1
0	0	0	0	0	1	0	0	0	1	0
0	0	0	0	1	0	0	0	0	1	1
0	0	0	1	0	0	0	0	1	0	0
0	0	1	0	0	0	0	0	1	0	1
0	1	0	0	0	0	0	0	1	1	0
1	0	0	0	0	0	0	0	1	1	1

(a) 진리표

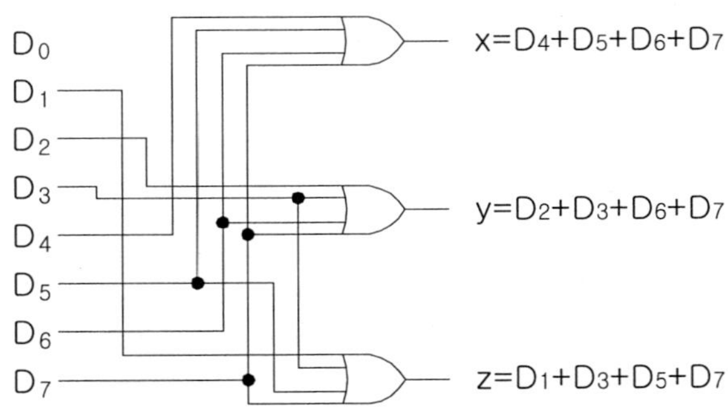

(b) 회로도

그림 5.23 인코더

다시 말해서 그림 5.23 (a)에서 보는 것처럼 입력되는 신호 중 1인 입력의 번호를 출력하도록 설계되어 있다. 이 그림에서 $D_0 \sim D_7$은 입력되는 신호들이며, xyz는 입력신호에 의해 발생되는 코드이다.

그림 5.23 (a)의 진리표에서 x는 D_4, D_5, D_6, D_7중의 어느 하나가 1일 때 1이 됨을 알 수 있으며, y는 D_2, D_3, D_6, D_7 중의 어느 하나가 1일 때 1이며, z는 D_1, D_3, D_5, D_7 중의 어느 하나가 1일 때 1이 되는 것을 볼 수 있다. 따라서 이러한 진리표에 따라서 x, y, z 각각에 대한 논리함수를 전개하면 식 (5.3)과 같이 나타낼 수 있으며, 식 (5.3)을 이용해서 회로를 구성한 것이 그림 5.23 (b)의 회로이다. 이 회로가 인코더회로이며, 이 회로를 이용하면 입력신호에 따른 코드를 얻을 수 있다.

$$x = D_4 + D_5 + D_6 + D_7 \qquad (5.3)$$

$$y = D_2 + D_3 + D_6 + D_7$$

$$z = D_1 + D_3 + D_5 + D_7$$

그러나 그림 5.23의 회로는 코드를 얻을 수는 있으나 실용상의 다음과 같은 2가지 문제점이 있다.

❶ 모든 입력($D_0 \sim D_7$)이 '0'일 때 발생되는 코드 $xyz = 000$이므로 D_0가 1일 때의 코드와 같으므로 구별할 수 없다.
❷ 입력($D_0 \sim D_7$)중에 1개만이 1일 경우는 문제가 없지만, 1개 이상이 동시에 1일 경우에는 맞지 않는 코드가 발생될 수 있다.

이러한 인코더의 문제점을 해결하기 위해 데이터에 우선순위를 부여하는 우선순위 인코더를 사용한다.

우선순위 인코더

그림 5.23의 회로가 가진 문제점을 해결하기 위한 방법이 보강되어 있는 인코더이다. 표 5.7은 우선순위 인코더를 설명하기 위해 4개의 입력을 가진 우선순위 인코더의 진리표를 나타낸 것이다. 이 인코더의 우선순위는 상위비트에 있게 설계하였으며, 따라서 $D_3 > D_2 > D_1 > D_0$의 순으로 우선순위가 부여된다. 즉 D_3에 1이 들어오면 아래의 $D_2 \sim D_0$까지에 1이 들어오더라도 모두 무시됨을 의미하며, 발생되는 코드는 $D_3 = 1$이고 나머지 모든 입력이 0일 때의 코드와 동일하게 발생하게 된다.

예를 들어 $D_3D_2D_1D_0 = 1000$일 때 $xy = 11$의 코드로 발생할 것이다. 우선순위 인코더에서는 $D_3D_2D_1D_0 = 1001$ 혹은 $D_3D_2D_1D_0 = 1010$ 혹은 $D_3D_2D_1D_0 = 1111$등으로 D_3아래의 비트들이 1이 발생하더라도 무시되며 발생되는 코드는 $xy = 11$로 $D_3D_2D_1D_0 = 1000$일 때와

동일하게 발생한다는 것이다.

또 $D_3D_2D_1D_0 = 0101$ 혹은 $D_3D_2D_1D_0 = 0110$ 혹은 $D_3D_2D_1D_0 = 0111$등이 입력되면 모두 $D_3D_2D_1D_0 = 0100$과 같이 $xy = 10$의 코드가 출력될 것이다. 이렇게 우선순위를 줌으로써 입력되는 데이터의 여러 개가 1인 상황이 발생하더라도 예정된 바른 코드를 얻을 수 있어 앞에서 지적한 ❷의 문제점을 해결할 수 있다.

또한 그림 5.23회로의 ❶의 문제점을 해결하기 위해 표 5.7에서와 같이 모든 입력을 OR 연산하는 v출력을 추가한다. 만약 입력들이 모두 '0'이면 $xy = 00$이 출력되고, $v = 0$이 될 것이므로 입력이 모두 0인 경우임을 알 수 있을 것이다.

표 5.7 우선순위 인코더 진리표(D3 : MSB, D0 : LSB)

D3	D2	D1	D0	x	y	v
0	0	0	0	X	X	0
0	0	0	1	0	0	1
0	0	1	X	0	1	1
0	1	X	X	1	0	1
1	X	X	X	1	1	1

표 5.8 우선순위 인코더 진리표(표 5.7과 같음)

D3	D2	D1	D0	x	y	v
0	0	0	0	X	X	0
0	0	0	1	0	0	1
0	0	1	0	0	1	1
0	0	1	1	0	1	1
0	1	0	0	1	0	1
0	1	0	1	1	0	1
0	1	1	0	1	0	1
0	1	1	1	1	0	1
1	0	0	0	1	1	1
1	0	0	1	1	1	1
1	0	1	0	1	1	1
1	0	1	1	1	1	1
1	1	0	0	1	1	1
1	1	0	1	1	1	1
1	1	1	0	1	1	1
1	1	1	1	1	1	1

그러나 D_0가 1일 경우는 $xy = 00$이고 $v = 1$이 되므로 입력들이 모두 '0'인 경우의 코드와 구별될 수 있다. 따라서 표 5.7의 진리표를 가지는 함수를 구하기 위해 카르노맵을 구성하면 그림 5.24과 같다. 그림 5.24에서 이웃항끼리 묶어서 정리하면 식 (5.4)와 같이 정리된다.

$$x = ① + ② = D_2 + D_3 \qquad (5.4)$$
$$y = ① + ② = D_3 + \overline{D_2}D_1$$

그러므로 얻어진 우선순위 인코더의 함수는 다음의 수식과 그림으로 표현된다.

$$x = D_2 + D_3 \qquad (5.5)$$
$$y = D_3 + \overline{D_2}D_1$$
$$v = D_0 + D_1 + D_2 + D_3$$

따라서 식 (5.5)로 얻어진 결과를 회로로 구성하면 그림 5.25와 같이 나타낼 수 있으며, 이 회로를 우선순위 인코더라고 한다.

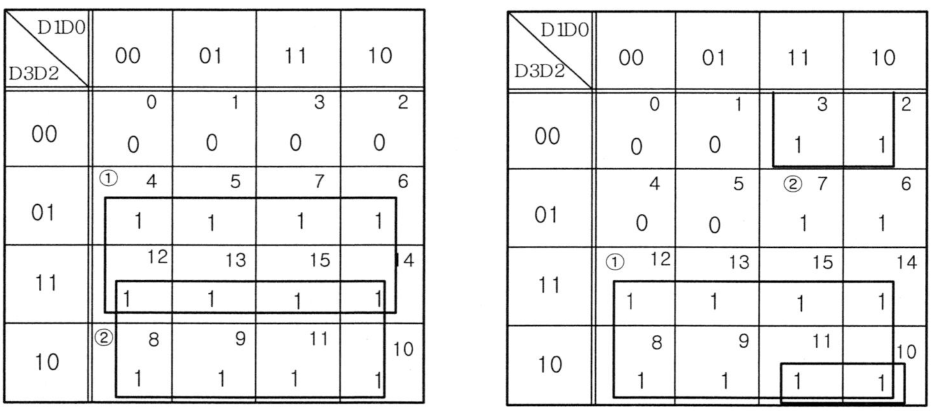

(a) x함수의 카르노맵 (b) y함수의 카르노맵

그림 5.24 우선 순위 인코더 출력 x, y 의 카르노 맵

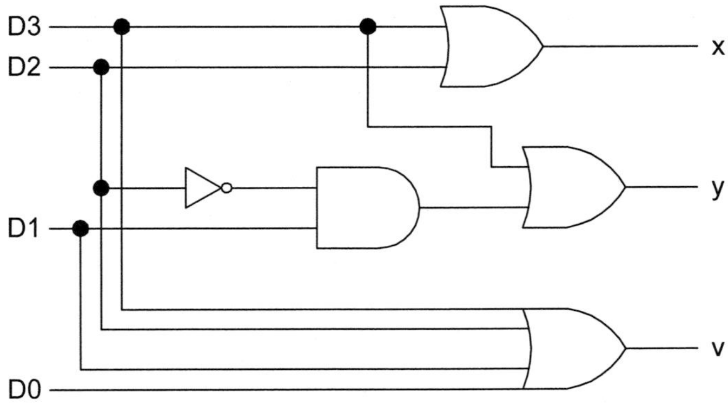

그림 5.25 카르노맵을 이용한 우선순위 인코더의 회로도

인코더 IC

표 5.9와 그림 5.26은 우선순위 인코더 IC인 74147의 진리표와 블록도를 나타내고 있으며, 그림에서 보듯이 74147은 10 to 4 우선순위 인코더이다.

표 5.9 74147의 진리표

1	2	3	4	5	6	7	8	9	D	C	B	A
1	1	1	1	1	1	1	1	1	1	1	1	1
X	X	X	X	X	X	X	X	0	0	1	1	0
X	X	X	X	X	X	X	0	1	0	1	1	1
X	X	X	X	X	X	0	1	1	1	0	0	0
X	X	X	X	X	0	1	1	1	1	0	0	1
X	X	X	X	0	1	1	1	1	1	0	1	0
X	X	X	0	1	1	1	1	1	1	0	1	1
X	X	0	1	1	1	1	1	1	1	1	0	0
X	0	1	1	1	1	1	1	1	1	1	0	1
0	1	1	1	1	1	1	1	1	1	1	1	0

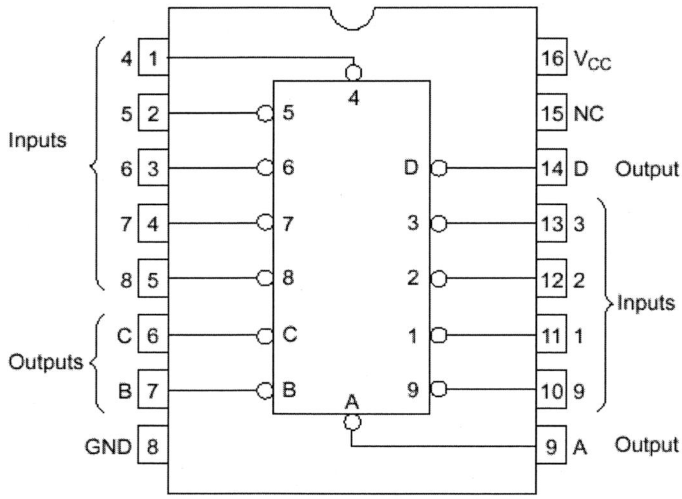

그림 5.26 74147의 블록도

9개의 입력이 들어가면 4개의 BCD 출력이 나오도록 구성되어 있으며, 0은 입력이 없을 경우(9개의 입력 모두 "1")에 출력된다. 모든 입력과 출력은 부논리(Active low)로 동작한다.

실험 09 인코더와 디코더

1. 목적

(1) 인코더와 디코더의 동작 원리를 이해한다.
(2) 인코더와 디코더의 특성을 확인하고 코드 변환기의 설계 방법을 익힌다.

2. 예비보고서

(1) 인코더와 디코더의 차이점을 간단히 기술하시오.
(2) 3초과 코드를 BCD 코드로 변환하는 회로를 그리시오.
(3) 2-to-4 라인 디코더를 구성하고 진리표를 작성하시오.

3. 사용기기 및 부품

□ IC 74 LS 04(NOT게이트) 2개

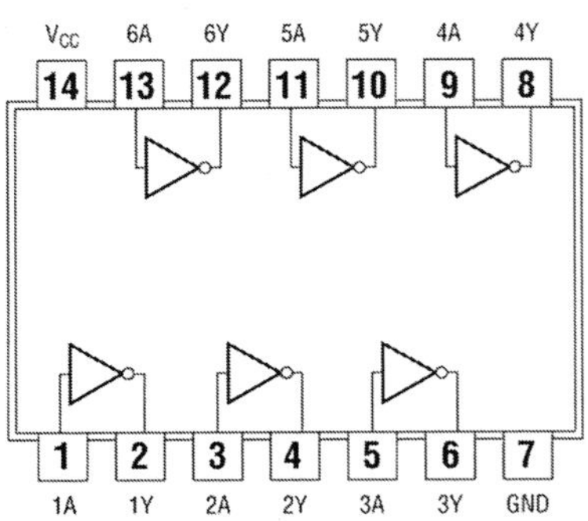

□ IC 74 LS 08(AND게이트)

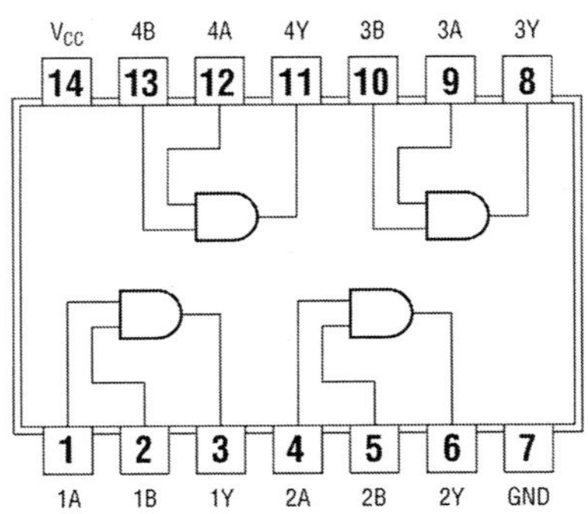

□ IC 74 LS 32(OR 게이트)

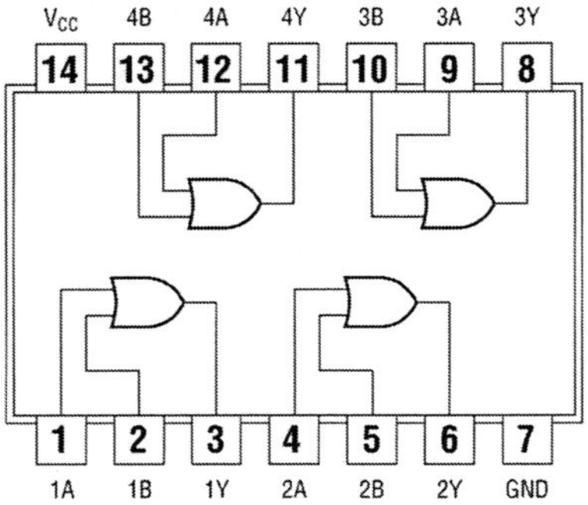

□ 논리회로 실험장치

□ 오실로스코프

4. 실험

(1) 그림 5.27과 같은 회로를 구성하고 주어진 입력에 따라 출력 상태를 측정하여 표 5.10에 기록하시오.

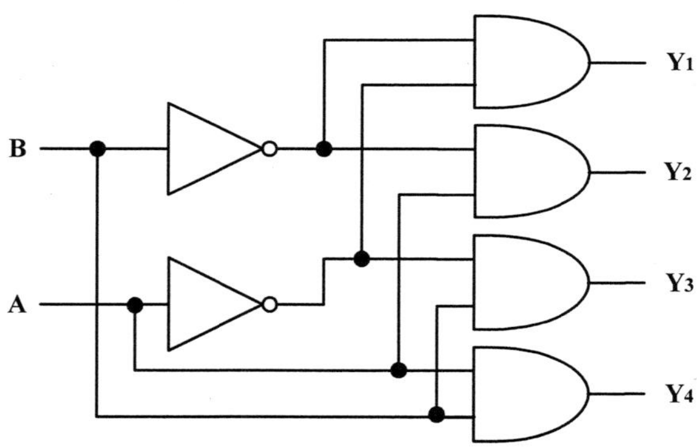

그림 5.27

표 5.10

B	A	Y_4	Y_3	Y_2	Y_1
0	0				
0	1				
1	0				
1	1				

(2) 그림 5.28과 같은 회로를 구성하고 출력 상태를 측정하여 표 5.11에 기록하시오.

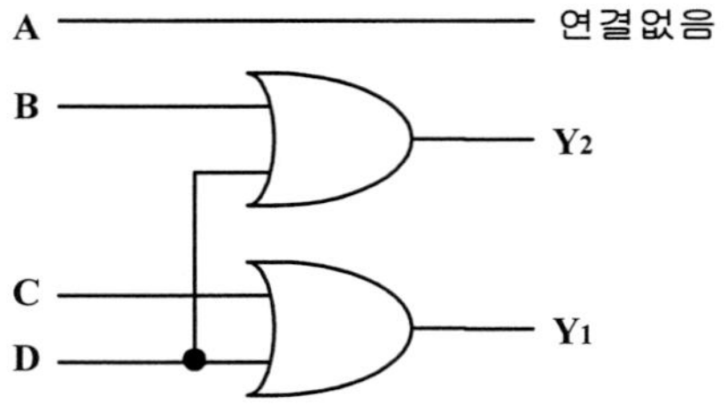

그림 5.28

표 5.11

A	B	C	D	Y_1	Y_2
0	0	0	1		
0	0	1	0		
0	1	0	0		
1	0	0	0		

(3) 그림 5.29는 BCD-to-3초과 코드 변환 회로이다. 주어진 입력 조건에 따라 출력 상태를 측정하여 표 5.12에 기록하고 진리표와 비교하여 보시오.

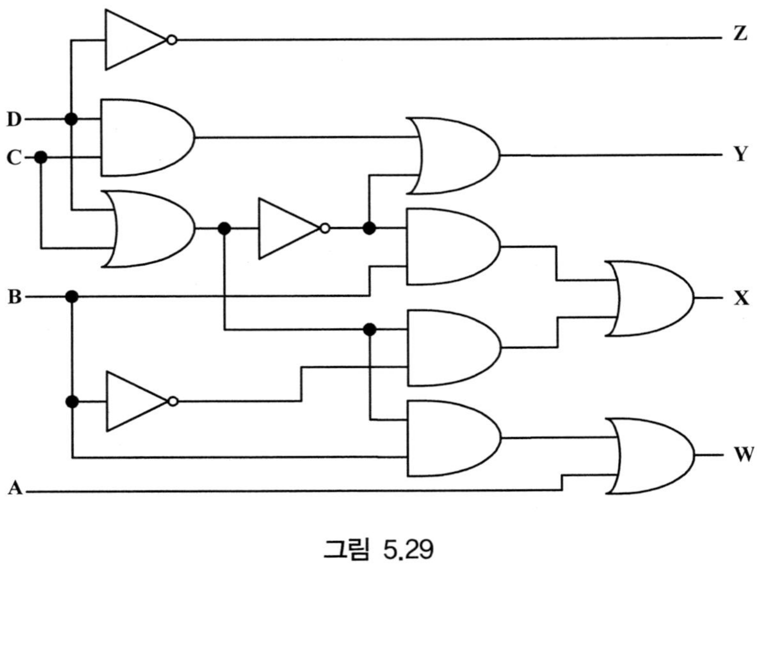

그림 5.29

표 5.12

A	B	C	D	W	X	Y	Z
0	0	0	0				
0	0	0	1				
0	0	1	0				
0	0	1	1				
0	1	0	0				
0	1	0	1				
0	1	1	0				
0	1	1	1				
1	0	0	0				
1	0	0	1				

(4) 그림 5.30은 4입력 우선순위 인코더 회로이다. 주어진 입력 조건에 따라 출력 상태를 측정하여 표 5.13에 기록하시오.

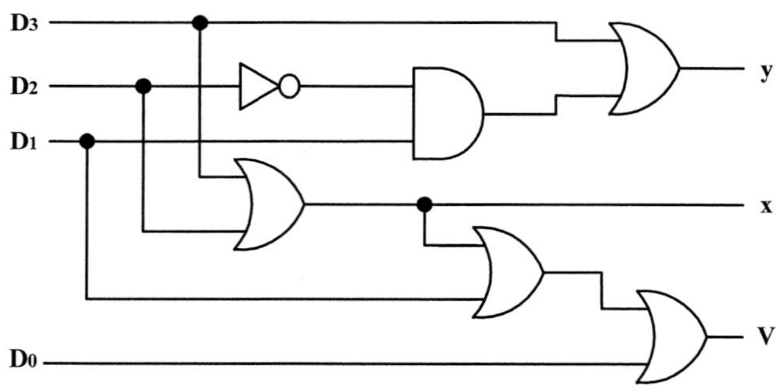

그림 5.30

표 5.13

D_0	D_1	D_2	D_3	x	y	V
0	0	0	0			
0	0	0	1			
0	0	1	0			
0	0	1	1			
0	1	0	0			
0	1	0	1			
0	1	1	0			
0	1	1	1			
1	0	0	0			
1	0	0	1			
1	0	1	0			
1	0	1	1			
1	1	0	0			
1	1	0	1			
1	1	1	0			
1	1	1	1			

5. 실험 결과 검토

(1) 그림 5.27의 2-to-4 라인 디코더 회로를 실험한 결과에서 얻어진 표 5.10이 이론치와 같은지 확인하여 보자.

(2) 그림 5.28의 4-to-2 라인 인코더 회로를 실험한 결과에서 얻어진 표 5.11과 이론치와 같은지 확인하여 보자.

(3) 그림 5.29의 BCD-to-3초과 코드변환회로를 실험한 결과에서 얻어진 표 5.12와 이론치와 같은지 확인하여 보자.

(4) 그림 5.30의 4입력 우선순위 회로를 실험한 결과에서 얻어진 표 5.13이 이론치와 같은지 확인하여 보자.

5.5 코드변환기 : BCD code → Excess-3 code

일반적으로 디지털 시스템에서 사용하고 있는 코드들은 여러 가지가 있으며, 이 코드들은 적절한 연관성들을 지니고 있어서 필요에 따라서 서로 변환해서 사용되기도 한다. 이러한 경우에 필요한 것이 인코더이며, 이 장에서는 BCD 코드를 Excess-3 코드로 변환하는 회로를 예로 들어 코드 변환기를 공부해 보기로 하자. 표 5.14에서 보듯이 BCD 코드는 10진수를 2진수형식으로 표시한 것으로 총 4비트를 이용해서 10진수의 0~9까지의 10진수를 2진수로 변환해 그대로 표시한 코드이다.

표 5.14 BCD 코드와 Excess-3 코드의 관계

BCD				숫자	Excess-3			
A	B	C	D	10진수	w	x	y	z
0	0	0	0	0	0	0	1	1
0	0	0	1	1	0	1	0	0
0	0	1	0	2	0	1	0	1
0	0	1	1	3	0	1	1	0
0	1	0	0	4	0	1	1	1
0	1	0	1	5	1	0	0	0
0	1	1	0	6	1	0	0	1
0	1	1	1	7	1	0	1	0
1	0	0	0	8	1	0	1	1
1	0	0	1	9	1	1	0	0

그리고 Excess-3코드는 BCD와 같이 4비트 2진수형식으로 10진수를 표현하는데 변환될 10진수에 3을 더한 값을 2진수로 변환해서 표시한 코드이다. 예를 들면 10진수의 '0'을 BCD 코드로 표시하면 '0000'으로 표시되는데, Excess-3 코드로 표시하면 '0+3'의 2진수 변환코드인 '0011'로 표시된다. 즉, BCD코드에서는 '0000'이 10진수의 '0'을 의미하고, Excess-3코드에서는 '0011'이 10진수의 '0'이 되는 것이다.

Excess-3 코드의 장점은 보수를 구하기가 쉽다는 것이다.

예를 들어 다음과 같은 경우를 생각해 보자. 395_{10}의 9의 보수를 구하려면 Excess-3 코드에서는 단순히 다음과 같이 Excess-3코드로 표기한 후 0→1로 1→0으로 바꾸기만 하면 쉽게 보수가 구해짐을 볼 수 있다. 그러나 BCD코드에서는 단순하게 구해지지 못함을 볼 수 있다.

❶ Excess-3 코드 :   0110 1100 1000 ⇒ 1001 0011 0111

3   9   5   6   0   4

⇒ 0→1로 1→0으로 바꾸기만 하면 쉽게 보수가 구해짐.

❷ BCD   코드 :   0011 1001 0101 ⇒ 1100 0110 1010

3   9   5   ?   6   ?

⇒ 단순히 1→0, 0→1로 바꾸기만 해서는 보수를 구할 수 없음.

그림 5.31은 표 5.14의 관계를 카르노맵을 이용해 재구성하고 각각의 함수를 추출하기 위한 것이다. 그림에서 추출된 함수는 식 (5.6)과 같이 나타낼 수 있다.

$$w = A + BD + BC = A + B(C + D) \tag{5.6}$$

$$x = B\overline{C}\,\overline{D} + \overline{B}D + \overline{B}C = B(\overline{C+D}) + \overline{B}(C+D)$$

$$y = \overline{C}\,\overline{D} + CD = (\overline{C+D}) + CD$$

$$z = \overline{D}$$

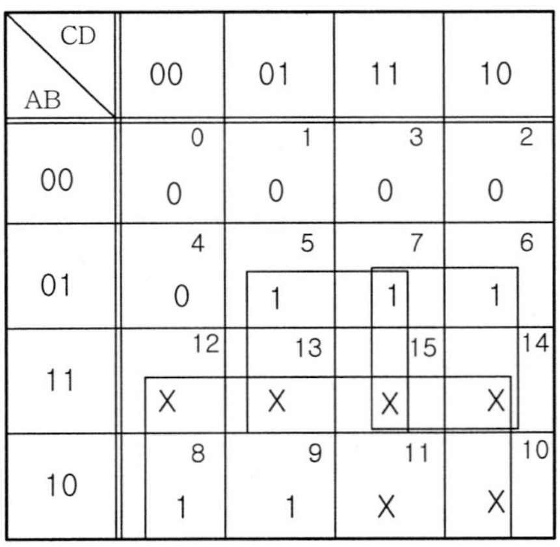

$w = A + BD + BC$

(a) w의 함수

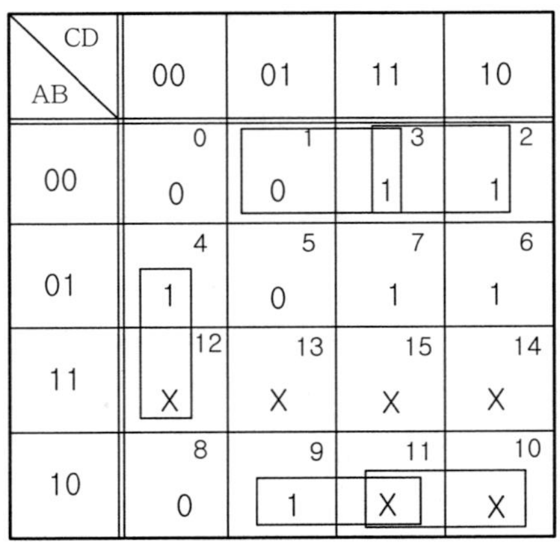

$x = B\overline{C}\,\overline{D} + \overline{B}D + \overline{B}C$

(b) x의 함수

AB \ CD	00	01	11	10
00	0: 1	1: 0	3: 1	2: 0
01	4: 1	5: 0	7: 1	6: 0
11	12: X	13: X	15: X	14: X
10	8: 1	9: 0	11: X	10: X

$y = \overline{C}\,\overline{D} + CD$

(c) y의 함수

AB \ CD	00	01	11	10
00	0: 1	1: 0	3: 0	2: 1
01	4: 1	5: 0	7: 0	6: 1
11	12: X	13: X	15: X	14: X
10	8: 1	9: 0	11: X	10: X

$z = \overline{D}$

(d) z의 함수

그림 5.31 BCD에서 Excess-3 코드로의 변환회로 설계를 위한 카르노맵

그러므로 BCD에서 Excess-3 코드로의 변환회로는 식 (5-6)의 논리함수들을 회로화 하면 완성되며 그림 5.32와 같이 나타낼 수 있다.

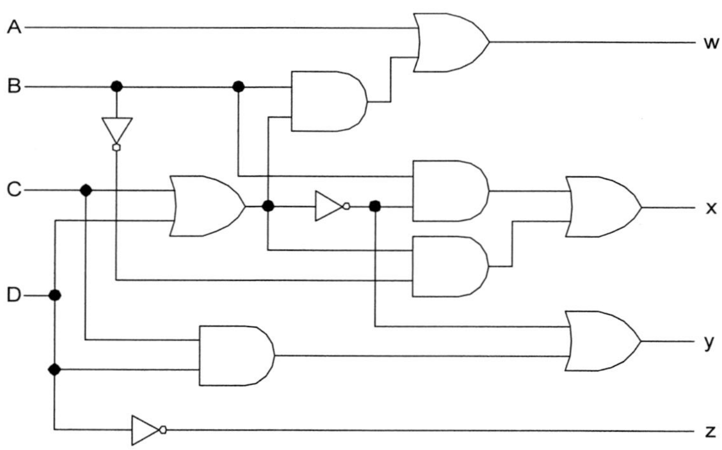

그림 5.32 BCD에서 Excess-3 코드로의 변환회로

5.6 BCD 덧셈기

[1] BCD(Binary Coded Decimal)

BCD는 2진수로 십진수를 표현하는 코드로서, 2진수 4비트를 사용하여 십진수 1자리의 숫자를 표기한다. 표 5.15는 십진수의 각 디지트에 대한 BCD 코드를 나타낸다.

표 5.14 BCD 코드표

10진수	BCD 코드
0	0000
1	0001
2	0010
3	0011
4	0100
5	0101
6	0110
7	0111
8	1000
9	1001

따라서 십진수를 BCD로 표기하기 위해서는 십진수의 각 디지트마다 4비트의 BCD코드가 할당된다. 예를 들어 십진수 37을 BCD로 바꾸면 3과 7에 해당하는 BCD코드를 표 5,15에서 찾아 따로 표기하면 된다. 즉, 표 5.15에서 3 → 0011, 7 → 0111이므로 다음과 같이 변환된다.

3 7 = 0011 0111

또한 BCD로 표기된 것을 십진수로 바꾸기 위해서는 BCD코드를 오른쪽 끝에서부터 4비트씩 묶어서 표 5.15에서 해당되는 십진수 1디지트씩 찾아서 역으로 변환하면 된다. 예를 들면 다음과 같다.

$$100101010010 = \underset{\displaystyle 9}{\underset{\downarrow}{\underline{1001}}} \;/\; \underset{\displaystyle 5}{\underset{\downarrow}{\underline{0101}}} \;/\; \underset{\displaystyle 2}{\underset{\downarrow}{\underline{0010}}} = 952$$

BCD의 덧셈은 4비트로 10개의 숫자를 표기하므로 정상적인 덧셈으로는 셈이 이루어지지 않으므로 다음과 같은 BCD의 덧셈을 위한 특별한 규칙이 필요하다.

◆ BCD 덧셈을 위한 규칙

① 정상적인 2진 덧셈을 수행한다.
② 덧셈의 결과 캐리가 발생하면 덧셈의 결과에 0110을 더한다.
③ 덧셈의 결과가 BCD코드에 없는 1010이상인 경우는 덧셈의 결과에 0110을 더한다.
④ 이 때 수정은 오른쪽부터하고 캐리발생시 앞의 디지트에 캐리를 넘겨준다.

이는 9 다음의 숫자가 정상적인 2진 덧셈에서는 1010인데 비해 BCD에서는 9 다음에 10을 표현하기 위해서 1001 다음에 0001 0000으로 넘어가므로 6단계를 건너띄게 된다. 따라서 캐리가 발생하거나 1010 이상인 수에 대해서는 이러한 문제가 발생하여 올바른 결과를 얻기 위해서는 반드시 이를 보상해 주어야 한다.

$$\begin{array}{r} 87 \\ +\ 94 \\ \hline 181 \end{array} \neq \begin{array}{r} 1000\ 0111 \\ +\ 1001\ 0100 \\ \hline 1\ 0001\ 1011 \end{array} (\times) \quad \Rightarrow \quad \begin{array}{r} 1\ 0001\ 1011 \\ +\ 0110\ 0110 \\ \hline 1\ 1000\ 0001 \end{array} = 181\ (\circ)$$

[2] 4비트 2진 덧셈기

실험 5에서 공부한 전가산기를 이용하면 4비트의 2진 가산기를 만들 수 있다. 그림 5.33(a)는 1비트 전가산기이고, (b)는 이를 블록화한 것이다.

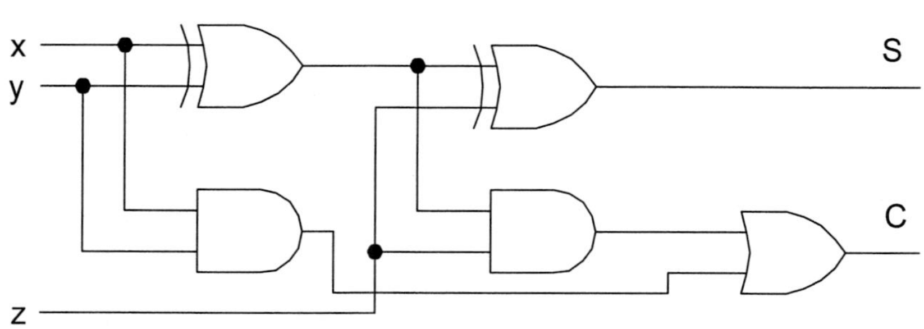

(a) 전가산기(Full Adder)

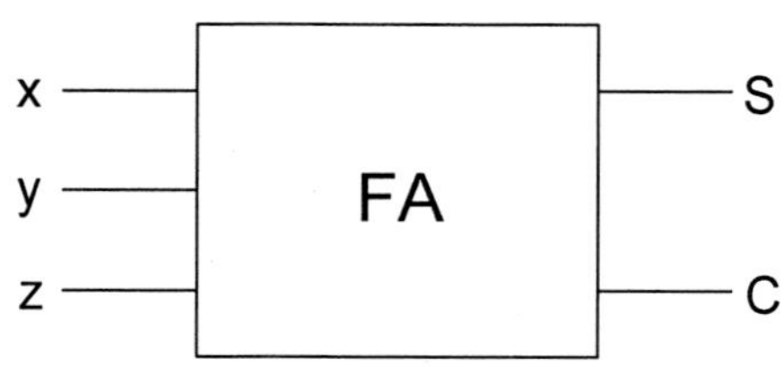

(b) 전가산기 블록도

그림 5.33 전가산기와 블록도

그림 5.33의 1비트 전가산기를 그림 5.34와 같이 조합하면 4비트 2진 덧셈기를 설계할 수 있다.

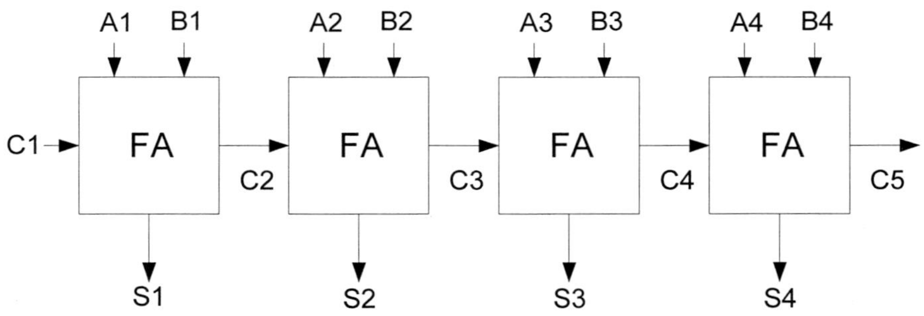

그림 5.34 4비트 2진 덧셈기

[3] BCD 덧셈기

BCD의 덧셈기의 설계를 위해 2진 덧셈과의 관계를 표로 나타내 보면 표 5.16과 같다.

표 5.16 BCD 가산기의 유도

십진수	2진덧셈					BCD 덧셈				
	K	Z_8	Z_4	Z_2	Z_1	C	S_8	S_4	S_2	S_1
0	0	0	0	0	0	0	0	0	0	0
1	0	0	0	0	1	0	0	0	0	1
2	0	0	0	1	0	0	0	0	1	0
3	0	0	0	1	1	0	0	0	1	1
4	0	0	1	0	0	0	0	1	0	0
5	0	0	1	0	1	0	0	1	0	1
6	0	0	1	1	0	0	0	1	1	0
7	0	0	1	1	1	0	0	1	1	1
8	0	1	0	0	0	0	1	0	0	0
9	0	1	0	0	1	0	1	0	0	1
10	0	1	0	1	0	1	0	0	0	0
11	0	1	0	1	1	1	0	0	0	1
12	0	1	1	0	0	1	0	0	1	0
13	0	1	1	0	1	1	0	0	1	1
14	0	1	1	1	0	1	0	1	0	0
15	0	1	1	1	1	1	0	1	0	1
16	1	0	0	0	0	1	0	1	1	0
17	1	0	0	0	1	1	0	1	1	1
18	1	0	0	1	0	1	1	0	0	0
19	1	0	0	1	1	1	1	0	0	1

표 5.16에서 보면 0~9까지의 경우는 정상적인 덧셈이 이루어지므로 2진 덧셈과 BCD덧셈이 동일하지만 10~19까지의 경우는 BCD 덧셈이 2진 덧셈에 0110이 더해진 결과임을 알 수 있다. 따라서 BCD 덧셈은 2진 덧셈의 결과가 10~19까지임을 검출하여 0110을 더해주면 얻을 수 있다. 10~19까지의 2진 덧셈에서는 K가 1일 경우와 Z_8과 Z_4의 곱이 1인 경우, Z_8과 Z_2의 곱이 1인 경우의 합으로 구별된다. 그러므로 이를 검출하기 위한 부울함수는 다음 식과 같이 정의된다.

$$C = K + Z_8 Z_4 + Z_8 Z_2$$

따라서 4비트 2진 덧셈기를 이용한 BCD 덧셈기는 그림 5.35와 같이 구성된다.

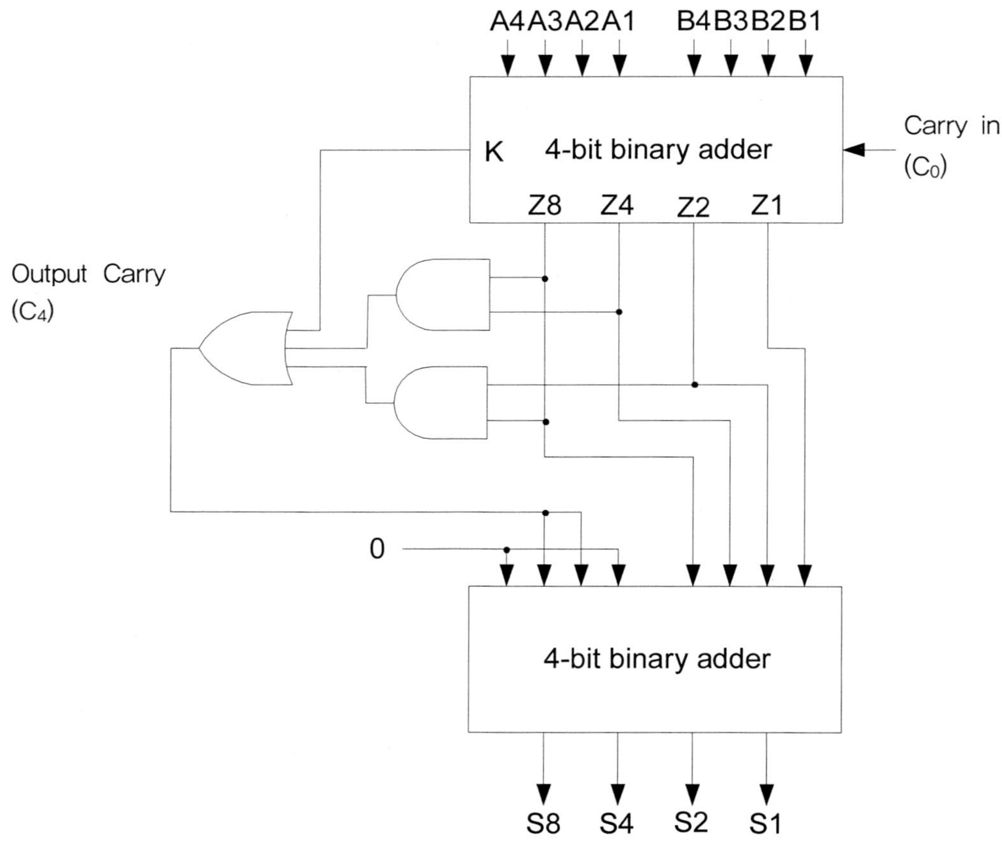

그림 5.35 4비트 2진 BCD 덧셈기 회로

실험 10 BCD 덧셈기

1. 목적

BCD의 개념을 이해하고, 4비트 2진 덧셈기를 이용해서 BCD 덧셈회로를 PCB 기판상에 납땜등을 이용해서 구성해 보므로써 실제적인 회로의 감을 익힌다.

2. 예비보고서

(1) 4비트 2진 덧셈기의 전체회로를 그려라.

(2) 7-segment의 구조와 동작 및 활용방법을 설명하라. (실험 19의 표시기의 종류와 활용의 이론편 참조)

3. 사용기기 및 부품

□ 74LS83 (4-bit binary full adder)

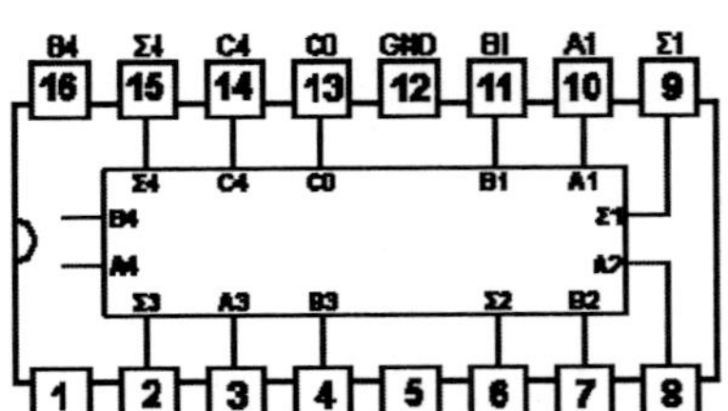

□ 74LS08 (AND 게이트)

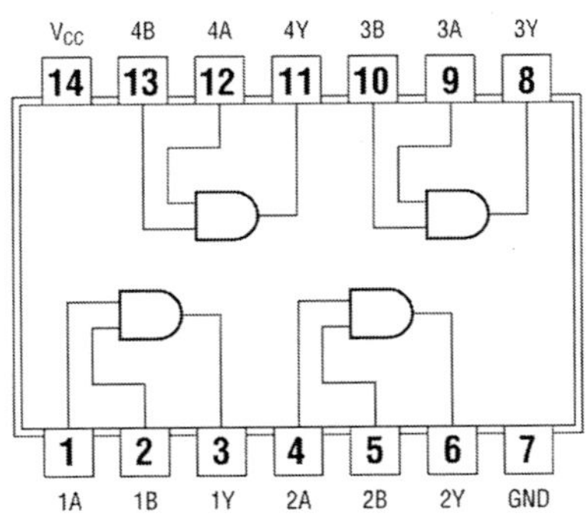

□ 74LS32 (OR 게이트)

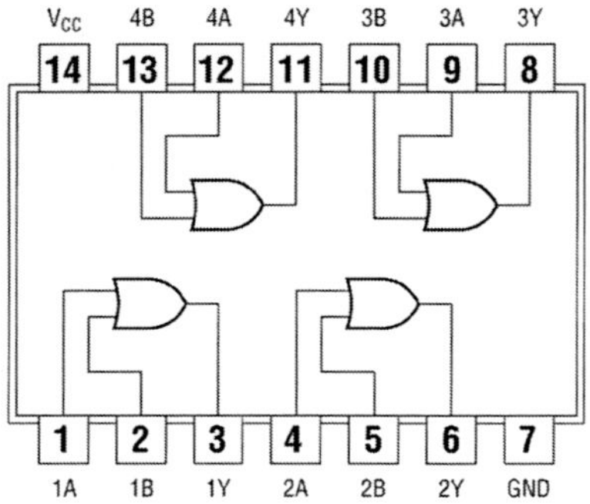

□ 논리회로실험장치

□ 오실로스코프

□ 7-segment Display

□ 74LS47 (BCD decoder)

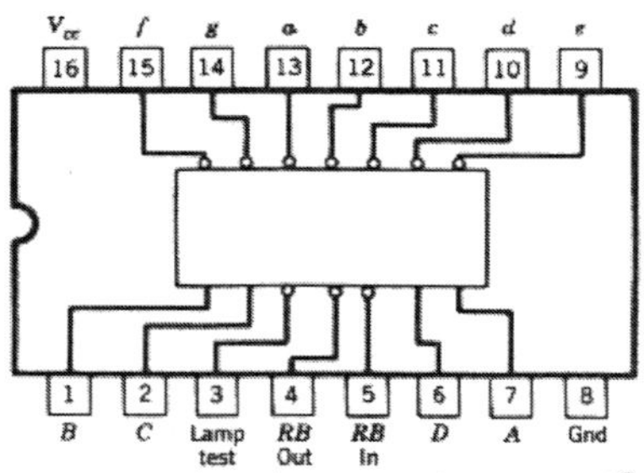

7447 Seven-Segment Decoder/Driver

□ 74LD86 (XOR 게이트)

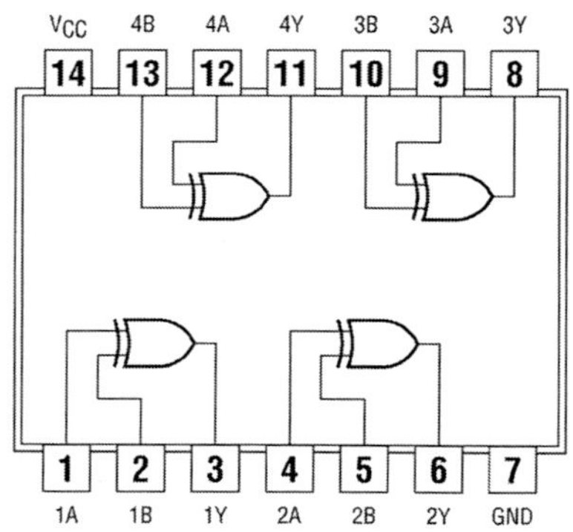

□ 저항 4.7[kΩ]

□ 저항 330[Ω]

□ LED

□ DIP Switch

4. 실험

(1) 그림 5.36의 4비트 2진 덧셈기의 회로를 구성하고, 출력상태를 측정하여 표 5.17에 기록하시오.(C_0=0 가정)

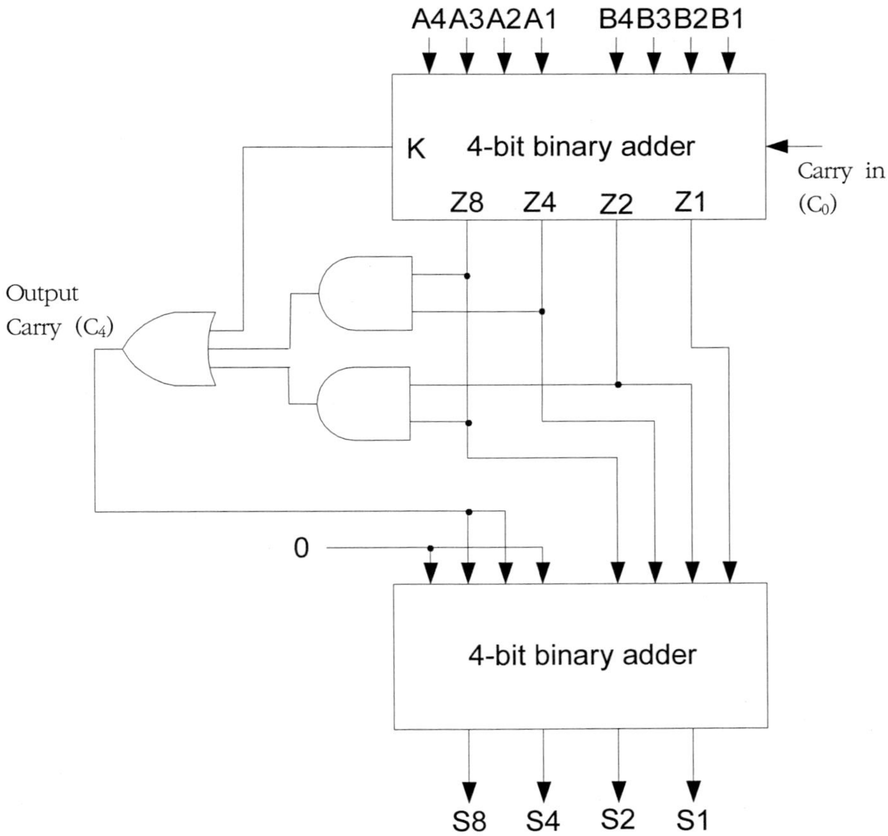

그림 5.36 4비트 2진 BCD 덧셈기 회로

표 5.17

A4	A3	A2	A1	B4	B3	B2	B1	C4	S1	S2	S3	S4
0	0	0	0	0	0	0	0					
0	0	1	1	0	0	1	0					
1	0	0	0	0	1	1	0					
0	0	0	1	1	0	0	1					
1	0	0	0	0	1	1	1					
0	1	1	1	0	1	1	0					
0	1	0	1	0	0	1	1					
1	0	0	1	0	1	0	1					

(2) 그림 5.37의 회로도를 이용하여 BCD덧셈기를 구성하고 표 5.18에 기록하시오.

표 5.18

십진수		BCD								출력	
A	B	A4	A3	A2	A1	B4	B3	B2	B1	U16	U15
0	0	0	0	0	0	0	0	0	0		
3	2	0	0	1	1	0	0	1	0		
2	9	0	0	1	0	1	0	0	1		
1	9	0	0	0	1	1	0	0	1		
8	7	1	0	0	0	0	1	1	1		
5	6	0	1	0	1	0	1	1	0		
9	8	1	0	0	1	1	0	0	0		
9	5	1	0	0	1	0	1	0	1		

5. 실험결과 검토

(1) 실험 (1)에서 얻어진 회로의 동작을 설명하고, 이론적으로 얻어진 회로의 출력과 실제의 실험결과에 대해서 비교, 검토하라.

(2) 실험 (2)에서 얻어진 회로의 동작을 설명하고, 이론적으로 얻어진 회로의 출력과 실제의 실험결과에 대해서 비교, 검토한 후, 실험과정에서의 문제점 및 어려웠던 점들을 기술하라.

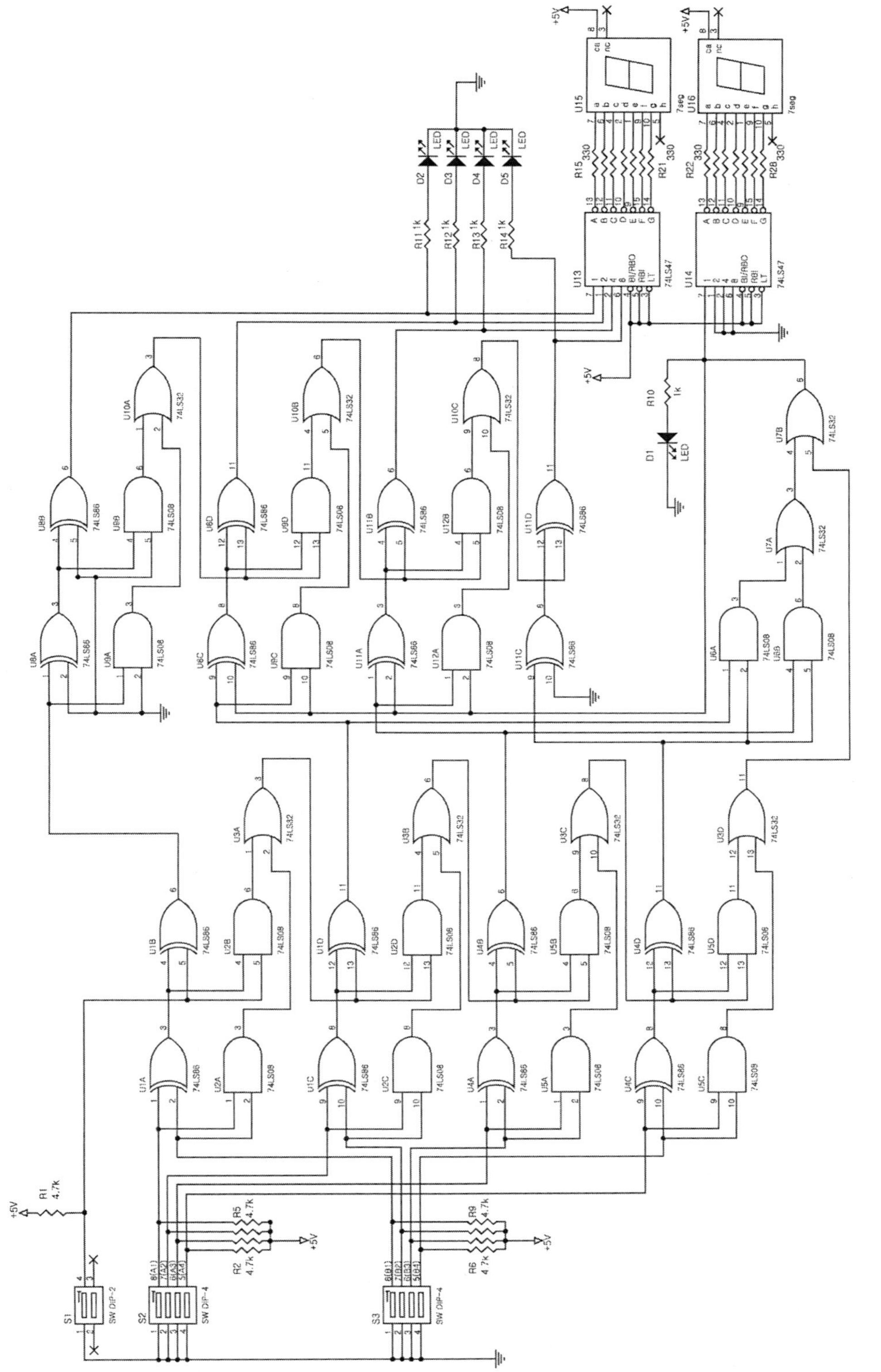

그림 5.37 BCD 덧셈기

05 종합평가문제

01 디멀티플렉서와 디코더의 차이점을 기술하라.

02 다음의 함수들을 멀티플렉서를 이용하여 구현하라.

① $F(x,y,z)=\Sigma(0,1,5,7)$
② $F(x,y,z)=\Sigma(2,3,4,7)$
③ $F(w,x,y,z)=\Sigma(0,2,5,8,10,14)$
④ $F(w,x,y,z)=\Sigma(1,2,6,9,11,12,15)$

03 74150 멀티플렉서 3개를 사용하여 그림 4.16의 비교기의 기능을 할 수 있는 회로를 설계하라.

04 그림 5.13을 참고로 하여 3×8 디코더의 회로도와 진리표를 그려라.

05 3×8 디코더를 출력에 LED를 연결하여 디코더 입력을 통해 LED를 점등할 수 있는 회로를 구성하라.

06 3×8 디코더 2개를 이용하여, 4×16 디코더를 설계하라.

07 7447 BCD-7 세그먼트 디코더의 회로를 설계해 보라.

08 그림 5.21의 회로에서 A=1, B=0, C=0, D=1이 입력될 때, 출력(a~f)을 쓰고, 7 세그먼트에 표시되는 숫자를 써라.

09 그림 5.22의 BCD-10진 디코더의 출력에 LED를 연결하여 지금의 입력이 얼마인지를 LED를 보고 알 수 있도록 하는 회로를 구성하라.

10 74147 우선순위 인코더의 출력에 LED를 연결하여 입력에 따른 출력을 볼 수 있는 회로를 구성하라.

11 5-5장을 참조하여 Excess-3 code를 BCD code로 변환하는 코드 변환기를 설계하라.

Chapter 6

순서논리회로

개요

순서논리회로와 조합논리회로의 차이점에 대해서 정의하고, 순서논리회로의 기본소자인 래치와 플립플롭에 대해서 공부한다. 기본 조합논리회로를 이용한 래치회로의 구성원리에 대해서 공부하고, 래치를 기본으로 R-S, J-K, D 및 T 플립플롭 등 대표적인 플립플롭회로의 특징과 종류에 대해서 자세히 알아보고자 한다. 또한 동기식 순서논리회로의 설계방법에 대해서 살펴보고자 한다.

학습 목표

- 조합논리회로와 순서논리회로의 연관성과 차이점을 알아보고 동작원리를 이해한다.
- 래치회로의 메모리특성에 대한 원리를 이해한다.
- R-S, J-K, D 및 T 플립플롭, 주종 플립플롭 대표적인 플립플롭회로의 특징과 종류에 대해서 알아본다.

6.1 플립플롭(flip-flop)이란 무엇인가?

플립플롭이란 말의 느낌이 비슷한 두 단어를 조합하여 마치 왕복운동을 하듯이 2개의 출력상태가 번갈아 나타나는 회로를 의미한다. 외부에서 전기신호의 입력 등과 같은 전기적 작용이 발생되면 이 회로는 하나의 상태에서 또 다른 상태로의 전환이 이루어지게 된다. 이때 전환이 되는 2개의 상태가 바로 디지털 논리회로에서 말하는 "high"와 "low" 또는 0과 1의 디지털 정보가 되는 것이다.

예를 들어 우리생활의 주변에서 흔히 볼 수 있는 전등의 토글(toggle) 스위치가 바로 이와 같은 동작을 하게 된다. 우리는 전등을 켜거나 끄기 위해서는 한번 스위치를 누르면 된다. 이때 우리는 전등을 켜거나 끄기 위해서는 한번 스위치를 누르면 되며 전등이 켜지거나 꺼진 후에는 스위치에서 손을 떼어도 바뀐 상태는 지속적으로 유지된다는 것을 알고 있다.

플립플롭 또한 바로 이러한 의미가 된다. 회로의 출력상태를 바꾸기 위해서는 우리가 마치 손으로 스위치를 조작하듯이 입력신호를 바꿔주면 가능하며 출력상태가 바뀐 후에는 입력을 제거하여도 출력은 변화하지 않고 유지된다는 것을 알 수 있다. 이는 간단히 생각하면 마치 출력을 저장하는 요소가 플립플롭의 내부에 있고 입력신호의 변화를 통하여 저장요소의 값을 바꾸어 주는 역할을 하는 것으로 생각해도 좋다. 이때 출력의 변화를 만들어낼 수 있는 신호를 가하는 것을 "trigger를 인가한다"라고 한다. 이 부분이 조합논리와 순서논리의 가장 큰 차이점이 된다. 조합논리의 기장 대표적인 가산기를 생각해 보자 가산기는 2개 이상의 입력신호를 덧셈하는 기능을 가지고 있다. 만약 덧셈기에 1+2를 실행하여 출력 3을 얻은 후 입력 1과 2를 제거하자. 그러면 입력이 제거되어 덧셈을 실행할 값이 없으므로 출력 또한 알 수 없는 상태가 된다. 그러나 순서논리에서는 플립플롭에 의해 출력은 trigger를 인가된 이후에는 입력을 제거하여도 그 값은 유지되는 것이다. 바로 플립플롭은 1 bit의 데이터의 저장이 가능한 최소의 디지털회로인 것이다.

플립플롭의 트리거링

순서회로는 회로의 동작상태에 따라 동기식 순서회로와 비동기식 순서회로로 분류할 수 있다. 이러한 분류는 회로의 출력을 결정하는 트리거 입력이 출력값의 종류를 결정지을 수 있는 신호 이외에 별도로 구성되어 있는가의 여부에 따라 나눌 수 있다. 가령 그림 6.2와 그림 6.3의 경우 출력은 R 입력 및 S 입력의 종류에 의해 변화하게 된다. 이때 출력신호를 바꿀 수 있는 입력은 R 단자와 S 단자 이외에는 별도로 존재하지 않는다. 다만 R 입력과 S 입력에 의해 출력이 결정되고 이 출력이 다시 귀환(feedback) 연결을 통해 다시 입력으로 되돌아가서 최종 출력값을 결정한다. 따라서 최종 출력이 결정되기까지의 시간은 입력신호가 가해진 시점으로부터 회로의 출력이 결정되고 이 값이 다시 귀환 연결을 통하여 되돌아가서 다시 게이트를 거쳐 출력이 결정될 때까지 걸리는 시간이다. 다시 말하면 최초의 입력 R 및 S가 가해진 이후 일정시간이 지난 후가 된다. 이에 반해 동기식 회로는 그림 6.4에서 나타낸 것과 같은 형태로 C 입력과 같은 별도의 트리거 입력이 있는 회로를 말한다. 이 회로는 R 및 S 입력이 주어진다 하더라도 트리거 입력 C가 가해지지 않으면 회로의 출력상태는 변화하지 않는다. 다시 말하면 출력이 변화하는 시점을 결정할 수 있는 별도 입력이 따로 존재한다는 것이다.

동기식 회로와 비동기식 회로는 게이트 하나로 설명할 경우 크게 차이가 나지 않을 수 있다. 그러나 여러 개의 회로가 직렬 또는 병렬로 복잡하게 연결되어 있는 경우에서는 그 동작이 많이 달라지게 된다. 비동기식 회로에서는 출력값은 앞단의 회로의 출력이 결정된 후에 입력신호로서 작동하게 되므로 최초의 입력이 가해진 시점에서부터 최종 출력이 결정될 때까지 소요되는 시간의 예측이 어렵다. 이에 반해 동기식 회로의 경우는 출력시점을 결정할 수 있는 별도의 입력이 존재하므로 최종출력이 발생되는 시점은 최초의 시간결정신호의 입력으로부터 몇 클록이라는 형태의 시간예측이 가능해진다.

위에서 설명한 것처럼 플립플롭의 출력의 변화는 특정 입력신호의 변화에 따라 출력이 변화하게 된다. 출력의 변화를 만들어 내기 위한 입력을 트리거(trigger) 입력이라고 하며 출력이 변화할 수 있도록 입력신호를 공급하는 것을 트리거링(triggering) 한다 라고 한다. 플립플롭의 트리거는 순간적으로 이루어지게 된다. 예를 들어 그림 6.2 및 그림 6.3의 기본 플립플롭과 같은 비동기형 플립플롭은 별도의 트리거 입력이 없이 입력신호가 주어져서 지속되는 레벨(level)에 의해 트리거링 된다. 이에 반해 그림 6.4에서 나타낸 플립플롭의 경우는 R 입력 및 S 입력 이외에 출력이 변화되는 시점을 결정할 수 있는 C 입력이 별도로 존재한다. 따라서 출력은 R 및 S 입력을 가한 후 C 입력을 가할 때에만 변화될 수 있다. 이때의 C 입력에 1의 값이 일정시간 지속될 때에 가능해진다.

그렇다면 모든 트리거의 입력은 1의 값을 일정시간 지속해야만 가능한 것인가? 결과는 그렇지 않다. 실제의 경우 1을 일정시간 입력해야만 출력이 변화는 트리거는 그렇게 흔하지 않다. 왜냐하면 앞 절의 JK 플립플롭의 경우와 같이 신호의 출력시점을 결정하는 신호가 출력이 입력으로 되돌아오는데 걸리는 전파지연시간보다 더 길게 지속이 될 경우 특정한 조건에서 오동작을 일으키는 경우가 흔히 발생되기 때문이다. 그러나 전파지연시간보다 입력펄스를 짧게 만들어 내기가 쉽지는 않다. 오히려 짧은 트리거 시점을 필요로 하는 경우 0 또는 1의 값이 일정시간 지속되는 것보다는 값이 0에서 1로 변화하거나 1에서 0으로 변화하는 모서리 구간에서 트리거가 발생될 수 있다면 효과적이라 할 수 있을 것이다.

이와 같은 이유에서 순서논리의 동작을 결정하기 위한 트리거는 크게 2가지로 나누어 사용되고 있다. 0 또는 1의 신호가 일정시간동안 지속될 때 출력값이 변화하는 트리거를 레벨 트리거(level trigger)라고 하며 신호가 0에서 1로 변화하거나 1에서 0으로 변화할 때 출력값이 변화하는 트리거를 모서리 트리거 또는 에지 트리거(edge trigger)라고 한다. 레벨 트리거는 1의 입력이 지속될 때 트리거가 이루어지는 양(positive)의 트리거와 0의 입력이 지속될 때 트리거가 이루어지는 음(negative)의 트리거로 나누어진다. 또한 모서리 트리거는 0에서 1로 신호가 변화할 때 트리거가 이루어지는 양(positive)의 트리거와 1에서 0으로 변화할 때 트리거가 이루어지는 음(negative)의 트리거로 나누어진다. 따라서 트리거의 종류는 양의 레벨 트리거(positive level trigger), 음의 레벨 트리거(negative level trigger), 양의 모서리 트리거(positive edge trigger), 음의 모서리 트리거(negative edge trigger) 이렇게 4개의 트리거로 나누어질 수 있다. 이러한 트리거의 종류는 회로기호에서 바로 구분이 될 수 있도록 각각의 트리거 종류에 따른 표현방식을 달리하고 있다. 음의 트리거 방식은 신호의 입력 핀과 도형사이에 상태가 반전됨을 나타내는 작은 동그라미로 표현되는 반전버블(inverting bubble)을 그려 넣게 되며, 양의 트리거에는 이를 표시하지 않는다. 또한 모서리 트리거는 도형의 내부에 삼각형을 표시하여 아무 것도 표시하지 않는 레벨트리거와 구분하게 된다.

따라서 위에서 언급된 4가지의 트리거형식은 동그라미와 삼각형의 존재여부에 따라서 각각 구분이 될 수 있다. 이는 다음절에서 회로의 동작상태를 그림으로 표현하는 타이를 그릴 때 매우 중요한 역할을 한다. 아래 그림 6.1에서 트리거 시점 및 회로기호를 정리하여 표현하였다.

	양(positove)		음(negative)	
레벨 (level)	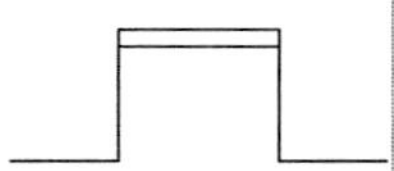	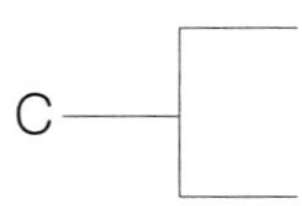	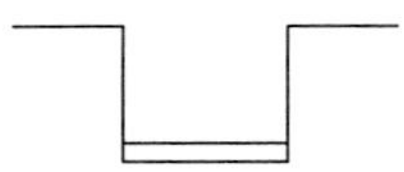	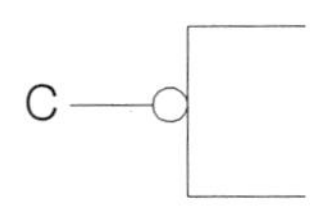
	트리거시점	회로기호	트리거시점	회로기호
모서리 (edge)	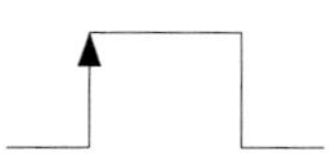	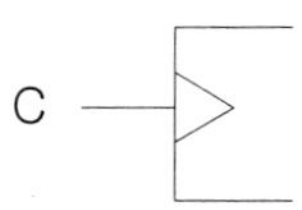		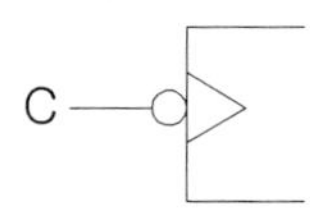
	트리거시점	회로기호	트리거시점	회로기호

그림 6.1 트리거의 종류 및 그 표현방법

6.2 플립플롭의 종류

플립플롭은 출력상태 및 그 기능에 따라서 RS 플립플롭, JK플립플롭, D 플립플롭 그리고 T 플립플롭, 이 4종류로 분류할 수 있다.

공통적으로 이 네 종류의 플립플롭은 원하는 출력값을 만들 수 있는 입력을 인가하고 이후 최종적으로 출력단에 그 값이 나타날 수 있는 trigger를 가하면 동작된다. Trigger는 사전에서 방아쇠라는 의미를 가지고 있다. 총을 이용하여 사격을 할 때에 먼저 목표물을 겨냥하여야 한다. 이 과정을 출력신호를 만들어 낼 수 있는 입력을 인가하는 과정으로 이해할 수 있다. 이후 방아쇠를 당길 때에 목표물을 향해 총알이 날아가게 되고 사격하는 기능을 마치게 된다. 이 방아쇠를 당기는 과정이 바로 플립플롭에 trigger를 인가하는 과정이라 할 수 있다. 따라서 대개의 경우 플립플롭은 트리거를 인가할 수 있는 입력단자를 가지고 있다.

디지털 논리회로에서 리셋(reset)이라고 하는 동작은 출력을 강제로 0으로 만드는 동작을 의미하며 클리어(clear)라고도 한다. 또한 셋(set)이라는 동작은 출력을 강제로 1로 만드는 동작을 의미하며 프리셋(preset)이라고도 한다. 기본적인 플립플롭은 R(reset)과 S(set)로 표현되는 2개의 입력단자를 가지고 있으며 어느 단자에 0과 1을 인가하는가에 따라 출력 Q는 Set이 되기도 하고 Reset 되기도 한다

또한 출력단자의 이름에서 나타난 바와 같이 Q(t)와 Q(t+1)은 같은 단자에서 출력되는 값이라는 것을 명심하여야 한다. 그러나 이처럼 표현을 다르게 하는 것은 같은 단자에서 출력되는 값이지만 시간적인 차이를 가지고 있음을 나타낸다.

이는 은행에서 흔히 볼 수 있는 대기자 번호표와 같은 의미를 가지는 것으로, 같은 기계에서 번호표를 받았다고 해서 번호표를 가진 모든 사람의 일이 동시에 진행되지 않는다는 것과 같다. 가령 대기자 번호 15는 반드시 14가 뽑아진 상태에서만 나오게 되어 있다. 따라서 번호표 14를 Q(t)로 가정하면 번호표 15가 Q(t+1), 번호표 13이 Q(t-1)과 같이 되는 것이다. 이때 t의 값이 증가하는 것은 trigger에 의해 이루어진다. 트리거가 가해지기 전의 상태를 Q(t)라고 한다면 trigger가 가해진 이후의 상태를 Q(t+1)이라고 한다.

참고로 우리가 은행에 도착하는 것은 플립플롭에 입력을 인가하는 행위가 되지만 결국 일을 처리하는 것은 번호표라는 트리거를 뽑았을 때에서야 비로소 순서가 결정되는 것과 마찬가지로 이해할 수 있다.

가장 기본적인 플롭플롭의 동작

NOR 게이트로 구현된 가장 기본적인 플립플롭의 구조를 그림 6.2에 나타내었다. 책에 따라서는 트리거 단지를 가지지 않은 그림 6.2와 같은 구조를 별도로 래치라고 하기도 하지만 우리는 크게 차이를 두지 않고 이야기하기로 하자.

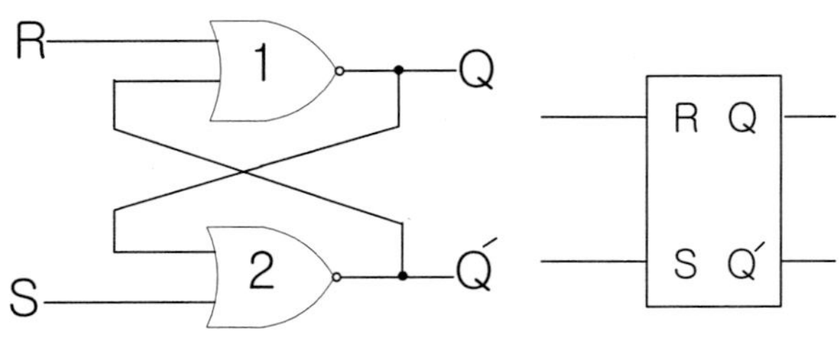

입력		출력
R	S	Q(t+1)
0	0	Q(t)
0	1	1
1	0	0
1	1	금지조건

(a) (b) (c)

그림 6.2 NOR 게이트로 구현한 기본 플립플롭

먼저 그림 6.2의 기본적인 플립플롭의 동작을 설명하기 전에 플립플롭의 전제조건으로서 출력 Q와 Q' 항상 그 값이 서로 반대되는 값을 출력하는 가지는 상보형(Complementary) 출력단자로 가정한다.

그림 6.2의 (a)에서 먼저 S(set) 입력이 1이고 R(reset)입력이 0이라고 가정한다. NOR 게이트는 두 입력 중 어느 입력이라도 1이라면 출력은 0이 되며 두 입력 모두가 0일 때에만 출력이 1이 된다. 따라서 게이트 2는 1인 입력이 S 입력을 통해서 들어오기 때문에 나머지 입력에 상관없이 0을 출력한다. 이 출력은 게이트 1로 되돌아가며 이미 R 입력이 0 이었으므로 게이트 1은 두 입력 모두가 0이 되어 1을 출력한다. 게이트 1의 출력 1은 게이트 2로 되돌아 와도 이미 S 입력이 1이므로 게이트 2의 출력을 1로 바꿀 수가 없어 출력 Q 및 Q'는 각각 1 과 0을 가진다. 이 출력상태는 서로 반대되므로 처음에 두 출력은 서로 반대되어야 한다는 전제조건을 만족하게 된다.

같은 방법으로 S 입력이 0이고 R 입력이 1인 경우를 고려해보면 쉽게 출력 Q 및 Q'가 각각 0과 1을 가짐을 알 수 있다.

이번에는 R 및 S의 입력이 모두 0을 가지는 상태를 고려해 보자. 이때 입력을 가하기 전에 Q의 값이 1이고 Q'가 0이었다고 가정해 보면 게이트 2의 한 단자의 입력이 이전의 Q의 값이 1이었으므로 S 단자의 입력과 상관없이 게이트 2의 출력 Q'는 0이 된다. 이 출력 0은 게이트 1의 입력으로 되돌아가게 되며 이미 R 값이 0 이었으므로 게이트 1의 출력 Q는 1이 된다. 이 값은 이전에 가정한 값과 동일하므로 입력이 가해지기 이전의 출력상태와 변화하지 않은 채 유지된다. 동일한 입력조건에서 이전상태의 출력 Q와 Q'가 위에서 가정했던 것과는 반대로 각각 0과 1을 출력하고 있었다고 가정하자. 게이트 2의 두 입력은 모두 0이 되므로 게이트 2의 출력 Q'는 1이 된다. 이 값은 게이트 1의 입력으로 되돌아가지만 나머지 한 단자인 R 입력이 0이므로 게이트 1의 출력 Q는 0이 된다. 따라서 이 경우에서는 출력 Q 및 Q'는 각각 0과 1이 되어 위에서 가정한 값과 다른 값으로 변화하지 않는다.

여기에서 우리는 중요한 점을 발견할 수 있다. R입력과 S 입력에 모두 0의 입력을 가한 경우 입력은 같지만 이전상태의 값이 무엇인가에 따라 출력 Q 및 Q'의 값은 달라지게 된다. 이러한 경우는 조합논리에서 구현될 수 없는 상태로서 마치 이전 값이 저장되어 변화하지 않는 것과 같은 동작을 하게 되는 것이다. 또한 두 입력단자 R 및 S에 각각 다른 값이 입력될 경우 어느 단자에 1이 가해지느냐에 따라서 출력은 각각 다른 값을 나타내게 된다. R(reset) 단자에 1의 입력이 가해지는 경우 출력 Q는 Reset이 되어 0을 출력하게 되며 S(set) 단자에 1이 가해지는 경우 출력 Q가 Set되어 1을 출력하는 상태를 가지게 된다. 이를 조합해 보면 RS 플립플롭은 출력 Q를 강제로 1을 만들 수 있는 SET 입력과, 출력 Q를 강제로 만들 수 있는 RESET 입력 그리고 이전의 출력을 그대로 유지하는 입력을 각각 가할 수 있음을 알 수 있다.

마지막으로 R 입력 및 S 입력이 모두 1인 경우를 가정해 보자. 게이트의 S 입력이 1이므로 출력 Q'는 0이 되고 이 값은 게이트 1로 되돌아간다. 이때 게이트 1의 S 단자 또한 1이었으므로 게이트 1의 출력 Q는 1이 되고 이 값은 다시 게이트 2의 입력으로 되돌아온다. 그러나 이미 S 단자의 값이 1이므로 되돌아온 값은 출력 Q'에 영향을 미치지 못하고 0의 값을 게이트 1로 되돌려 보내게 되므로 결국 출력 Q 및 Q'는 모두 0이 된다. 이 상태는 맨 먼저 가정했었던 두 출력단자의 출력값은 서로 반대가 되어야 한다는 조건에 위배되므로 일반적인 동작에서는 사용할 수 없는 입력조건인 금지조건이 된다.

이러한 기능을 하는 기본적인 플립플롭의 동작특성을 표현한 특성표를 그림 6.2의 (c)에서, 그리고 이를 표현하기 위한 플립플롭의 기호를 그림 6.2의 (b)에서 나타내었다.

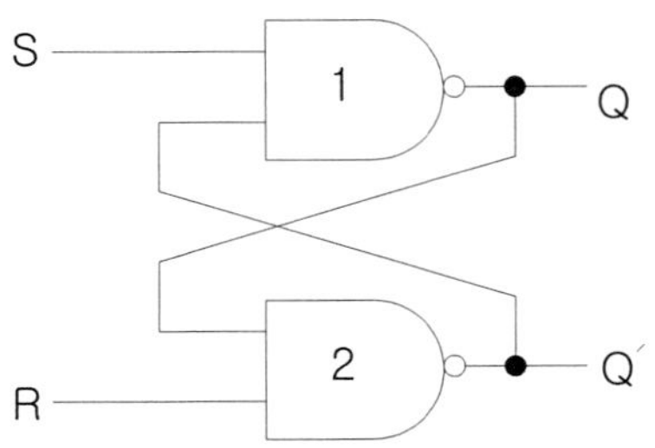

(a)

입력		출력
R	S	Q(t)
0	0	금지조건
0	1	1
1	0	0
1	1	Q(t)

(b)

그림 6.3 NAND 게이트로 구성한 기본 플립플롭

한편 NOR 게이트가 아닌 NAND 게이트를 이용하여 기본 플립플롭을 구성할 수 있다. 이 경우의 동작은 이 장의 뒷부분의 연습문제에서 각각 검증해 보기를 바라며, 결론적으로 R 및 S 입력이 반전된 입력 R' 및 S'로 동작하는 것과 동일한 상태를 지님을 알 수 있다. 이 결과를 그림 6.3에서 나타내었다.

RS 플립플롭의 동작

기본적인 플립플롭은 입력이 가해질 때에 출력이 출력에서 입력으로 그 값이 되돌아가는 시간지연을 두고서 출력값이 바뀌게 되므로 앞에서 언급한 trigger의 기능이 없다고 할 수 있다. 따라서 회로의 출력상태가 바뀌는 시점을 결정해 줄 수 있는 입력을 추가해서 개량된 것이 바로 그림 6.4에서 나타낸 RS 플립플롭이다.

트리거의 입력은 기본 플립플롭에 게이트 3과 게이트 4를 추가해서 만든 것으로서 C로 표시된 단자에 1이 입력될 때만 마치 S 입력 및 R 입력이 게이트 3과 4를 통과해서 기본 플립플롭에 입력되도록 되어 있다 따라서 C 단자는 마치 이 회로의 정상동작시점을 제어해주기 위한 인에이블(enable) 단자와 같은 역할을 하게 된다. 만약 C 단자의 값이 0이 된다면 게이트 3 및 게이트 4의 출력은 S와 R 입력에 상관없이 1이 되며, NAND게이트로 구성된 기본 플립플롭의 두 입력이 1이 되어 이전상태를 유지하게 되므로 S 또는 R의 입력이 바뀌어도 출력에 영향을 미치지 않게 된다. 따라서 이 상태가 전등을 켠 후에 스위치에서 손을 뗀 바로 그 상태가 되는 것이다.

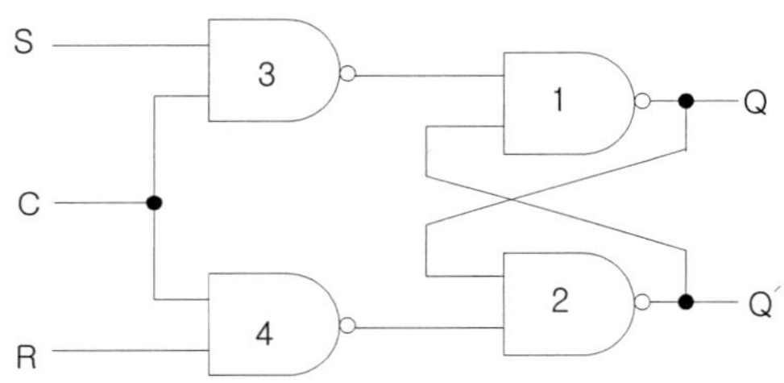

(a)

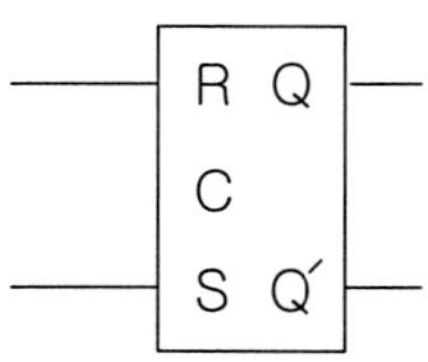

(b)

Q(t)	S	R	Q(t+1)
0	0	0	0
0	0	1	0
0	1	0	1
0	1	1	금지조건
1	0	0	1
1	0	1	0
1	1	0	1
1	1	1	금지조건

(c)

그림 6.4 RS 플립플롭의 동작

그림 6.4의 (c)에서 RS 플립플롭의 특성표를 나타내었다. 자세히 보면 그림 6.4의 (c)에 표현된 특성표는 그림 6.2의 (c)와 그림 6.3의 (b)에 나타낸 특성표와는 다소 표현방식이 다르다는 것을 알 수 있다. 그림 6.4의 (c)에서 표현한 방식은 이전의 출력 Q(t)를 마치 하나의 입력처럼 고려하여 그 값을 표현한 것이다.

따라서 이전의 출력값의 상태에 따라 다음 상태의 출력 또한 달라짐을 고려하여 좀 더 자세히 표현된 형식이라 할 수 있다. 이 특성표를 이용하여 그림 6.5에서 나타난 것과 같이 간략화과정을 거치게 되면 RS 플립플롭의 동작은 이전상태의 출력 Q(t)와 입력 R 및 S에 의해 표현되는 부울 함수식을 만들어 낼 수 있다. 이를 RS 플립플롭의 특성 방정식이라고 한다. 이 식에서 금지조건을 표현하기 위해서는 SR = 0으로 표현되는 식을 추가하여야 한다. 이에 의해서 R 및 S 입력 모두 동시에 1이 되는 금지조건을 피할 수 있게 된다.

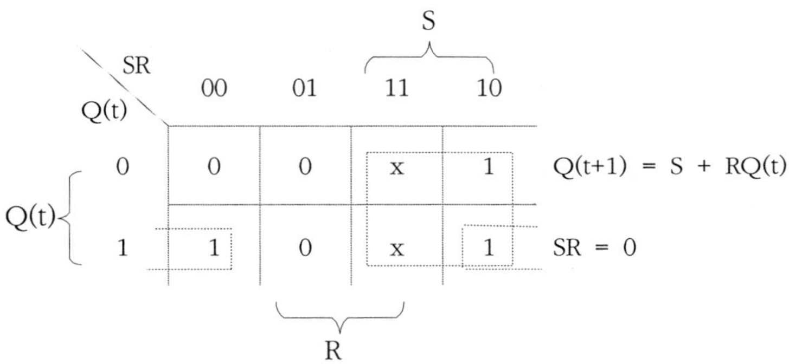

그림 6.5 RS 플립플롭의 특성방정식

실험 11 RS 래치와 RS 플립플롭

1. 목적

RS 래치와 RS 플립플롭의 구성 방법과 원리에 대하여 실험한다.

2. 예비보고서

(1) 래치와 플립플롭의 차이점을 간단히 설명하시오.

(2) NOR 게이트를 이용한 RS 플립플롭에서 R=S=1인 경우 금지가 되는데, 그 이유는 무엇인가?

(3) NAND 게이트를 이용한 RS 플립플롭에서 R=S=0인 경우 금지가 되는데, 그 이유는 무엇인가?

(4) RS 플립플럽에서 R과 S의 입력이 다음과 같이 주어지는 경우 출력파형을 그리시오. (단, 클럭펄스는 상승 에지 트리거형이다).

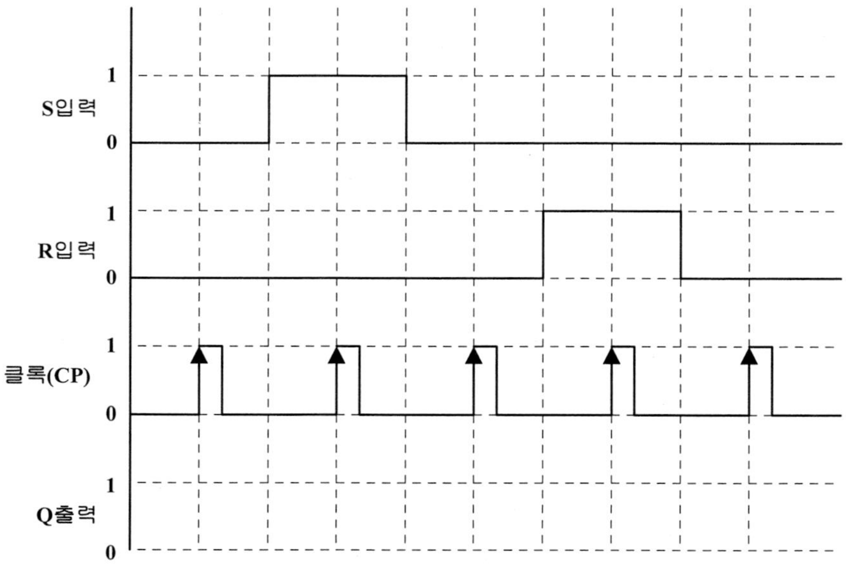

3. 사용기기 및 부품

□ IC 74 LS 00(NAND 게이트)

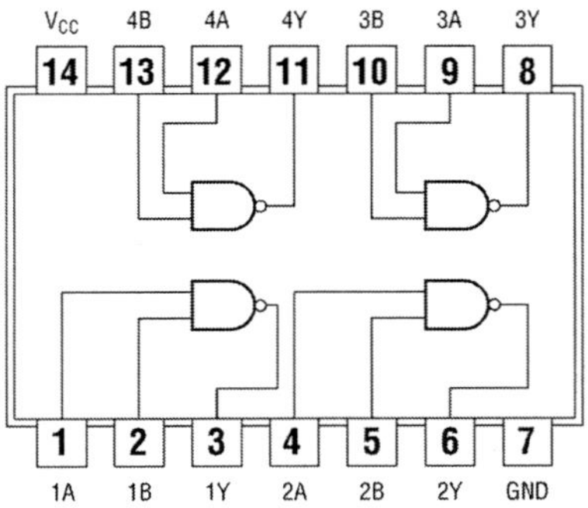

□ IC 74 LS 02(NOR 게이트)

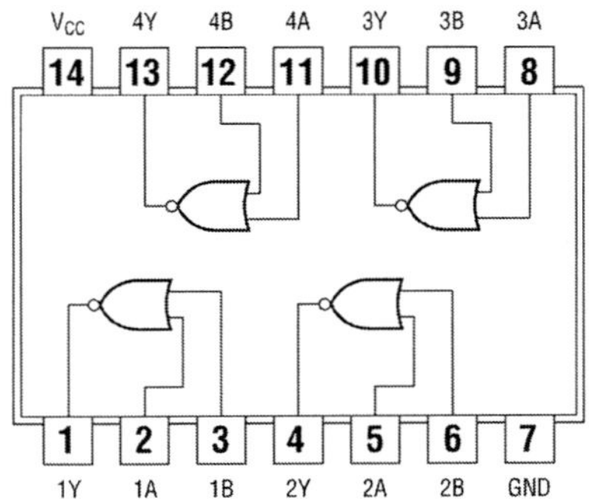

□ IC 74 LS 08(AND 게이트)

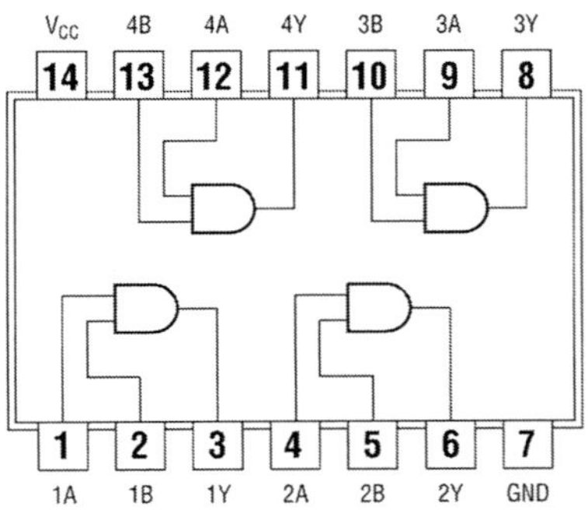

□ 논리회로 실험장치

□ 오실로스코프

4. 실험

(1) 그림 6.6과 같은 회로를 구성하고 출력 상태를 측정하여 표 6.1에 기록하시오.

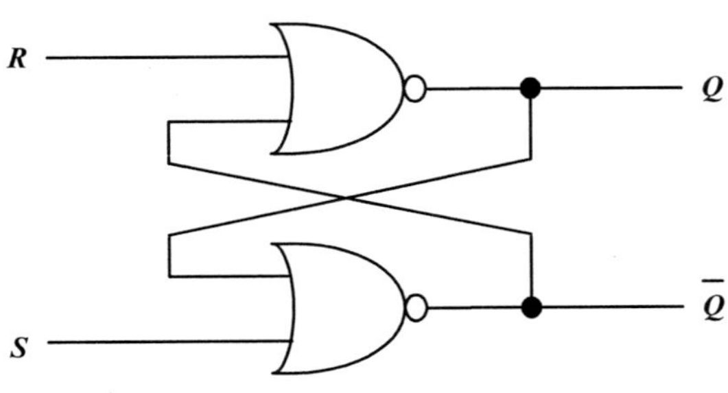

그림 6.6

표 6.1

R	S	Q	$\overline{Q}$
1	0		
0	0		
0	1		
0	0		

(2) 그림 6.7과 같은 회로를 구성하고 출력 상태를 측정하여 표 6.2에 기록하시오.

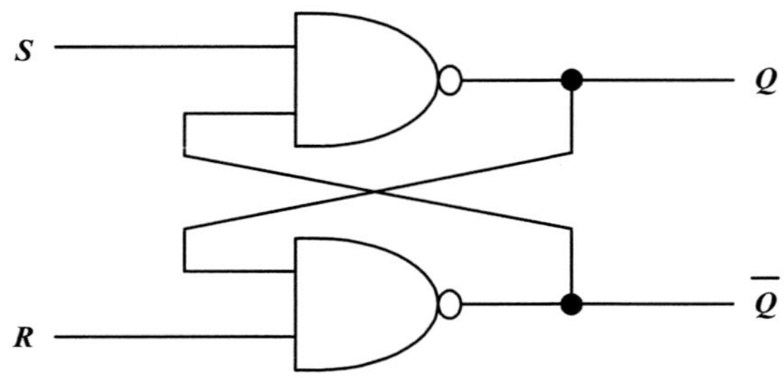

그림 6.7

표 6.2

R	S	Q	$\overline{Q}$
1	0		
1	1		
0	1		
1	1		

(3) 그림 6.8과 같은 회로를 구성하여 주어진 조건에 따라 출력 상태를 측정하여 표 6.3에 기록하시오(R과 S의 입력이 먼저 주어진 후 CP(상승 에지 트리거)를 동작시키시오).

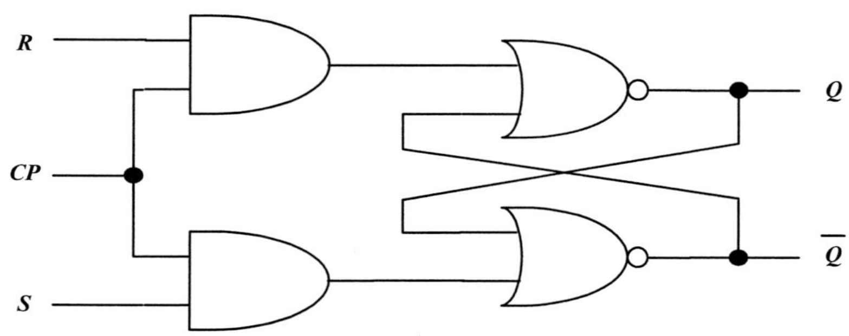

그림 6.8

표 6.3

CP	R	S	Q	$\bar{Q}$
0	0	1		
0	0	0		
0	1	0		
0	0	0		
0	1	1		
1	0	1		
1	0	0		
1	1	0		
1	0	0		
1	1	1		

· CP=0 : 클럭신호 없음
· CP=1 : 클럭신호 있음

(4) 그림 6.9와 같은 회로를 구성하고 출력 상태를 측정하여 표 6.4에 기록하시오(R과 S의 입력을 먼저 주고 CP(상승 에지 트리거)를 동작시키시오).

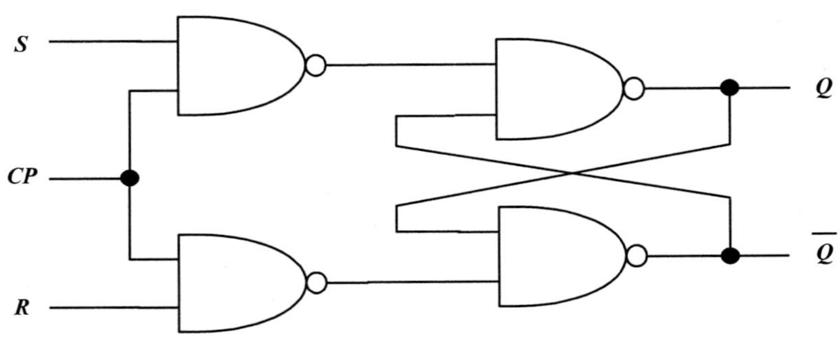

그림 6.9

표 6.4

CP	R	S	Q	$\overline{Q}$
0	0	1		
0	0	0		
0	1	0		
0	0	0		
0	1	1		
1	0	1		
1	0	0		
1	1	0		
1	0	0		
1	1	1		

5. 실험 결과 검토

(1) 그림 6.6의 NOR 게이트를 이용한 RS 래치 회로를 실험한 결과에서 얻어진 표 6.1이 이론치와 일치하는지 확인하여 보자.

(2) 그림 6.7의 NAND 게이트를 이용한 RS 래치 회로를 실험한 결과에서 얻어진 표 6.2가 이론치와 일치하는지 확인하여 보자.

(3) 그림 6.8의 NOR 게이트를 이용한 RS 플립플롭 회로를 실험한 결과에서 얻어진 표 6.3이 이론치와 일치하는지 확인하여 보자.

(4) 그림 6.9의 NAND 게이트를 이용한 RS 플립플롭 회로를 실험한 결과에서 얻어진 표 6.4가 이론치와 일치하는지 확인하여 보자.

JK 플립플롭 및 T 플립플롭의 동작

RS 플립플롭은 플립플롭의 동작 설명을 가장 쉽게 해줄 수 있는 플립플롭이다. 그러나 실제의 경우 RS 플립플롭은 IC화되어 판매되지 않고 있다. 그 이유는 RS 플립플롭이 R 입력과 S 입력이 동시에 1이 되는 상태를 금지조건으로 하고 있기 때문이다. 회로설계의 전문가라 하더라도 어떤 부품이 절대적으로 사용할 수 없는 조건을 가지고 있다면 이를 가지고 회로를 설계한다는 것은 많은 제약이 발생되므로 사용하기를 꺼려하기 때문이다. 따라서 RS 플립플롭의 금지조건을 사용하기 위한 조건의 하나로 만들어 사용하고 있는 플립플롭이 바로 JK 플립플롭이다. 입력 J와 K는 RS 플립플롭에서 출력을 각각 셋(set) 하고 리셋(reset)하기 위한 S 입력과 R 입력처럼 동작한다. 다만 RS 플립플롭에서 두 입력 모두가 1이 되는 금지조건상에서 JK 플립플롭은 이전의 출력 Q(t)를 반전시키는 기능이 추가되어 있다. 즉 이전의 출력 Q(t)의 값이 1이었다면 J 및 K 단자의 입력이 각각 1인 경우 다음 출력 Q(t+1)의 값은 0이 된다. 이는 그림 6.10의 (a)와 같이 회로를 구성하여 구현할 수 있으며 (b) 및 (c)에서 특성표 및 특성방정식을 나타내었다.

이때 하나의 문제점이 발생된다. JK 플립플롭의 내부의 귀환(feedback) 연결로 인해 J 입력과 K 입력이 모두 1을 유지하는 동안, 1을 유지하는 트리거 입력 C에 의해 출력은 다시 반전되어 나타나게 된다. 한 번의 반전이 이루어지고 난 후에도 여전히 트리거 입력 C가 1을 유지한다면 또 다시 출력은 반전될 것이다. 이러한 반전은 출력이 입력으로 되돌아올 때까지 소요되는 지연시간 간격으로 반복되어 반전될 것이므로 금지조건을 제거하기 위해 사용된 조건이 트리거 입력이 1을 유지하는 동안 오히려 불안정한 출력의 반복을 발생시키게 된다. 따라서 이를 막기 위한 방법으로는 트리거 입력이 1을 유지하는 시간이 플립플롭의 입력신호가 내부에서 처리되어 다시 입력으로 귀환되는 시간을 의미하는 전파지연시간(propagation delay)보다 짧아야 한다. 그러나 트리거 입력신호가 1을 유지하는 시간을 짧게 하는 것은 다소 회로적인 한계가 발생되므로 다음절에서 설명할 주종 플립플롭을 이용하거나 모서리에서 트리거되는 플립플롭의 형태로 구성하여 사용하여야 한다.

한편 T 플립플롭은 JK 플립플롭의 J 입력과 K 입력을 공통으로 사용하는 구조를 가지고 있다. 따라서 T 플립플롭의 입력은 JK 플립플롭의 관점으로 볼 때 모두 0의 입력에 의해 이전상태를 유지할 수 있는 조건과 모두 1의 입력에 의해 이전상태를 반복할 수 있는 조건이 두 가지로 구성된다. "이전상태를 뒤집다"라는 의미를 지닌 단어가 "toggle"이다. 따라서 입력 1일 때 트리거가 주어질 때마다 이전 상태의 출력값을 반전시키는 기능을 이 플립플롭이 가지고 있으므로 이를 T 플립플롭이라 한다.

물론 이 동작상태에서도 위의 JK 플립플롭에서의 문제점인 트리거 시점에 대한 조건은 지켜져야 한다. 그림 6.11에서 T 플립플롭의 동작상태를 회로구조, 특성표와 특성방정식을 나타내었다.

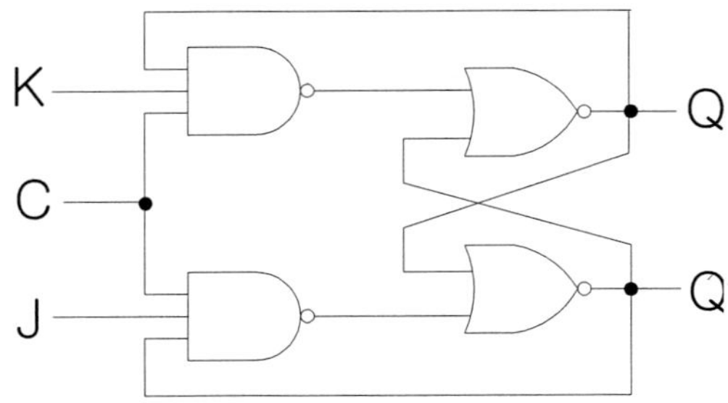

(a) 논리도

Q(t)	S	R	Q(t+1)
0	0	0	0
0	0	1	0
0	1	0	1
0	1	1	1
1	0	0	1
1	0	1	0
1	1	0	1
1	1	1	0

(b) 특성표

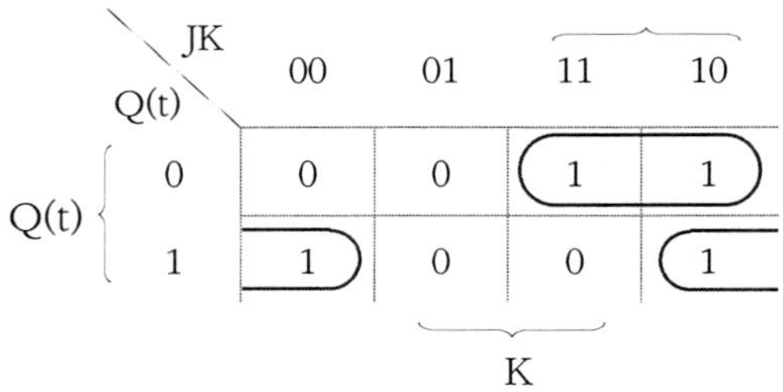

$Q(t+1) = JQ' + K'Q$

(c) 특성방정식

그림 6.10 JK 플립플롭의 동작

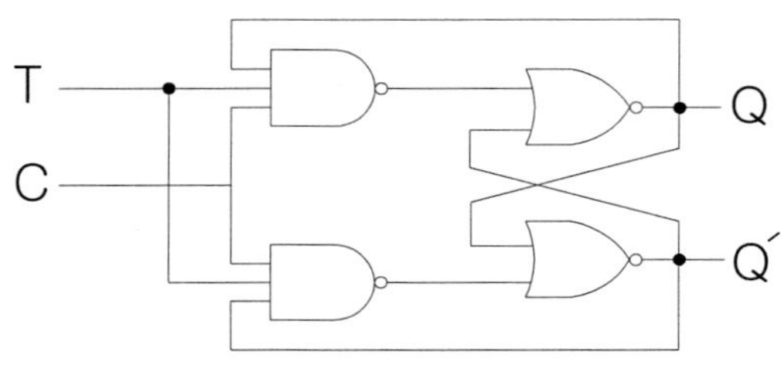

(a)

Q(t)	T	Q(t+1)
0	0	0
0	1	1
1	0	1
1	1	0

(b)

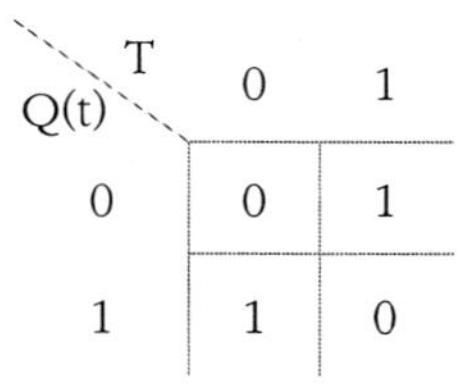

$Q(t+1) = TQ'(t) + T'Q(t)$

(c) 특성방정식

그림 6.11 T 플립플롭의 동작

실험 12 JK 플립플롭과 T 플립플롭

1. 목적

JK 및 T 플립플롭의 구성 방법과 기본 원리를 이해하고 응용력을 배양한다.

2. 예비보고서

(1) JK 플립플롭에 J=K=1을 가하면 일어나는 현상을 설명하시오.

(2) JK 플립플롭을 이용하여 D 플립플롭 회로를 구성하시오.

(3) 74LS76 JK 플립플롭에 그림과 같이 입력을 가하는 경우 출력 Q의 파형을 그리시오.

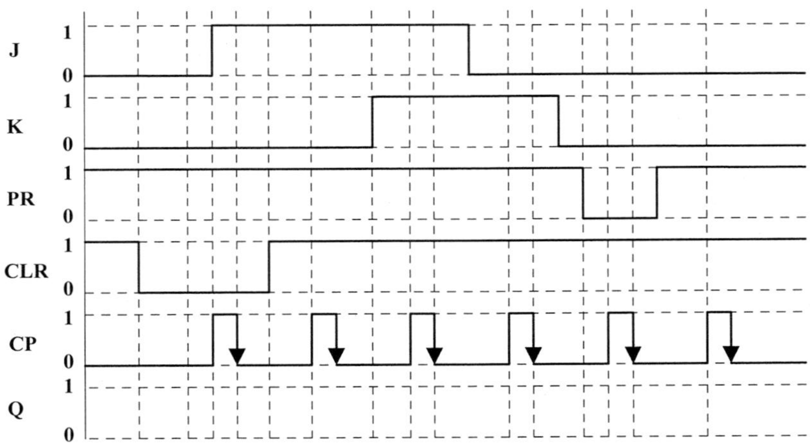

3. 사용기기 및 부품

□ IC 74 LS 00(NAND 게이트) 2개

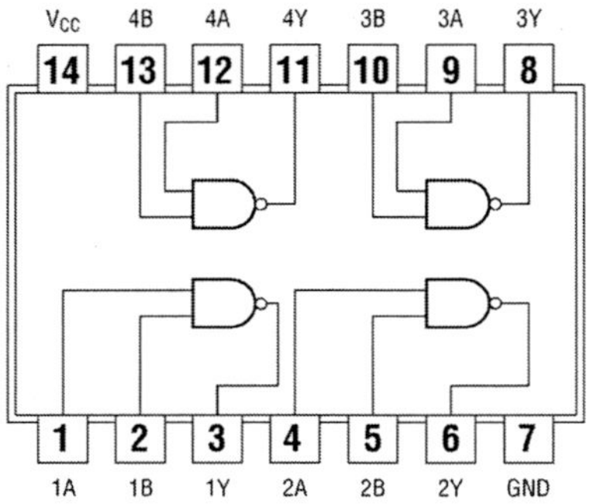

□ IC 74 LS 02(NOR 게이트)

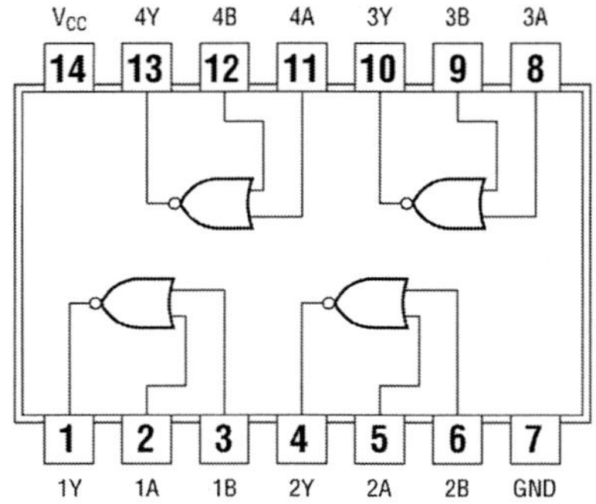

□ IC 74 LS 04(NOT 게이트)

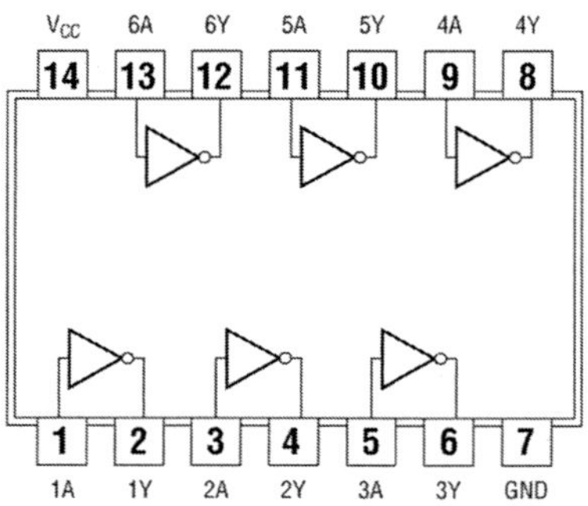

□ IC 74 LS 11(3 input AND 게이트)

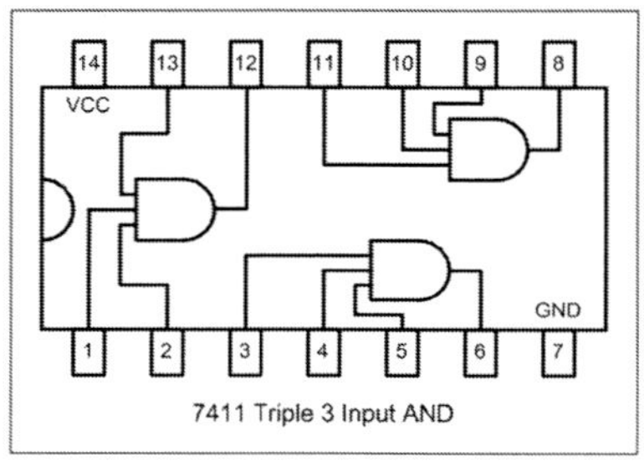

□ IC 74 LS 76(Dual JK Flip Flop)

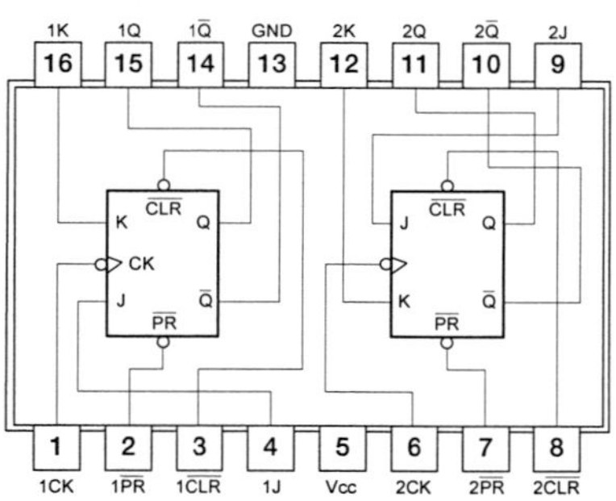

□ 논리회로 실험장치

□ 오실로스코프

4. 실험

(1) 그림 6.12와 같은 회로를 구성하고 출력 상태를 측정하여 표 6.5에 기록하시오 (JK 입력을 먼저 주고 클럭 펄스을 인가한다).

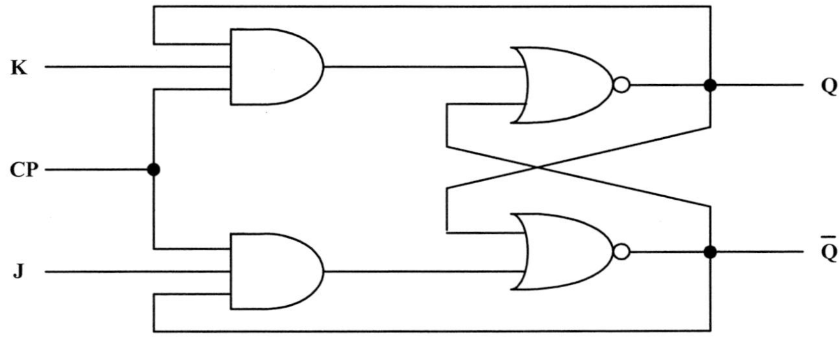

그림 6.12

표 6.5

CP	J	K	Q
0	0	0	
1	0	0	
0	0	1	
1	0	1	
0	1	0	
1	1	0	
0	1	1	
1	1	1	

(2) 그림 6.13.1과 같은 회로를 구성하고 출력 상태를 측정하여 표 6.6에 기록하고 그림 6.13.2의 타이밍도를 완성하시오.

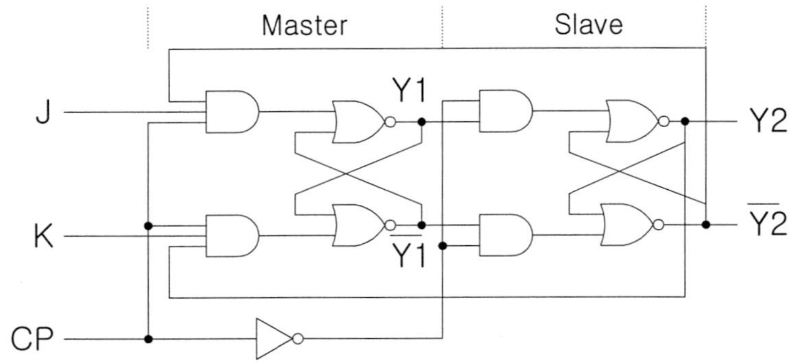

그림 6.13.1

표 6.6

CP	J	K	Y1	Y2
0	0	1		
1	0	1		
0	1	0		
1	1	0		
0	1	1		
1	1	1		
0	1	0		
1	0	1		

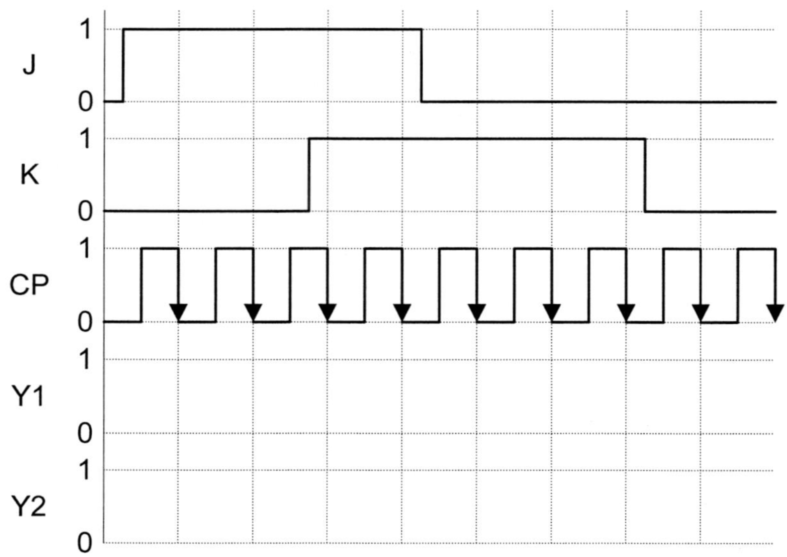

그림 6.13.2

(3) 그림 6.14와 같은 회로를 구성하고 출력 상태를 측정하여 표 6.7에 기록하시오.

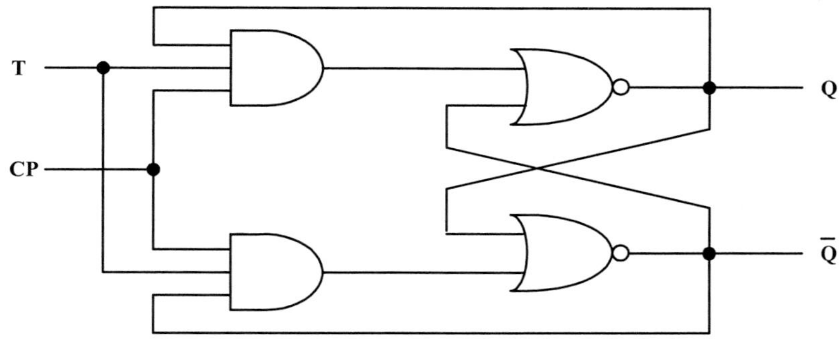

그림 6.14

표 6.7

CP	T	Q
0	0	
0	1	
1	0	
1	1	

(4) 그림 6.15와 같은 회로를 구성하고 출력 상태를 측정하여 표 6.8에 기록하고 그림 6.16의 타이밍도를 완성하시오.

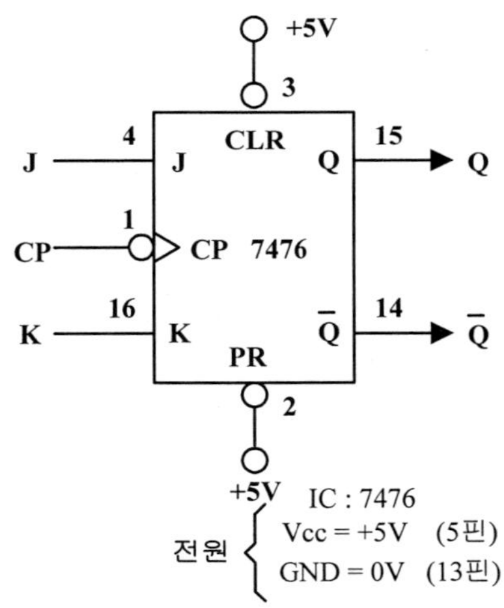

그림 6.15

표 6.8

CP	J	K	Q
1	0	1	
0	0	1	
1	1	0	
0	1	0	
1	1	1	
0	1	1	
1	1	0	
0	0	1	

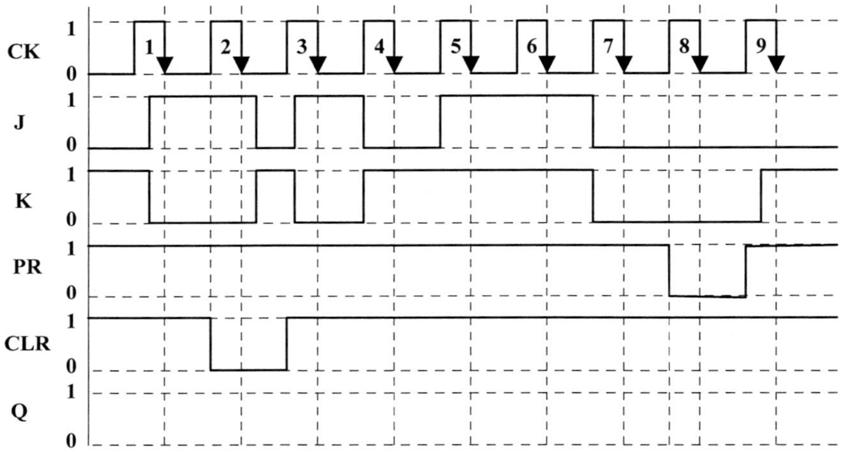

그림 6.16

(5) 그림 6.17과 같은 회로를 구성하고 출력 상태를 측정하여 표 6.9에 기록하고 그림 6.18의 타이밍도를 완성하시오(PRESET=CLEAR=1).

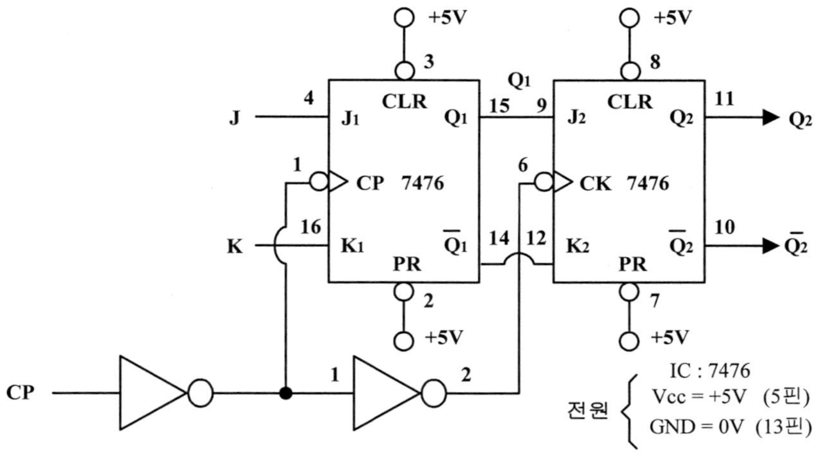

그림 6.17

표 6.9

CP	J	K	Q1	Q2
1	0	1		
0	0	1		
1	1	0		
0	1	0		
1	1	1		
0	1	1		
1	1	0		
0	0	1		

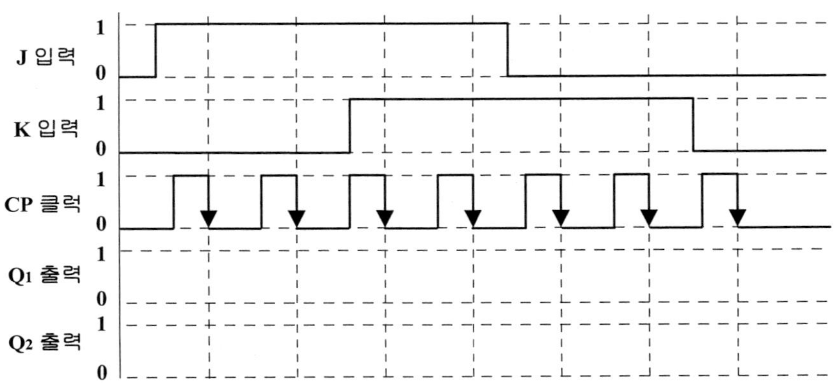

그림 6.18

5. 실험 결과 검토

(1) 그림 6.12의 JK 플립플롭 회로를 실험한 결과에서 얻어진 표 6.5가 이론치와 일치하는지 확인하여 보자.

(2) 그림 6.13의 JK 플립플롭 회로를 실험한 결과에서 얻어진 표 6.6이 이론치와 일치하는지 확인하여 보자.

(3) 그림 6.14의 T 플립플롭 회로를 실험한 결과에서 얻어진 표 6.7이 이론치와 일치하는지 확인하여 보자.

(4) 그림 6.15의 네거티브 에지 트리거형 JK 플립플롭 회로를 실험한 결과에서 얻어진 표 6.8이 이론치와 일치하는지 확인하여 보자.

(5) 그림 6.17의 주종 JK 플립플롭 회로를 실험한 결과에서 얻어진 표 6.9가 이론치와 일치하는지 확인하여 보자.

D 플립플롭의 동작

RS 플립플롭을 사용하는 데에 있어서 가장 주의하여야 할 점이 금지조건에 해당되는 입력을 인가하지 않아야 한다는 것이다. 이를 막기 위해서는 R 및 S의 입력이 같은 값을 가질 수 없도록 회로를 구상하는 방법이다. 이러한 방법 중 하나가 그림 6.19에서 나타낸 방법과 같이 R 및 S 입력을 NOT 게이트 하나를 이용하여 연결하는 방법이다.

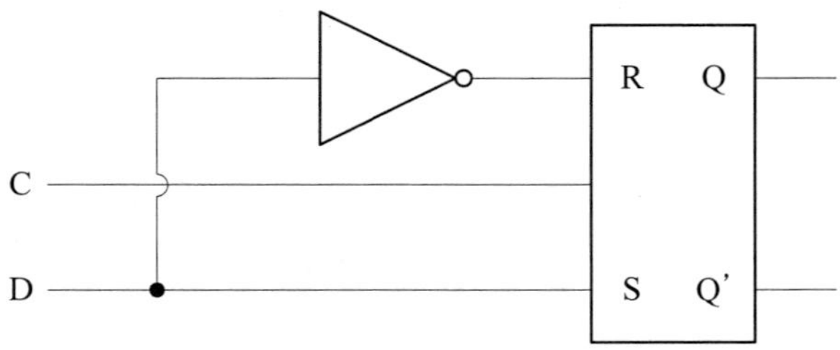

그림 6.19 RS 플립플롭을 이용한 D 플립플롭의 구조

이렇게 회로를 구성하게 되면 R 및 S의 입력은 각각 다르게 들어가게 되어 출력 값은 Set 또는 Clear 된다. 이러한 방법으로 만든 것이 바로 D 플립플롭이다

D 플립플롭의 D는 데이터(Data)를 의미한다. 이 의미는 D 플립플롭이 입력신호를 내부로 전송하여 데이터로 사용할 수 있음을 의미한다.

D 입력이 0인 경우를 고려해 보자. D 입력이 0을 가지게 되면 S = 0, R = 1의 값을 가지게 되므로 트리거 C의 값이 1이 될 때 출력 Q(t+1)의 값은 0을 출력하게 되며 다음 트리거가 발생될 때까지 D 입력의 변화에 관계없이 그 값을 유지하게 된다. 또한 D의 입력이 1일 경우 S = 1, R = 0이 되어 트리거 C의 값이 1이 될 때 출력 Q(t+1)의 값은 1을 출력하게 되며 다음 트리거가 발생될 때까지 D 입력의 변화에 관계없이 그 값을 유지하게 된다. 따라서 트리거 입력 C가 주어질 때 입력 D로 주어지는 데이터를 RS 플립플롭으로 전송하여 다음 트리거 입력이 주어질 때까지 그 값을 저장하게 되는 역할을 한다. 이러한 목적으로 사용되는 D 플립플롭의 특성표 및 특성방정식 그리고 회로기호를 그림 6.20에서 나타내었다.

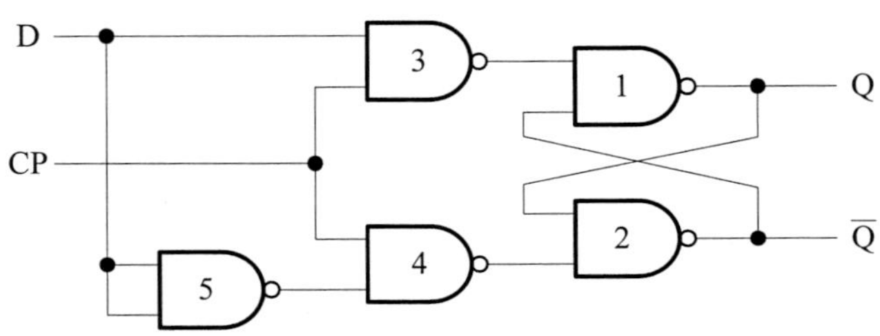

(a) 논리도

Q(t)	D	Q(t+1)
0	0	0
0	1	1
1	0	0
1	1	1

(b) 특성표

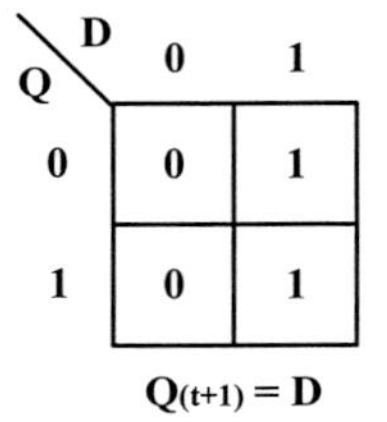

(c) 특성방정식

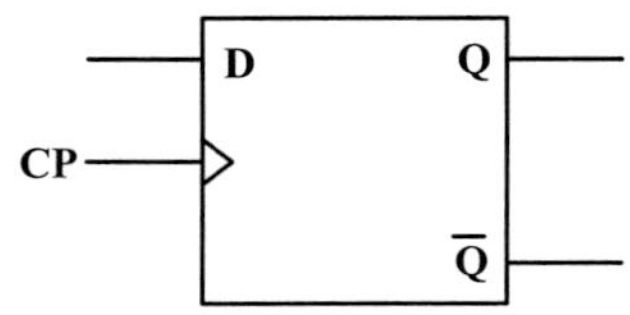

(d) 회로기호

그림 6.20 D 플립플롭의 동작

D 플립플롭처럼 데이터를 일시적으로 기억시키는 일을 래치(latch)라고 하며 D 플립플롭은 1 비트의 래치회로라고 할 수 있다. 이 기능은 JK 플립플롭을 이용하여 실현할 수도 있다. 만약 우리가 8개의 D 플립플롭의 입력 D를 8비트의 데이터버스에 각각 연결하고 트리거 입력 C를 공통으로 묶어서 사용할 경우 정확한 트리거시점만 포착할 수 있다면 짧은 순간에 데이터 버스에 출력되는 8비트의 정보를 래치할 수 있다. D 플립플롭은 플립플롭 중에서 가장 유용하게 많이 사용되는 플립플롭으로서 실제 개인용 컴퓨터에서 이동이 되는 많은 데이터들은 이와 같은 방법을 통하여 잠시 래치한 후 연산을 하거나 전송하고 있다.

실험 13 D 래치와 D 플립플롭

1. 목적

D 래치와 D 플립플롭의 구성 방법과 원리를 이해하고 응용력을 배양한다.

2. 예비보고서

(1) D 래치와 D 플립플롭을 비교 설명하시오.

(2) 플리플럽 중 1비트의 기억소자로서 가장 적합한 플립플롭은?

(3) 74LS74 상승 에지 트리거형 D 플립플롭에 그림과 같은 입력을 가하는 경우 출력 Q의 파형을 그려라.

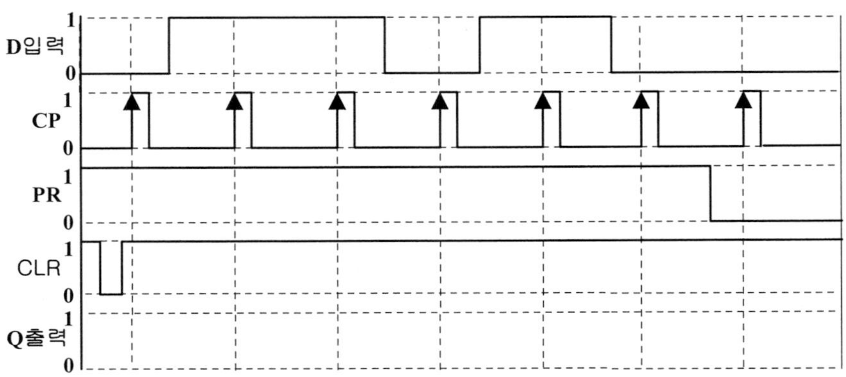

3. 사용기기 및 부품

□ IC 74 LS 00(NAND 게이트) 2개

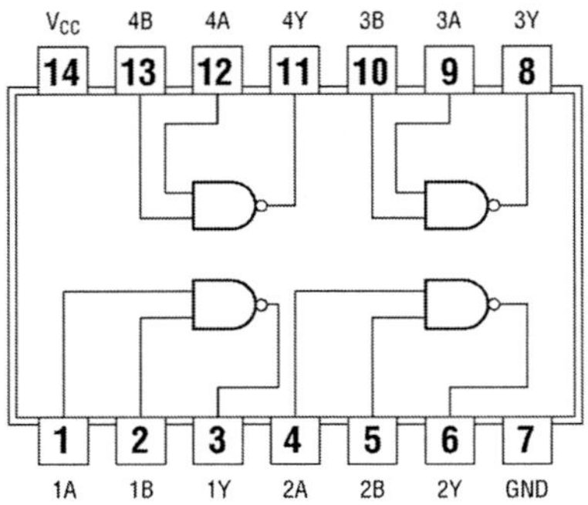

□ IC 74 LS 02(NOR 게이트)

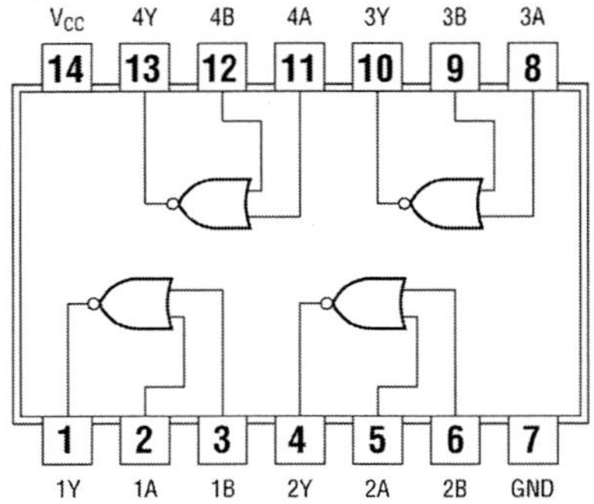

□ IC 74 LS 04(NOT 게이트)

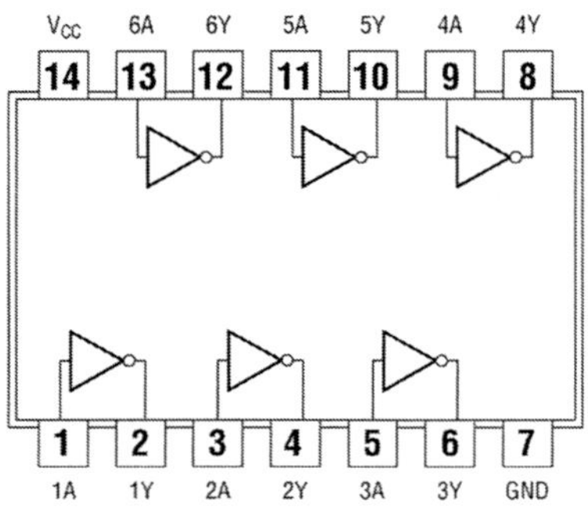

□ IC 74 LS 74(Dual D 플립플롭)

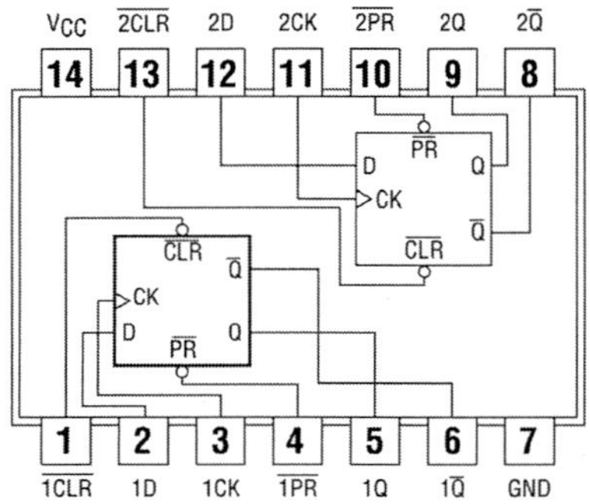

□ IC 74 LS 76(JK M/S 플립플롭)

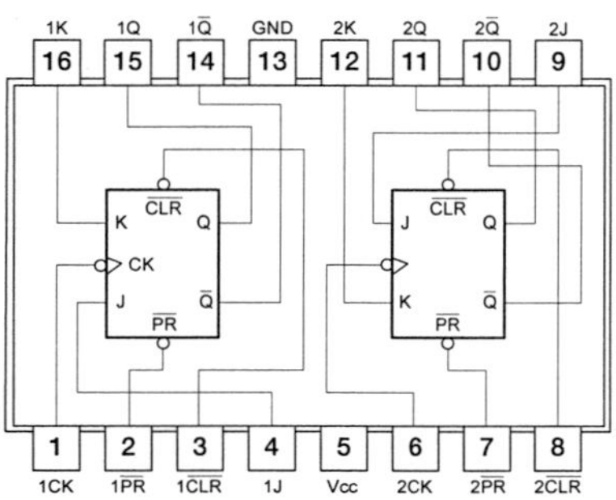

□ 논리회로 실험장치

□ 오실로스코프

4. 실험

(1) 그림 6.21과 같은 회로를 구성하고 출력 상태를 측정하여 표 6.10에 기록하시오.

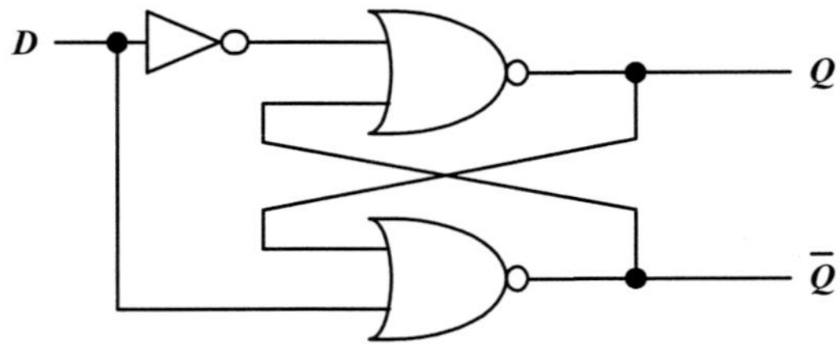

그림 6.21

표 6.10

D	Q	$\bar{Q}$
0		
1		

(2) 그림 6.22와 같은 회로를 구성하고 출력 상태를 측정하여 표 6.11에 기록하시오.

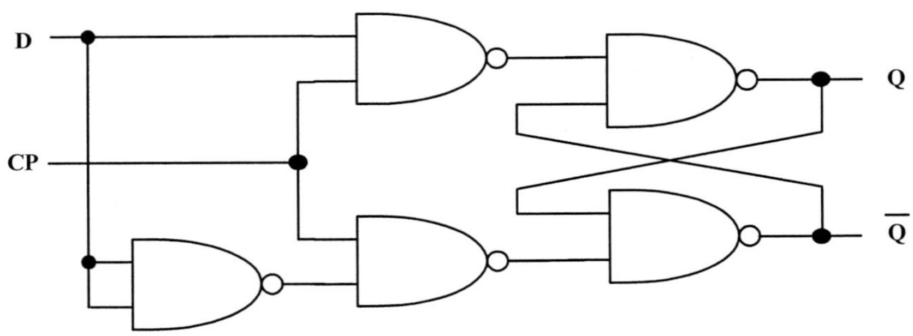

그림 6.22

표 6.11

CP	D	Q
0	0	
0	1	
1	0	
1	1	

(3) 그림 6.23과 같은 회로를 구성하고 출력 상태를 측정하여 표 6.12에 기록하시오.

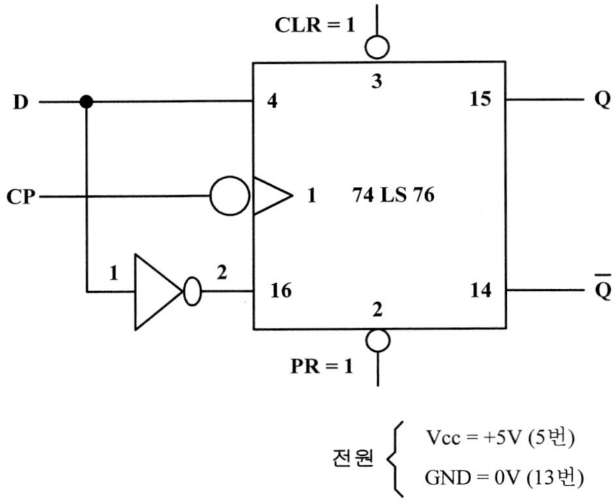

그림 6.23

표 6.12

CP	D	Q
0	0	
0	1	
1	0	
1	1	

(4) 그림 6.24와 같은 회로를 구성하고 출력 상태를 측정하여 표 6.13에 기록하고 그림 6.25의 타이밍도를 완성하시오.

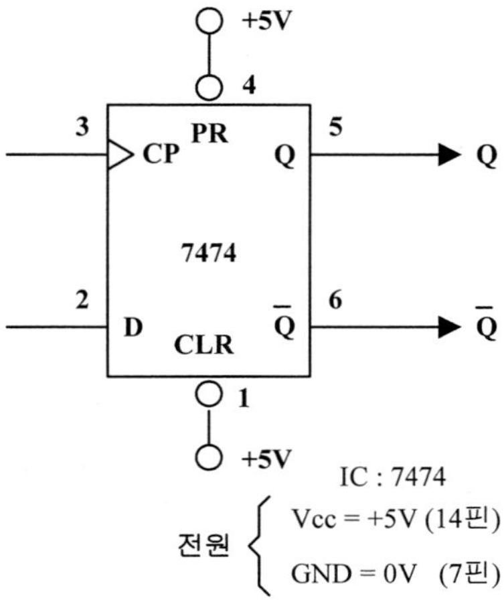

그림 6.24

표 6.13

CP	D	Q
0	0	
0	1	
1	0	
1	1	

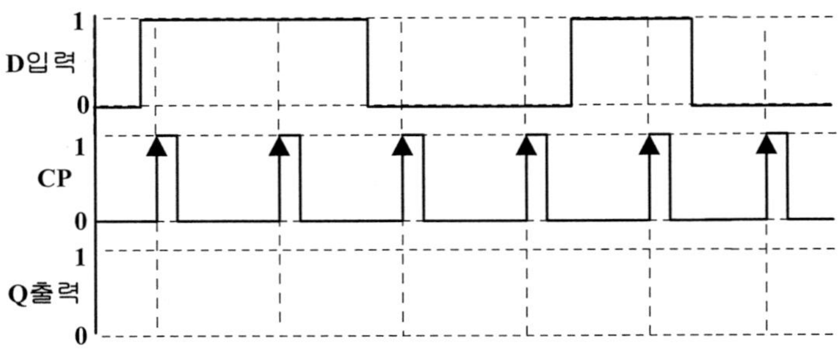

그림 6.25

5. 실험 결과 검토

(1) 그림 6.21의 NOR 게이트를 이용한 D 래치 회로를 실험한 결과에서 얻어진 표 6.10이 이론치와 일치하는지 확인하여 보자.

(2) 그림 6.22의 NAND 게이트를 이용한 D 플립플롭 회로를 실험한 결과에서 얻어진 표 6.11이 이론치와 일치하는지 확인하여 보자.

(3) 그림 6.23의 JK 플립플롭을 이용한 네거티브 에지 트리거형 D 플립플롭 회로를 실험한 결과에서 얻어진 표 6.12가 이론치와 일치하는지 확인하여 보자.

(4) 그림 6.24의 상승 에지 트리거형 D 플립플롭 회로를 실험한 결과에서 얻어진 표 6.13이 이론치와 일치하는지 확인하여 보자.

주종 플립플롭(Master-slave flip-flop)

주종플립플롭은 2개의 독립된 플립플롭으로 구성된다. 2개의 플립플롭 중 주 플립플롭(master flip-flop)이 먼저 동작을 하여 주된 역할을 하고 나머지 종 플립플롭(slave flip-flop)이 나중에 동작하여 보조적인 역할을 하도록 되어있으므로 전체회로를 주종 플립플롭이라고 한다.

RS 주종 플립플롭의 논리회로도는 그림 6.26에 나타낸 것과 같이 주 플립플롭, 종 플립플롭, 그리고 하나의 인버터로 구성되어 있다.

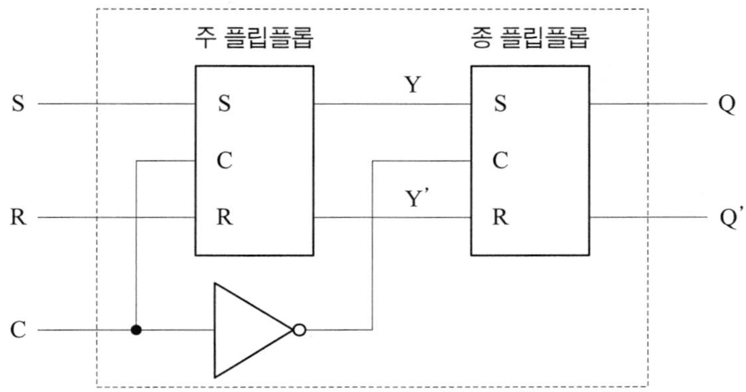

그림 6.26 주종플립플롭의 논리회로도

클럭펄스 C가 0이면 인버터의 출력은 1이 된다. 주 플립플롭은 C가 0이므로 동작하지 않는다. 이후 클럭펄스 C가 1이 되면 외부의 R과 S 입력은 주 플립플롭에 전달되어 출력값이 변화하게 된다. 그러나 종 플립플롭의 클럭펄스가 0이 되어 있으므로 변화된 값은 종 플립플롭의 입력에만 나타나게 되며 출력으로 나타나지는 않는다. 다시 클럭펄스 C가 0으로 변화하게 되면 주 플립플롭의 출력은 변화하지 않고 유지되며 종 플립플롭의 트리거가 이루어지게 되므로 이전에 결정되었던 주 플립플롭의 출력이 종 플립플롭으로 전달이 되어 최종출력을 발생시킨다. 이를 그림 6.27과 같은 타이밍도로 설명해보자.

먼저 중간출력 Y와 최종 출력 Q는 초기에 모두 0이라고 가정하자. 클럭펄스 C가 발생되기 이전에는 주 플립플롭의 트리거가 0이 되어 S = 1이고 R = 0인 Set 조건이 주 플립플롭에 전송이 되지 않으므로 이 입력은 동작에 별다른 영향을 미치지 않는다.

이후 클럭펄스가 1로 천이된 구간을 생각해 보자. 클럭펄스가 1이므로 주 플립플롭은 트리거가 이루어져, 출력이 셋(set) 되므로 Y = 1, Y' = 0이 되고 이 출력이 종 플립플롭의 입력에 가해진다. 그러나 종 플립플롭의 트리거 입력은 0이 되어 있어 최종출력 Q로 전송되지는 않는다. 이 상태에서 클럭펄스가 다시 0으로 되돌아 간 경우를 생각해 보자. 주 플립플롭의 트리거는 해제가 되므로 출력 Y 및 Y'은 이전상태를 유지하게 된다. 그러나 종 플립플롭이

트리거가 이루어지므로 Y 및 Y'의 값에 의해 최종출력 Q가 셋(set) 되어 1이 된다. 이 경우를 잘 고려해 보면 주 플립플롭 및 종 플립플롭은 분명 양의 레벨트리거를 가지는 회로이지만 최종 출력은 클럭펄스가 1에서 0으로 변화된 직후 출력이 결정되어 마치 음의 모서리 트리거가 작동된 것과 같이 출력현상이 나타나게 된다.

이와 같이 주종플립플롭은 2개의 플립플롭을 결합할 때 종 플립플롭의 클럭을 반전시켜 입력함으로서 모서리에서 트리거 되는 것과 같은 효과를 지니는 플립플롭으로 구성하여 사용할 수 있다. 다음 그림 6.28에서 NAND 게이트로 이루어진 주종 JK 플립플롭을 나타내었다. 이에 대한 동작은 여러분 각자가 한번 분석해보길 바란다.

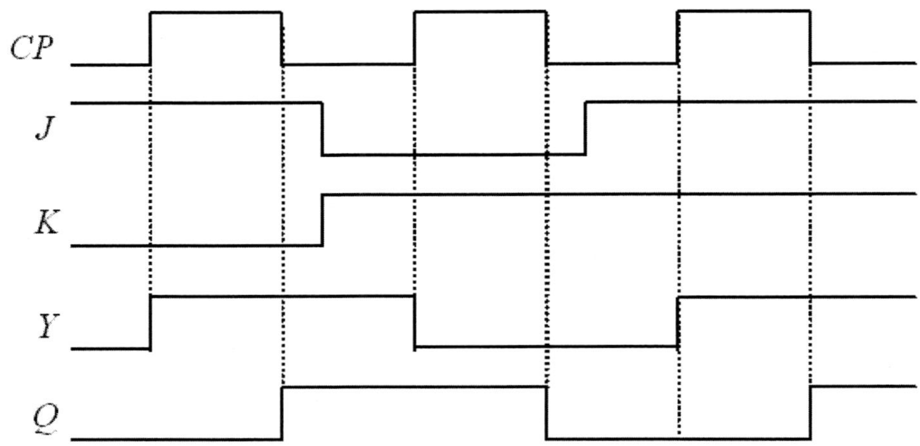

그림 6.27 주종플립플롭의 동작 타이밍도

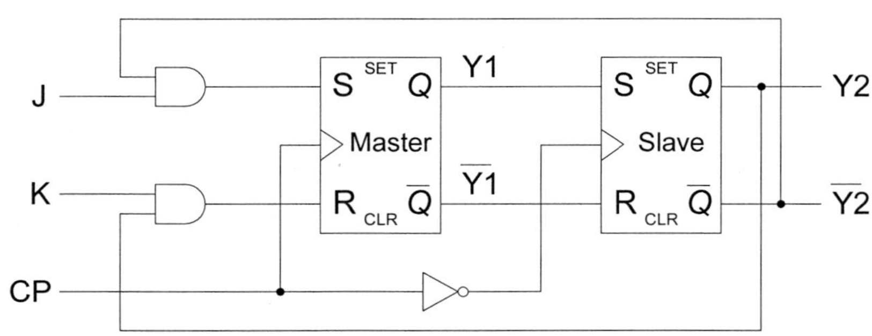

(a) 마스터 슬레이브 플립플롭을 이용한 J-K 플립플롭(심볼그림)

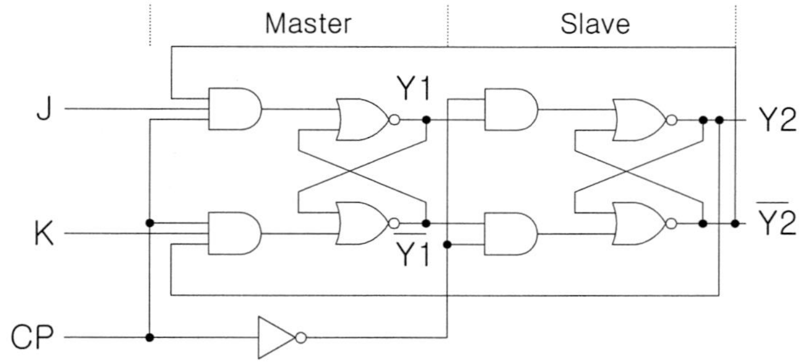

(b) 마스터 슬레이브 플립플롭을 이용한 J-K 플립플롭(논리도)

그림 6.28 주종 JK 플립플롭의 예

플립플롭의 도형기호

위에서 언급된 네 가지 플립플롭의 회로기호를 그림 6.29에서 나타내었다.

각 입력선의 내부에는 플립플롭의 종류를 판단할 수 있는 이름을 RS, JK, D 및 T로 표시하였으며 이를 통해 어떤 종류의 플립플롭인지를 판단할 수 있다. 클럭펄스의 입력은 트리거의 종류를 판단할 수 있는 기호인 동적 지시기(dynamic indicator)를 표시해 두었다.(실제로 모든 입출력에는 동적 지시기가 붙어 있다고 보아도 무방하다) 플립플롭의 출력은 도형 내에 Q 및 Q'로 표시해 둔다. 물론 회로도를 그리는 설계자가 다른 이름을 사용할 수도 있으나 그런 경우는 도형외부의 출력선 근처 가까이 표시해 두어야 한다. 또한 정상출력에 반전된 출력이 필요할 경우는 인버터를 이용하여 회로를 그리지 않고 Q'를 사용하여 직접 그리게 된다. 이미 전제하였지만 모든 플립플롭은 정상출력과 이에 반전된 출력을 같이 가지고 있음을 이미 설명한 바 있다.

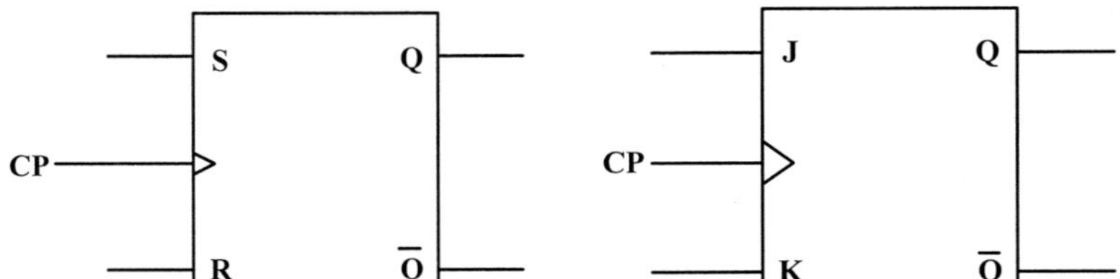

(a) RS (b) JK

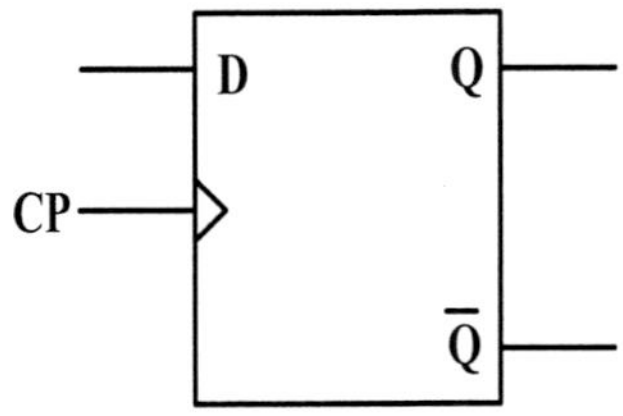

(c) D

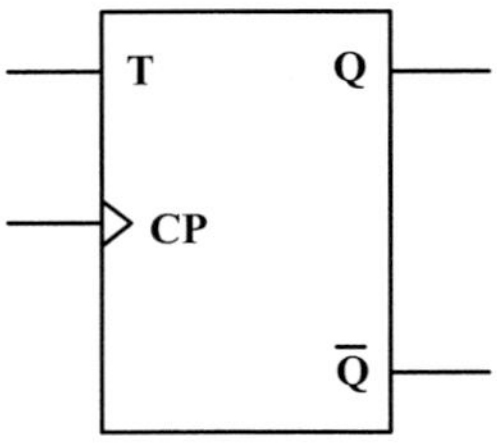

(d) T

그림 6.29 플립플롭에 대한 도형기호

한편 IC화된 플립플롭 중에는 클럭펄스의 유무와는 관계없이 비동기적으로 플립플롭의 출력을 셋(set)하거나 클리어(clear) 할 수 있는 특별한 입력을 가지고 있는 것들이 있다. 이러한 입력들을 직접입력이라고 하며 일반적으로 강제적으로 셋(set)할 수 있는 단자를 프리셋(preset)이라 하고 강제적으로 클리어(clear) 할 수 있는 단자를 클리어(clear)라고 한다. 이러한 비동기식 직접입력들은 RS, JK, D 또는 T 입력에 비해 동작 우선 순위가 높은 것으로 간주하면 이해하기가 쉬워진다. 이러한 직접입력들도 동적 지시기(dynamic indicator)를 사용한다. 다만 클럭입력에 비해 주로 레벨형 표시기가 주로 사용된다. 예를 들어 프리셋 단자에 반전버블이 표시되어 있는 경우는 음의 레벨을 의미하므로 프리셋이 동작하기 위한 조건은 이 단자에 0의 입력이 주어져야 한다는 것을 의미한다. 그림 6.30에서 직접클리어를 가지고 있는 JK 플립플롭의 기호와 그 동작을 나타내는 함수표를 나타내었다. 클럭의 입력에는 삼각형과 반전버블이 나타나 있으며 클리어 입력에는 반전 버블이 표시되어 있다. 따라서 이 IC의 출력값은 클럭펄스가 1에서 0으로 떨어지는 음의 모서리에서 트리거 되어 변화될 수 있다. 또한 직접입력인 클리어는 0의 입력이 가해질 때 클리어 되어 0을 출력하게 되며 이 조건이 가해질 경우에는 JK 및 클럭펄스의 유무와는 관계없이 동작하게 된다. 그림 6.30(b)의 함수표가 이 회로의 동작상태를 모두 설명하고 있다. X라는 표시는 무정의 조건(don't care condition)으로서 직접입력이 0으로 주어져 있기 때문에 다른 입력이나 클럭펄스의 영향을 받지 않는다는 것으로 보여주고 있다. 다시 말해서 직접입력인 클리어가 동작될 때에는 이 회로의 정상적인 동작이 차단(disable) 됨을 의미한다. 클리어 입력이 1인 경우에 대해서만 이 회로는 JK 플립플롭으로 동작하게 된다.

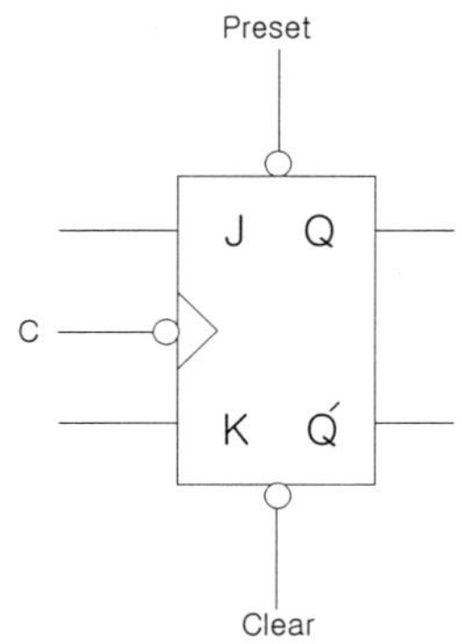

(a)

입 력					출 력	
Clear	Preset	C	J	K	Q	Q′
0	x	x	x	x	0	1
1	0	x	x	x	1	0
1	1	↓	0	0	이전상태	
1	1	↓	0	1	0	1
1	1	↓	1	0	1	0
1	1	↓	1	1	이전상태반전	

(b)

그림 6.30 직접 클리어 및 직접 프리셋이 있는 JK 플립플롭

6.3 플립플롭을 포함하는 순서회로의 해석

순서회로의 동작은 입력 출력 그리고 현재의 플립플롭의 상태에 의해 결정된다. 따라서 순서회로의 해석을 좀 더 쉽게 하기 위해서는 현재의 입력상태나 출력상태를 정확히 파악하고 있어야 한다. 이를 이용하여 내부상태가 시간에 따라 변화하게 될 순서를 나타내는 도표나 도면을 작성하는 것이 순서회로를 해석하는 과정이라 할 수 있다. 순서회로의 동작을 시간적인 순서에 따라 나타낼 수 있는 도표나 도면으로서는 상태표, 상태도 그리고 타이밍 도 등이 있다. 또한 부울 대수식으로도 표현이 가능한데 이 경우에서는 어떠한 형태로든 시간에 대한 정보가 포함되어 있어야 한다. 이 절에서는 하나의 회로 예를 표시하고 이를 해석할 수 있는 다양한 방법들을 설명하기로 한다.

순서회로의 예시

동기 클럭펄스의 입력을 가지는 순서회로의 예를 그림 6.31에서 나타내었다.

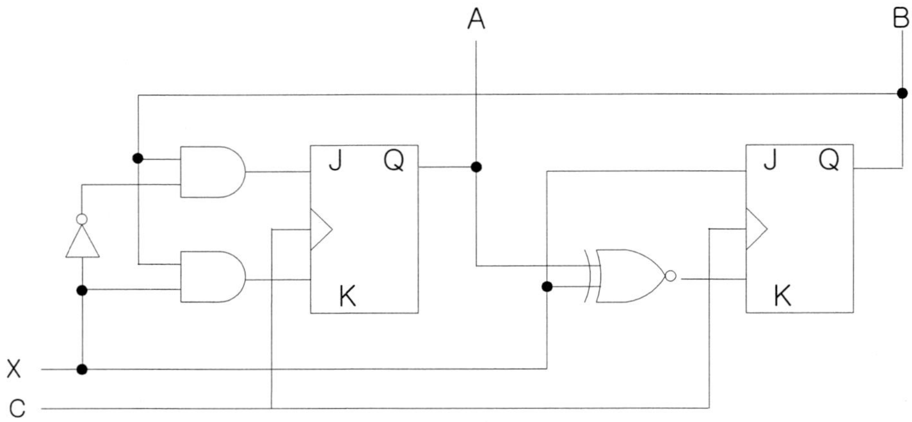

그림 6.31 동기회로의 예

이 회로를 해석하기 위해서는 2개의 JK 플립플롭의 입력으로 가해지는 각각의 J 입력 및 K 입력의 방정식들을 필요로 한다. 이를 간단히 나타내 보면 다음과 같다.

$$J_A(t) = B(t)\ x'(t)$$

$$K_A(t) = B(t)\ x(t)$$

$$J_B(t) = x(t)$$

$$K_B(t) = A'(t)\ x'(t) + A(t)\ x(t) = (\ A(t) \oplus x(t)\ )'$$

여기에서 기호 (t)는 동일한 입력 및 출력에 대한 시간의 경과에 대한 의미를 가지고 있다. 이때 대개의 경우 방정식의 왼쪽 항은 다음 상태 또는 다음상태를 결정하기 위한 값을 의미하고 오른쪽 항은 다음 상태를 1로 만들기 위한 현재 상태의 함수이므로 편의상 오른쪽 항의 (t)를 생략하여 다음과 같이 표현하기도 한다.

표 6.14 플립플롭의 특성표

JK 플립플롭			
J	K	Q(t+1)	
0	0	Q(t)	현재상태 유지
0	1	0	리셋(reset)
1	0	1	셋(set)
1	1	Q'(t)	현재상태 반전

RS 플립플롭			
S	R	Q(t+1)	
0	0	Q(t)	현재상태 유지
0	1	0	리셋(reset)
1	0	1	셋(set)
1	1	?	금지조건

D 플립플롭		
D	Q(t+1)	
0	0	리셋(reset)
1	1	셋(set)

T 플립플롭		
T	Q(t+1)	
0	Q(t)	현재상태 유지
1	Q'(t)	현재상태 반전

$$J_A = B\ x'$$

$$K_A = B\ x$$

$$J_B = x$$

$$K_B = A'\ x' + A\ x = (A \oplus x)'$$

위 식을 통하여 결정된 각 J 입력 및 K 입력은 JK 플립플롭의 특성표에 따라 클럭 CLK의 입력이 가해질 때 A 및 B의 값을 변화시키게 된다. 표 6.14에서 이미 언급된 4가지의 플립플롭의 특성표를 나타내었다.

상태표

입력, 출력, 플립플롭의 상태들에 의해 다음 상태를 결정하여 표로 나타낸 것을 상태표라고 한다. 그림 6.31에서 제시된 회로의 상태표를 표 6.15에서 나타내었다. 상태표에는 현재상태, 입력, 다음상태 그리고 출력 이렇게 4대의 부분으로 나누어질 수 있다. 여기에서 현재상태라 함은 플립플롭의 현재 출력상태를 의미한다. 이는 플립플롭의 현재 출력은 다음 출력의 하나의 입력변수로 작용하기 때문이다. 따라서 플립플롭의 현재출력은 마치 다음출력을 결정하기 위한 하나의 입력조건이 된다. 이와 달리 입력으로 표시되는 부분은 플립플롭의 출력처럼 내부적으로 발생되는 조건이 아닌 외부로부터 가해지는 입력을 의미하는 것으로 이 입력의 변화는 타이밍에 따라 변화되는 값이 아닌 사용자의 조작에 의해 변하는 비동기 입력의 의미를 지닌다. 다음상태로 표시되는 값은 현재상태와 입력이 주어진 상태에서 클럭입력이 주어져 트리거 될 경우 바뀌게 될 플립플롭의 출력을 의미하며 마지막으로 출력은 각 입력조건이 조합회로 형태로 결합되어 클럭에 관계없이 발생되는 비동기 출력을 의미하며 그림 6.31에서 제시한 예에서 출력은 존재하지 않는다.

상태표는 먼저 입력에 해당되는 현재상태 및 입력들의 모든 가능한 조합을 먼저 표현하여야 한다. 위 표 6.15의 경우에서 보면 현재상태가 2개의 항을 가지며 입력이 하나의 항을 가지므로 이들의 조합으로 발생될 수 있는 가능한 모든 입력의 조합은 2^3 = 8이 되어 8가지의 조합이 나타나게 된다. 이 조합을 정렬하여 나타낸 것이 위 표의 현재 상태 및 입력의 형태가 된다. 이로부터 다음상태 A 및 B의 값은 위에서 나타낸 부울 대수 방정식으로부터 유추하여야 한다.

표 6.15 그림 6.31의 회로에 대한 상태표

현재상태		입력	다음상태		출력
A	B	x	A	B	
0	0	0	0	0	없음
0	0	1	0	1	
0	1	0	1	0	
0	1	1	0	1	
1	0	0	1	0	
1	0	1	1	1	
1	1	0	1	1	
1	1	1	0	0	

먼저 현재 상태 A 및 B가 0을 가지며, 입력 x 가 0을 가지는 경우를 고려하자. 부울 대수식으로부터 J_A = Bx' 로 표현되며 B = 0, x' = 1이 되므로 J_A = 0의 값을 가진다. 또한 K_A = Bx 로 표현되므로 B = 0, x = 0 이 되어 K_B = 0의 값을 가진다. 따라서 첫 번째 A 출력을 가지는 플립플롭의 입력은 현재상태의 유지조건이 되므로 클럭에 의해 트리거 되어도 A의 값 0은 그대로 유지되어 다음 상태에서도 0의 값을 출력하게 된다.

또한 J_B = x이므로 J_B = 0의 값을 가진다. 또한 K_B = A'x' + Ax로 표현되므로 K_B = 0의 값을 가진다. 따라서 B 출력을 가지는 플립플롭의 입력은 현재 상태의 유지조건이 되므로 클럭에 의해 트리거 되어도 B의 값 0 또한 그대로 유지되어 다음 상태에서도 0의 값을 출력하게 된다. 따라서 현재 상태 A = 0, B = 0 입력 x = 0인 조건에서는 다음상태는 A = 0, B = 0이 그대로 유지된다. 이와 같은 해석의 방법을 각 입력조건에 실행해 보면 바로 표 6.15와 같은 결과를 얻을 수 있으며 이로부터 상태표의 작성은 종료가 되는 것이다. 이와 같은 상태표는 다음 표의 3과 같이 항들의 배열형태를 변경시키게 되면 좀 더 쉽게 이해될 수 있는 형태가 되기도 한다.

표 6.16 상태표의 또 다른 형태

현재상태		다음상태			
		x = 0		x = 1	
A	B	A	B	A	B
0	0	0	0	0	1
0	1	1	0	0	1
1	0	1	0	1	1
1	1	1	1	0	0

상태도

상태표에서 나타난 입력 대 출력의 변화에 대한 정보는 상태도를 통하여 도식적으로 나타낼 수 있다. 이를 그림 6.32에서 나타내었다.

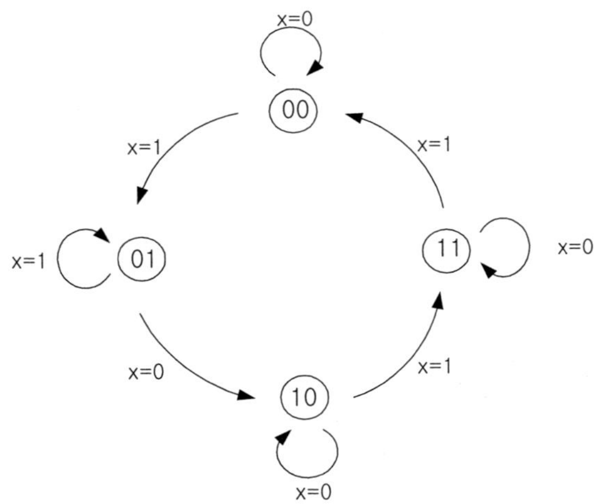

그림 6.32 그림 6.31에서 나타낸 순서회로에 대한 상태도

그림 6.32에서 하나의 상태 - 하나의 입력조건 - 는 하나의 원으로 표시하고 그 내부에 값을 기록한다. 또한 상태와 상태사이의 변화는 방향을 표시할 수 있도록 화살표를 이용하여 나타내게 된다. 이때 외부의 비동기 입력이 있을 경우에는 비동기 입력의 값에 따라 변화되는 상태의 값이 달라지게 되므로 화살표의 선상에 비동기 입력의 값으로 표시하여 현재 상태와 비동기 입력에 대한 다음 상태의 방향을 결정해 주어야 한다. 하나의 상태로부터 자신의 상태로 화살표의 방향이 결정된 경우에서는 상태가 변화하지 않음을 의미하게 된다.

표현하는 방식의 차이점 이외에는 상태표나 상태도는 의미에서 아무런 차이가 없다. 실제

해석의 경우에서는 주어진 부울 논리방정식으로부터 상태표를 유도해 내기가 더 쉬우며 상태표로부터 상태도를 그리는 방법을 주로 사용한다. 그러나 설계자나 동작을 이해하기 쉬운 형태는 바로 상태도라 할 수 있다. 왜냐하면 상태의 연속적 변화가 그림으로 방향까지 표시하여 주어지기 때문이다.

타이밍도

타이밍도(timing diagram)는 시간의 변화를 수직선과 같이 수평방향으로 전개해 두고 입력 및 트리거의 변화에 따른 출력의 변화를 시간의 진행방향으로 표시한 그림이다. 이러한 타이밍도는 신호의 논리적인 동작을 보여주는 중요한 자료가 되며, 회로내의 신호들간의 시간관계를 설명하고 또 회로 설계에 적용된 신호의 요구조건을 분석하기 위한 자료로서 많이 활용되고 있다. 특히 최근 들어 디지털 회로의 설계에 적용되는 시뮬레이션에서는 회로의 검증결과가 타이밍도 형태로 출력되므로 중요한 요소라 할 수 있다. 이러한 타이밍도는 위에서 언급한 상태표나 상태도와 달리 가능한 모든 입력에 대한 출력의 정의가 이루어지지 않을 수도 있다. 왜냐하면 타이밍도는 위 두 가지 결과물의 형태처럼 각각의 입력의 경우에서 단속적으로 현재 상태와 다음 상태를 정의하는 것이 아니라 신호의 경과에 따른 입력의 변화를 그려두고 그 입력의 변화에 따른 출력의 변화를 연속적으로 그려나가기 때문에 입력조건을 어떻게 시간적으로 배열하느냐에 따라 출력의 결과 파형이 다르게 나타나게 된다. 이는 마치 출력파형을 오실로스코우프나 로직분석기를 통해 관측하는 실제상황과 유사하게 나타난다.

따라서 입력조건들을 어떻게 순서적으로 배열하느냐 하는 것이 매우 중요하다. 따라서 이러한 타이밍도는 상태도와 같이 모든 입력조건에 대한 출력의 변화를 예측하는 수단보다는 설계된 회로에 어떠한 입력을 가했을 때의 동작상태를 판단하는 데 유용한 수단이 된다. 참고로 그림 6.31에 나타낸 회로의 동작 타이밍도를 검증한 결과를 그림 6.33에서 나타내었다.

(1)의 지점에서 클럭입력 C가 상승하기 직전의 A, B 및 C의 값은 모두 0이다. 그림 6.32의 상태도를 고려해 보면 이 경우에서는 A, B의 출력은 변화하지 않는다.

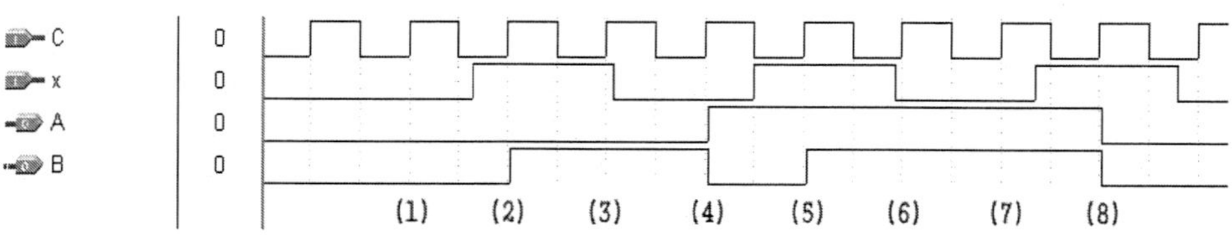

그림 6.33 그림 6.31 회로의 동작 타이밍도

따라서 위의 타이밍도의 결과를 보면 클럭 C가 상승한 이후의 A 및 B의 값은 변화하지 않음을 알 수 있다. 또한 (4)의 지점에서 이전 A = 0, B = 1, x = 0이었으므로 다음 상태의 값은 A = 1, B = 0으로 바뀌었음을 알 수 있다. 따라서 위 타이밍도 또한 상태도의 변화추이와 동일하게 동작함을 알 수 있다. 나머지 지점에서는 각자가 확인해 보길 바란다.

여기에서 우리는 중요한 사실을 다시 확인할 수 있다. 이전 상태 Q(t)와 다음 상태 Q(t+1)은 결국 동일한 출력단자를 통해 나오는 출력이며 트리거 시점을 기준으로 한 시간의 차이만이 존재함을 확인할 수 있다.

6.4 플립플롭을 포함하는 순서회로의 설계

여기표

동기식 회로의 해석은 클럭펄스의 트리거 시점에 대한 이해와 플립플롭의 동작에 대한 특성표를 이해함으로서 쉽게 실행할 수 있다. 그러나 해석과의 반대개념을 가지는 설계과정에서는 현재 상태에서 다음 상태로의 변화가 정의되어 있어야 하며 이러한 변화를 만들어 낼 수 있는 조건을 구할 수 있어야 한다. 이러한 조건을 나열한 표를 여기표(excitation table)라고 한다. 여기표는 다음과 같은 과정을 통하여 구할 수 있다. 먼저 표 6.17의 왼쪽 특성표에서 출력이 이전 상태값을 0을 가지면서 트리거가 이루어진 이후의 다음 상태의 값을 0으로 가지는 항들을 찾아보면 ❶과 ❷항이 이에 해당됨을 알 수 있다. ❶항과 ❷항의 J 입력 및 K 입력항의 값을 보면 K 입력의 값은 0이 될 수도, 1이 될 수도 있지만 J 입력의 값은 항상 0이 된다.

따라서 출력값이 0의 이전상태에서 0의 다음 상태를 가지기 위한 조건으로서는 K 입력은 아무런 역할을 할 수 없으나 J 입력만은 반드시 0이 되어야 한다. 따라서 이 경우의 여기값은 J = 0이며, K는 무정의 조건이 되는 것이다.

표 6.17 JK 플립플롭의 특성표와 여기표

	Q(t)	J	K	Q(t+1)
①	0	0	0	0
②	0	0	1	0
③	0	1	0	1
④	0	1	1	1
⑤	1	0	0	1
⑥	1	0	1	0
⑦	1	1	0	1
⑧	1	1	1	0

(a) 특성표

Q(t)	Q(t+1)	J	K
0	0	0	X
0	1	1	X
1	0	X	1
1	1	X	0

(b) 여기표

이와 같은 방법으로 0의 이전상태에서 1의 다음 상태로 출력이 변화할 수 있는 조건은 특성표의 ❸항 및 ❹항이 해당되며 이로 인해 결정되는 여기값은 J = 1이 되고 K 입력은 무정의 조건이 된다. 또한 1의 이전상태에서 0의 다음상태로 출력이 천이하기 위한 조건은 특성표의 ❻항 및 ❽항이 되며 이로부터 구해지는 여기값은 J는 무정의 조건이 되며 K 입력은 반드시 1이 되어야 한다. 마지막으로 1의 이전 상태값이 바뀌지 않고 다음 상태까지 유지가 되기 위한 조건은 ❺ 및 ❼항이 해당되며 이로 인해 J는 무정의 조건 K = 0이라는 여기값을 얻을 수 있다. 이를 하나의 표로 나타낸 것을 여기표라고 한다.

다음 표 6.18에서 RS 플립플롭, D 플립플롭 및 T 플립플롭의 여기표를 나타내었으며 각자 특성표로부터 여기표를 만들어보기 바란다.

표 6.18 플립플롭의 여기표

Q(t)	Q(t+1)	S	R
0	0	0	X
0	1	1	0
1	0	0	1
1	1	X	0

(a) RS 플립플롭

Q(t)	Q(t+1)	D
0	0	0
0	1	1
1	0	0
1	1	1

(b) D 플립플롭

Q(t)	Q(t+1)	T
0	0	0
0	1	1
1	0	1
1	1	0

(c) T 플립플롭

설계방법

회로의 설계과정은 회로의 해석과정과는 정반대가 되는 동작이다. 회로의 해석이 회로 상태로부터 다음 상태를 결정하여 그 결과를 상태표나 상태도 또는 타이밍도로 그 결과를 예측하는 단계라면 설계과정은 먼저 상태도 또는 상태표를 구하고 이로부터 회로의 구조를 결정하는 과정이다. 이러한 과정은 일정한 절차에 의해서 구성될 수 있다.

그 절차를 다음에 나타내었다.

❶ 회로 동작에 대한 자세한 설명을 기술한다. 이 과정에서 상태도나 타이밍도와 같은 구체화된 자료를 가져올 수 있으면 더욱 더 효과적이다.
❷ 1의 절차에 의해 규정된 동작상태를 바탕으로 상태표를 작성한다.
❸ 필요한 플립플롭의 개수를 결정하고 각 플립플롭에 이름을 배정한다.
이 이름은 영문자로 할 경우 효과적이다.
❹ 설계 회로에 사용할 플립플롭의 종류를 결정한다.
❺ 상태표에서 각 상태의 천이에 필요한 여기값을 표에 삽입한다.
❻ 카르노도나 간략화 과정을 통하여 회로의 출력함수와 플립플롭의 입력함수를 결정한다.

❼ 논리도를 작성한다.

❽ 만약 입력조건 중 사용하지 않는 상태가 있다면 작성된 회로 또는 플립플롭의 입력 함수식을 이용하여 사용하지 않는 조건이 어느 상태로 천이될 것인지를 결정한다.

이와 같은 절차 속에는 회로의 특성에 따라 상태의 축소배정 등과 같은 절차를 추가로 수행할 수 있으나 기본적인 사항에만 충실하여 본 절에서는 다음 예제를 바탕으로 설명하고자 한다.

예제 6-1

그림 6.32의 상태도의 동작을 만족하는 동기식 순서회로를 JK플립플롭을 이용하여 설계하시오.

풀이 [단계 1]

회로동작에 대한 자세한 설명을 기술한다. 앞 절에서 이미 상태도가 주어져 있으므로 1단계에서는 상태도로 대신한다. 실제의 회로설계과정에서 상태도 또는 상태표가 주어져 있을 경우 회로의 동작정의는 매우 정확하게 되어 있다고 전제할 수 있다.

[단계 2]

위 상태도를 만족하는 상태표를 다시 나타내면 다음 표 6.19와 같다.

표 6.19 예제 1의 상태표

현재상태		입력	다음상태	
A	B	x	A	B
0	0	0	0	0
0	0	1	0	1
0	1	0	1	0
0	1	1	0	1
1	0	0	1	0
1	0	1	1	1
1	1	0	1	1
1	1	1	0	0

[단계 3]

위의 상태표에서 현재상태와 다음상태로 표현되는 상태를 결정할 수 있는 요소는 A, B 2개이다. 따라서 이 회로를 설계하기 위한 플립플롭의 개수는 2개가 된다. 각각의 플립플롭에 A 및 B의 이름을 배정한다.

[단계 4]

예제에서 회로를 JK 플립플롭을 이용하여 설계하기로 주어져 있으므로 JK 플립플롭을 이용한다.

[단계 5]

상태의 천이를 규정해 줄 수 있는 여기값을 상태표에 삽입한다.

표 6.20에서 현재상태가 A = 1, B = 0 그리고 입력 x = 1인 상태를 고려해 보자. A의 값은 현재 상태 1에서 다음 상태 1로 그대로 유지가 된다. JK 플립플롭에서 출력값이 1이 유지될 수 있는 조건은 앞의 여기표에서 나타낸 것과 같이 J 입력은 아무런 역할도 할 수 없으며 K 입력이 반드시 0인 상태가 되어야 하므로 A 플립플롭의 여기값은 JA = X, KA = 0의 값을 가진다.

표 6.20 예제 1의 상태표와 여기값

현재상태		입력	다음상태		플립플롭의 입력			
A	B	x	A	B	JA	KA	JB	KB
0	0	0	0	0	0	X	0	X
0	0	1	0	1	0	X	1	X
0	1	0	1	0	1	X	X	1
0	1	1	0	1	0	X	X	0
1	0	0	1	0	X	0	0	X
1	0	1	1	1	X	0	1	X
1	1	0	1	1	X	0	X	0
1	1	1	0	0	X	1	X	1

또한 B의 값은 현재상태 0에서 다음상태에서 1로 천이되어야 하므로 이 조건을 만족할 수 있는 JK 플립플롭의 여기값은 JB = 1, KB = X가 되어야 한다. 이러한 여기값은 각 플립플롭의 여기표를 보면서 설계될 회로의 출력값의 변화 추이에 따라 만족하는 값을 선택해 기록하면 편리하다. 위에서 설명한 것과 같은 방법으로 8개의 상태조건 모두에 대한 여기값을 표시한 것이 위의 표가 된다.

[단계 6]

간략화 과정을 통하여 각 플립플롭의 입력함수를 결정한다.

단계5에서 결정된 표를 이용하여 JA, KA, JB 및 KB의 입력함수를 부울 함수식으로 간략화하여 표현한다. 그림 6.34에서 각 입력의 카르도 맵을 그리고 이를 이용하여 간략화 하는 과정을 나타내었다.

카르노 맵을 이용하여 회로를 간략화 하여 부울 대수식으로 표현하는 방법은 이미 앞의 조합논리부분에서 많이 사용하였으므로 여기에서는 생략한다. 이 과정을 통하여 만들어진 부울 대수식은 다음과 같다.

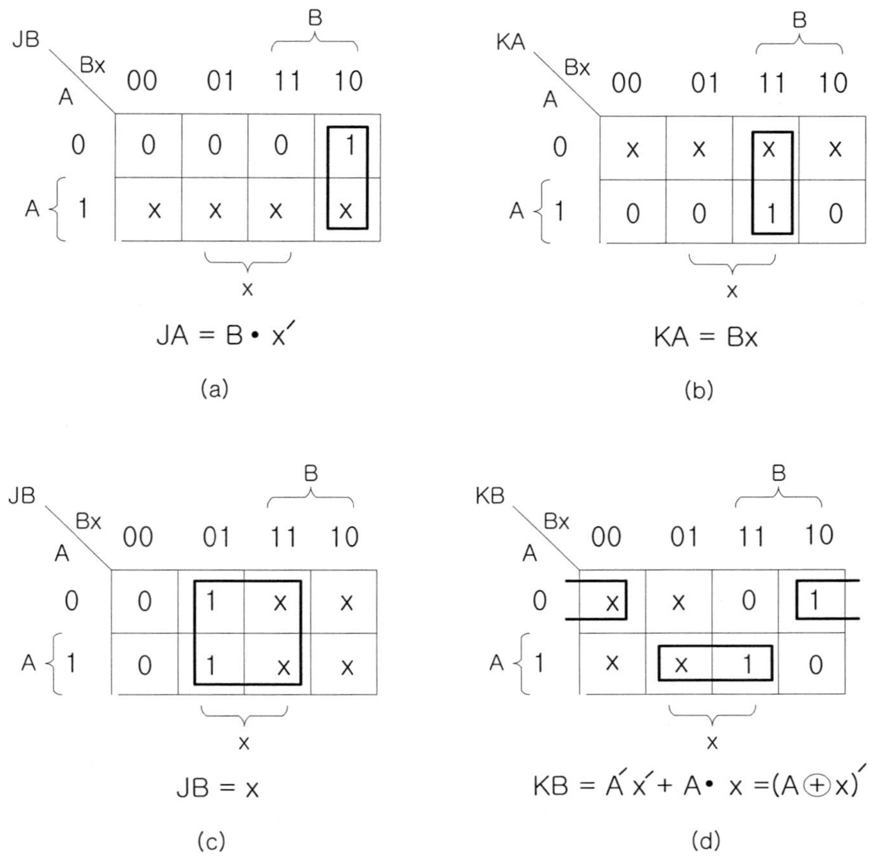

그림 6.34 예제를 만족하기 위한 각 입력함수의 카르노 맵

$$J_A = B\ x'$$

$$K_A = B\ x$$

$$J_B = x$$

$$K_B = A'\ x' + A\ x = (A \oplus x)'$$

[단계 7]

논리도를 작성한다. 논리도의 작성과정은 다음과 같은 절차를 따라하면 매우 용이하다.

❶ 상태표에 반영된 플립플롭의 개수만큼 플립플롭을 그린다.

❷ 각 플립플롭의 이름을 이미 배정된 대로 표시한다.

❸ 플립플롭의 모든 동기클럭 입력을 공통으로 연결한다.
이때 비동기 클리어나 프리셋이 있을 경우는 이 또한 같이 묶어 준다.

❹ 단계 6에서 구해진 함수에 따라 입력 및 출력을 결선한다.

이때 각 플립플롭의 반전출력은 별도로 인버터를 이용하여 구성하지 말고 플립플롭에다 반전 출력을 표시하고 결선한다.

[단계 8]
위의 예제에서는 사용되지 않은 조건이 없으므로 설계가 종료되었다.

이와 같은 과정을 이용하여 표현된 회로가 그림 6.31에 나타낸 회로와 동일하다면 이 문제의 풀이과정이 정확히 수행되었다고 할 수 있다.

예제 6-2

다음 그림 6.35의 상태도를 만족하는 순서회로를 D 플립플롭을 이용하여 설계하고 사용되지 않는 상태들의 변화추이를 그림으로 나타내어라.

풀이

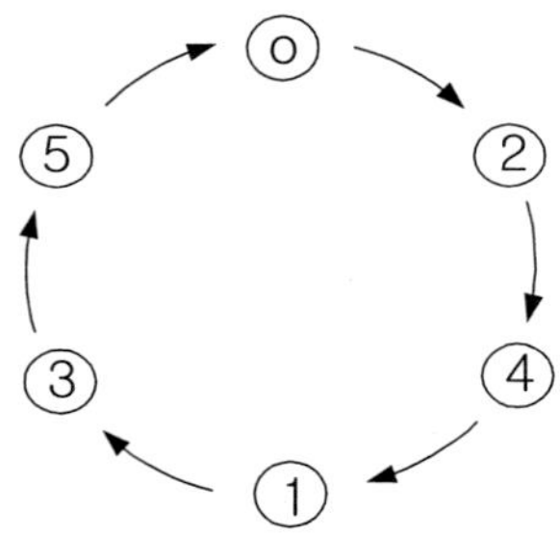

그림 6.35 예제 2를 위한 상태도

예제 6-1에서는 단계별로 설명하였지만 이 방법이 익숙해지면 상태도로부터 상태표와 여기값을 포함하는 표를 동시에 작성할 수 있다. 위 예제에서 출력의 상태는 십진수로 0에서 5까지의 상태를 가지므로 이를 구현하기 위해서는 3 bit의 출력이 필요하다. 따라서 D 플립플롭은 3개가 필요하며 편의상 최상위비트의 이름을 C 최하위 비트의 이름을 A로 표현하기로 한다. 이를 나타내면 다음 표 6.21과 같다.
표 6.21에서 참고할 것은 그림 6.35의 상태도에서 6 및 7의 상태가 사용되지 않고 있다는 것이다. 따라서 사용되지 않는 상태는 다음 상태 및 여기값 모두를 무정의 상태 X로 표시하면 된다. 물론 무정의 조건으로 가정한 후 회로를 설계하고 나서 사용되지 않는 상태를 추론하여 그 변화가 사용되는 상태로 수렴이 됨을 확인하여야 한다.
드문 경우지만 만약 수렴되지 않고 사용되지 않는 상태들끼리 고리를 이루어 순환하여 사용 상태로의 접근이 이루어지지 않는다면 사용되지 않는 값들을 특정값의 사용 상태로 수렴시켜 다시 작업을 수행하여야 한다. 이 경우 회로의 구조는 복잡해지게 된다.

표 6.21 예제 2의 상태표 및 여기값

Num	현재상태			다음상태			여기값		
	QC	QB	QA	QC	QB	QA	DC	DB	DA
0	0	0	0	0	1	0	0	1	0
1	0	0	1	0	1	1	0	1	1
2	0	1	0	1	0	0	1	0	0
3	0	1	1	1	0	1	1	0	1
4	1	0	0	0	0	1	0	0	1
5	1	0	1	0	0	0	0	0	0
6	1	1	0	X	X	X	X	X	X
7	1	1	1	X	X	X	X	X	X

다음 그림 6.36에서 카르노 맵을 이용하여 DC, DB 및 DA의 부울 함수식을 구하는 과정을 나타내었으며 이를 이용하여 완성된 회로를 그림 6.37에 나타내었다.
예제 2의 경우는 사용하지 않는 조건인 6과 7이 존재한다. 따라서 이 상태들이 발생될 경우 어떤 경로를 통하여 사용 상태 속으로 수렴되는지를 검증하여야 회로설계가 모두 끝이 나게 된다. 이 과정은 그림 6.36의 간략화 과정에서 구해진 부울 함수식을 이용하여 검증할 수 있다.
먼저 상태 6의 경우를 고려해 보자. 상태 6은 QC = 1, QB = 1, QA = 0이므로,

$$DC = QB = 1$$

$$DB = QC' \cdot QB' = 0 \cdot 0 = 0$$

$$DA = QC \oplus QA = 1 \oplus 0 = 1$$

이 되어 상태 6은 101 즉 상태 5로 이동하게 된다.

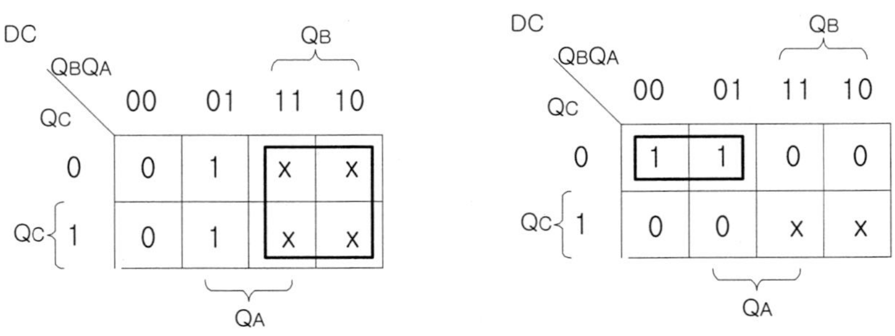

$D_C = Q_B$

(a)

$D_B = Q_C' \cdot Q_B'$

(b)

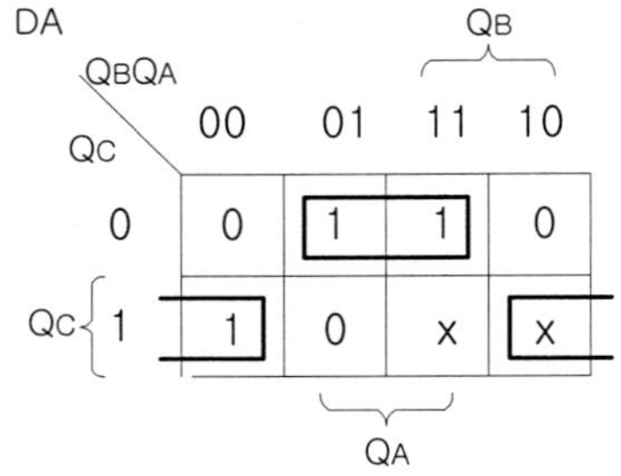

$D_A = Q_C' \cdot Q_A + Q_C \cdot Q_A' = Q_C \oplus Q_A$

(c)

그림 6.36 예제 2의 간략화 과정

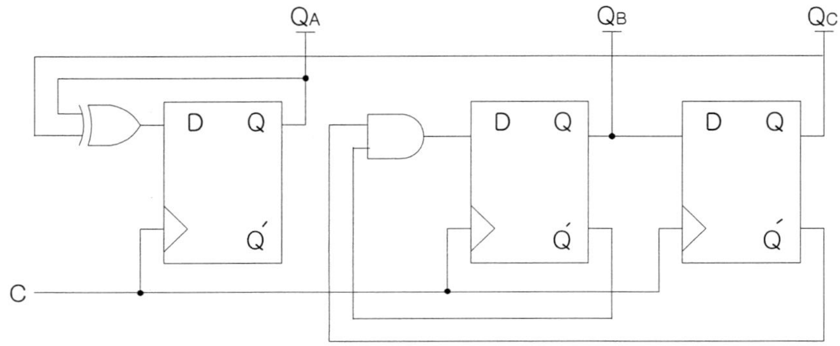

그림 6.37 예제 2를 만족하는 회로

또한 상태 7은 QC = 1, QB = 1, QA = 1이므로,

$$DC = QB = 1$$

$$DB = QC' \cdot QB' = 0 \cdot 0 = 0$$

$$DA = QC \oplus QA = 1 \oplus 1 = 0$$

이 되어 상태 6은 100 즉 상태 4로 이동하게 되어 상태 6 및 7은 사용상태내로 수렴이 됨을 알 수 있다. 이를 고려하여 최종적으로 완성된 상태도를 그림 6.38에 나타내었으며 비동기 직접 클리어까지 고려한 동작의 타이밍도를 그림 6.39에 나타내었다.

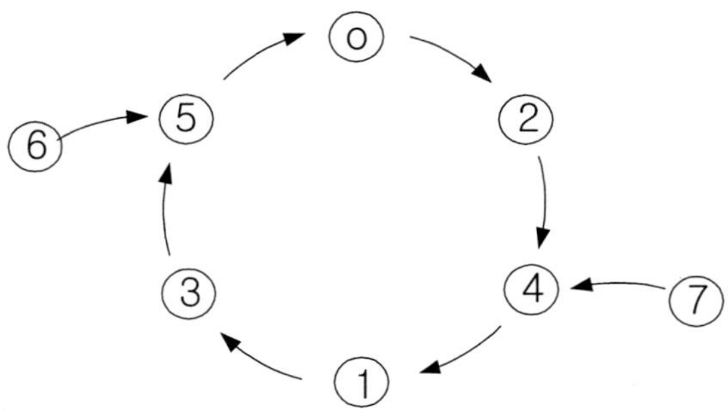

그림 6.38 사용되지 않은 상태까지 고려된 상태도

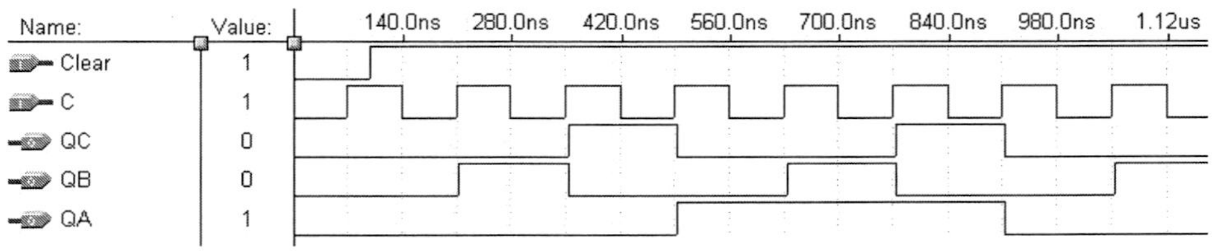

그림 6.39 예제 2에서 설계한 회로의 타이밍도

위에서 동기식 회로를 플립플롭으로 설계하는 방법을 다루었다. 이러한 동기식 회로의 대표적인 회로가 카운터(counter, 계수기)이다. 카운터는 클럭펄스가 입력될 때마다 미리 정해진 상태의 순서를 따라 구 값을 바꾸어 가는 순서회로를 의미한다. 그러므로 카운터란 클럭펄스 또는 외부 펄스에서 가해지는 트리거의 개수를 헤아릴 수 있는 순서회로를 의미한다. 이때 만약 외부에서 가해지는 클럭펄스의 주기가 일정한 시간간격을 가진다면 시간의 측정이 가능한 회로 또한 설계가 가능해진다. 만약 1초의 시간간격을 가지는 트리거가 입력이 된다면 이를 이용하여 디지털 시계의 설계가 가능해진다. 위에서 제시된 설계방법을 고려하면 동기식 카운터 또한 클럭펄스가 입력될 때마다 바뀌게 될 상태를 상태도로 표현하기만 하면 동일한 방법으로 설계가 가능하다. 즉 6.4절에서 다룬 설계방법은 플립플롭레벨에서 구현할 수 있는 거의 모든 종류의 회로설계가 가능해진다.

예제 6-3

동기식 3비트 업다운 카운터를 T 플립플롭을 이용하여 설계하시오.

풀이 3비트의 카운터의 경우 이를 이용하여 계수할 수 있는 값은 0에서 7까지 8 종류의 값을 계수할 수 있다. 그러나 설계조건에서 주어진 업다운 카운터는 외부단자를 통한 하나의 입력이 주어지며 이 입력조건의 여하에 따라 그 값이 증가하는 방향 또는 감소하는 방향으로의 계수가 이루어져야 한다. 따라서 3비트의 업다운 카운터의 상태도를 그리면 그림 6.40으로 나타낼 수 있다.

그림 6.40의 상태도로부터 상태표와 여기표를 작성하고 이로부터 회로를 작성하기까지의 과정을 표 6.22와 그림 6.41, 그림 6.42에서 나타내었다. 그림 6.42에서 Q2의 출력을 만들어내기 위한 T2의 입력 부울함수는

$$T2 = Q1 \cdot Q0 \cdot x + Q1' \cdot Q0' \cdot x'$$

으로 나타난다. 이 때 두 번째 항 Q1'· Q0'· x'는 드 모르강의 법칙을 이용하여 변환하면 (Q1 + Q0 + x)'로 나타낼 수 있다.

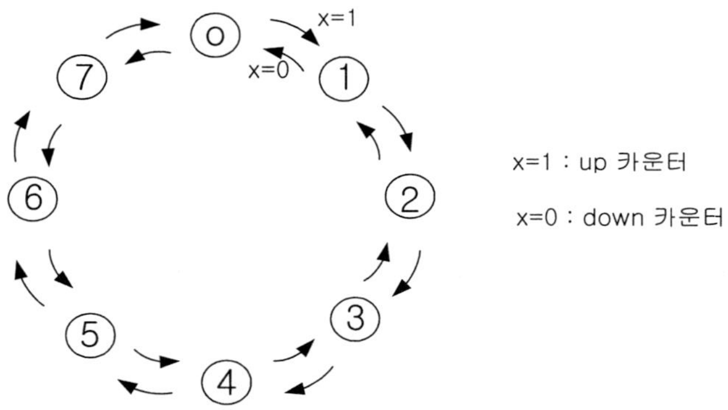

그림 6.40 동기식 3비트 업다운 카운터의 상태도

표 6.22 동기식 3비트 업다운 카운터의 상태표 및 여기표

현재상태				다음상태			여기값		
Q2	Q1	Q0	x	Q2	Q1	Q0	T2	T1	T0
0	0	0	0	1	1	1	1	1	1
0	0	0	1	0	0	1	0	0	1
0	0	1	0	0	0	0	0	0	1
0	0	1	1	0	1	0	0	1	1
0	1	0	0	0	0	1	0	1	1
0	1	0	1	0	1	1	0	0	1
0	1	1	0	0	1	0	0	0	1
0	1	1	1	1	0	0	1	1	1
1	0	0	0	0	1	1	1	1	1
1	0	0	1	1	0	1	0	0	1
1	0	1	0	1	0	0	0	0	1
1	0	1	1	1	1	0	0	1	1
1	1	0	0	1	0	1	0	1	1
1	1	0	1	1	1	1	0	0	1
1	1	1	0	1	1	0	0	0	1
1	1	1	1	0	0	0	1	1	1

그래서 그림 6.42의 회로는 3입력 AND게이트와 3입력 NOR 게이트를 이용하여 T2 입력을 만들어 내도록 하였다. 그림 6.42의 회로 동작상태를 ALTERA사의 MAXPLUS II 컴파일러를 이용하여 시뮬레이션 한 결과를 그림 6.43 및 6.44에서 나타내었다.

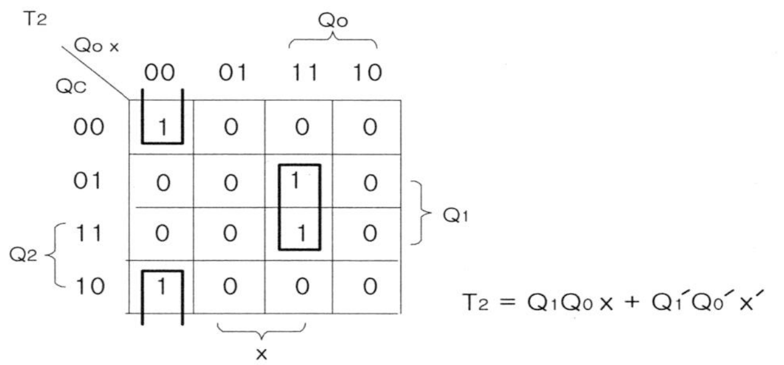

(a)

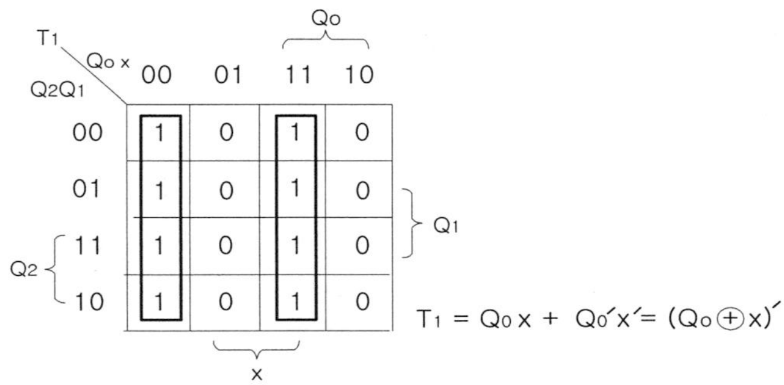

(b)

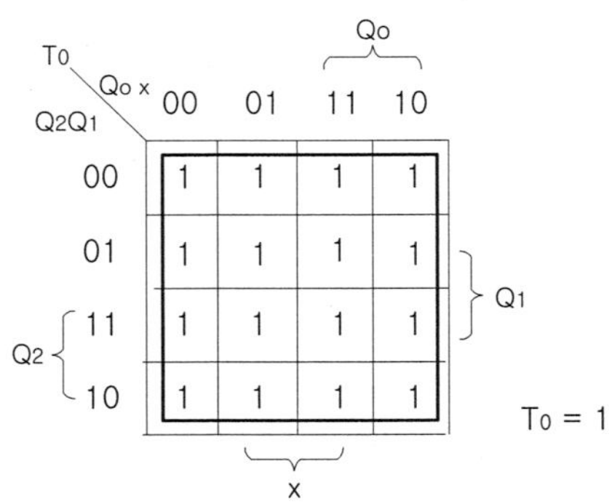

(c)

그림 6.41 예제 3의 간략화 과정

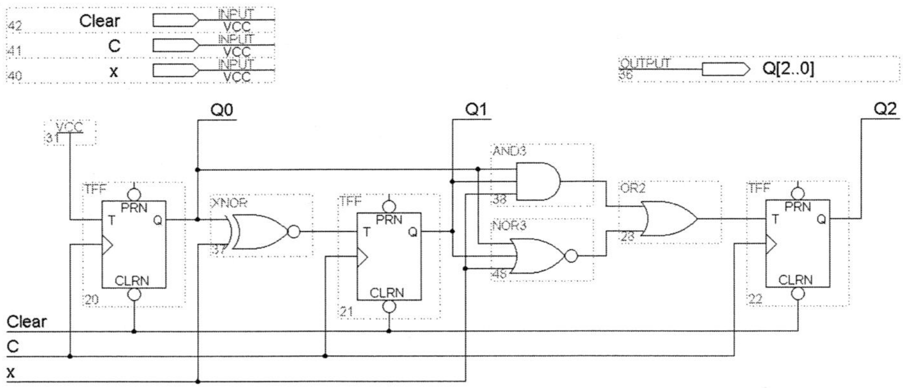

그림 6.42 동기식 3비트 업다운 카운터의 논리회로도

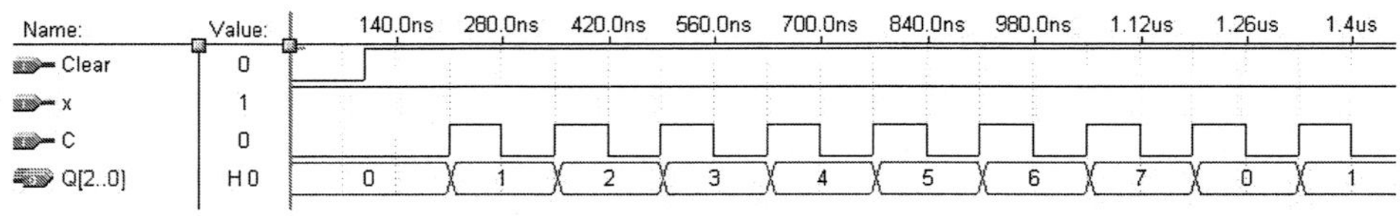

그림 6.43 동기식 3비트 업다운 카운터의 증가동작(x=1)

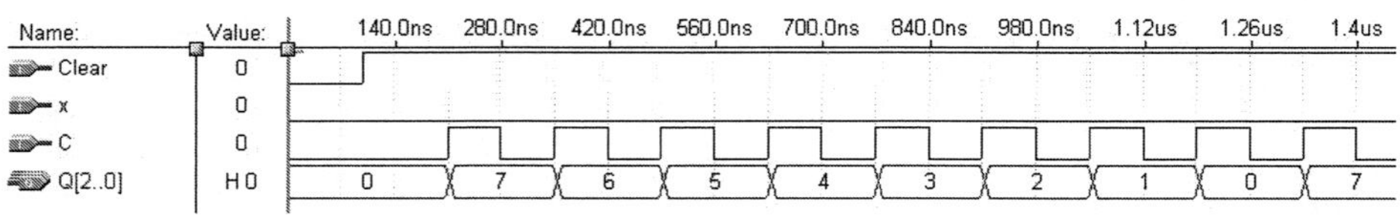

그림 6.44 동기식 3비트 업다운 카운터의 감소동작(x=0)

실험 14

동기식 계수기

1. 목적

동기 계수기의 기본 동작과 원리를 이해하고 응용력을 기르도록 한다.

2. 예비보고서

(1) 가산 계수기와 감산 계수기의 차이점을 간단히 설명하시오.

(2) 동기식 카운터에 대하여 간단히 설명하시오.

3. 사용기기 및 부품

□ IC 74 LS 08(2입력 AND 게이트)

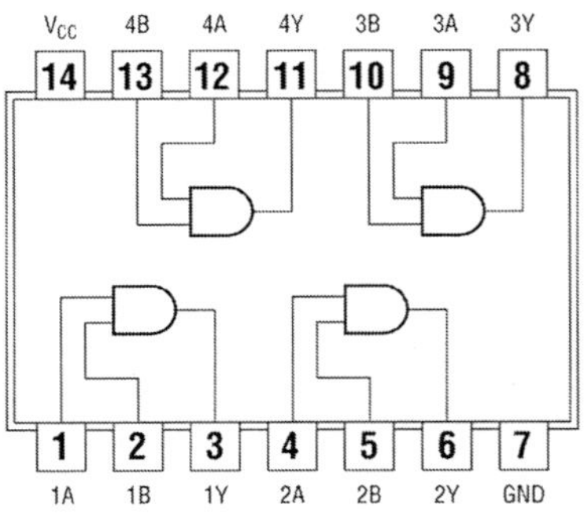

□ IC 74 LS 11(3입력 AND 게이트)

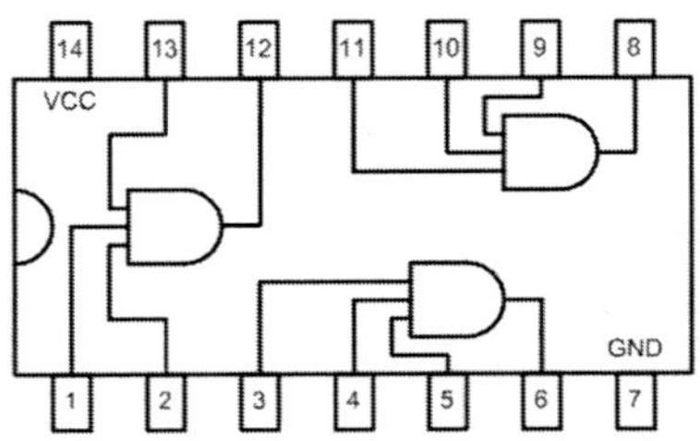

□ IC 74 LS 76(Dual JK Flip Flop)

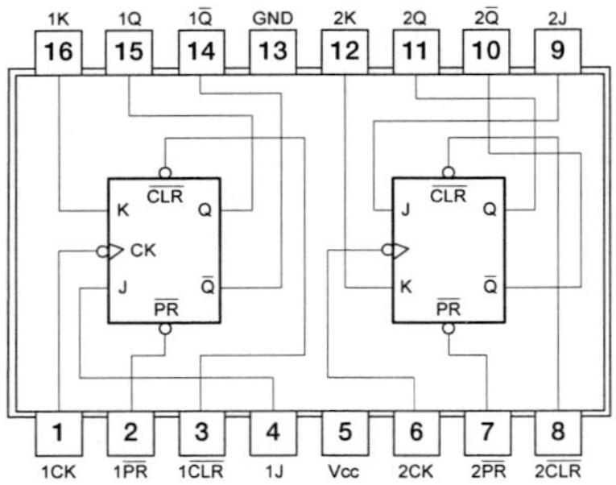

□ 논리회로 실험장치

□ 오실로스코프

4. 실험

(1) 그림 6.45와 같은 회로를 구성하고 출력 상태를 측정하여 표 6.23에 기록하고 그림 6.46의 타이밍도를 완성하시오(PRESET=1, CLEAR=0으로 한 뒤에 1 상태로 둔다).

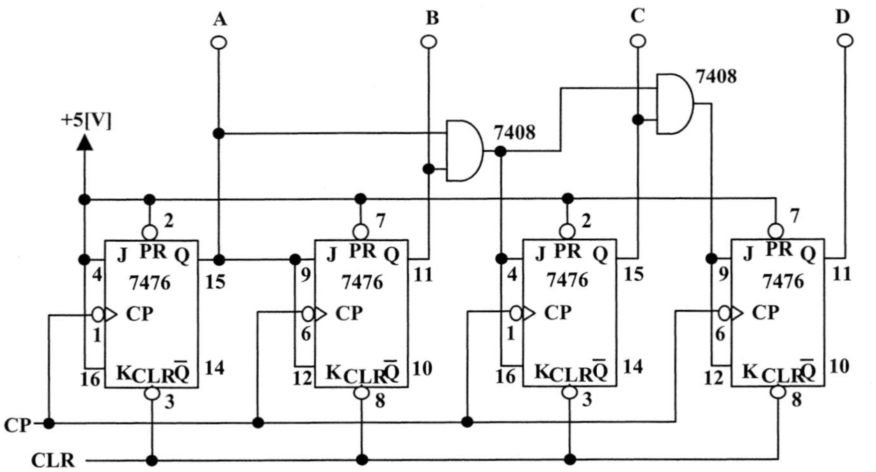

핀 번호 5 → +Vcc , 핀번호 13 → GND

그림 6.45

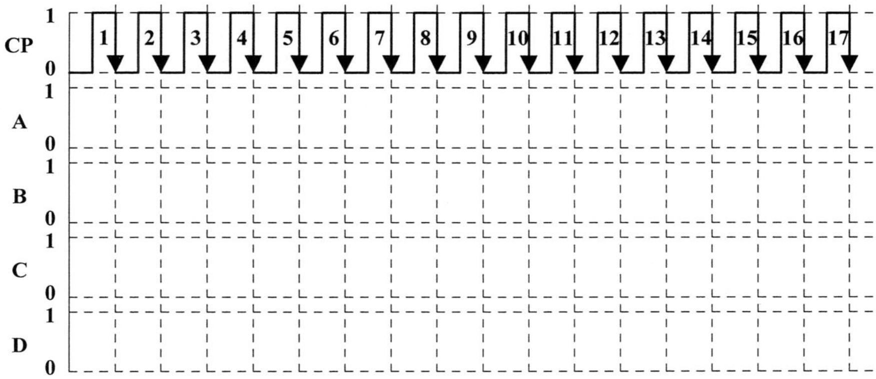

그림 6.46

표 6.23

클럭 펄스	D	C	B	A
0				
1				
2				
3				
4				
5				
6				
7				
8				
9				
10				
11				
12				
13				
14				
15				
16				

(2) 그림 6.47과 같은 회로를 구성하고 출력 상태를 측정하여 표 6.24에 기록하고 그림 6.48의 타이밍도를 완성하시오(CLEAR=1, PRESET=0으로 한 뒤에 1 상태로 둔다).

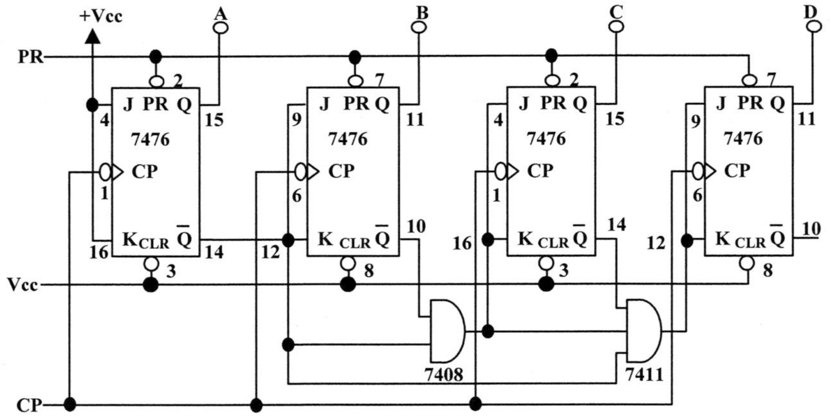

핀 번호 **5 → +Vcc, 13 → GND**

그림 6.47

표 6.24

클럭 펄스	D	C	B	A
0				
1				
2				
3				
4				
5				
6				
7				
8				
9				
10				
11				
12				
13				
14				
15				
16				

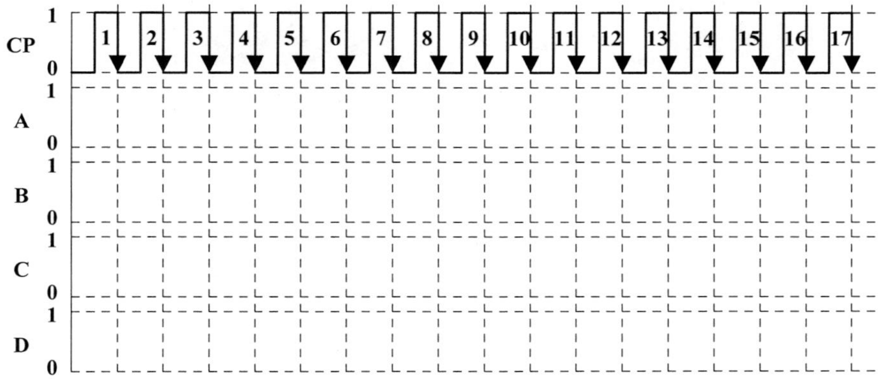

그림 6.48

5. 실험 결과 검토

(1) 그림 6.45의 동기식 가산 계수 회로를 실험한 결과에서 얻어진 표 6.23이 이론과 일치하는지 확인하여 보자.

(2) 그림 6.47의 동기식 감산 계수 회로를 실험한 결과에서 얻어진 표 6.24가 이론치와 일치하는지 확인하여 보자.

실험 15

동기식 N진 계수기

1. 목적

동기식 Modulus N 계수기의 기본 동작과 원리를 이해하고 응용력을 기른다.

2. 예비보고서

(1) 동기식 5진 가산 계수기를 처음 클리어 시키고 클럭 펄스를 7번 인가하면 출력 논리값은?

(2) 동기식 3진 가산 계수기를 설계하시오.

3. 사용기기 및 부품

□ IC 74 LS 08(AND 게이트)

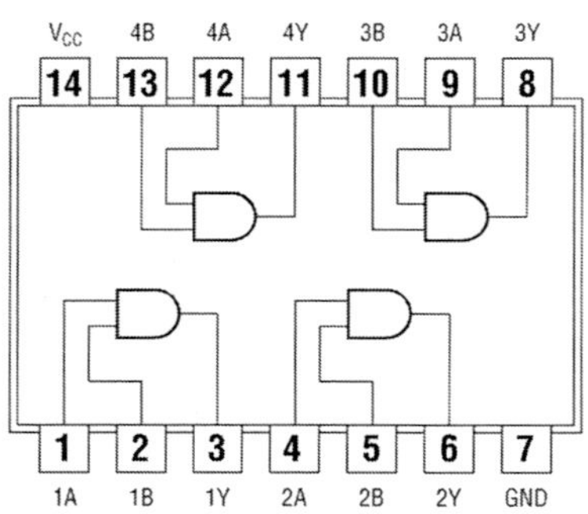

□ IC 74 LS 76(Dual JK flip flop)

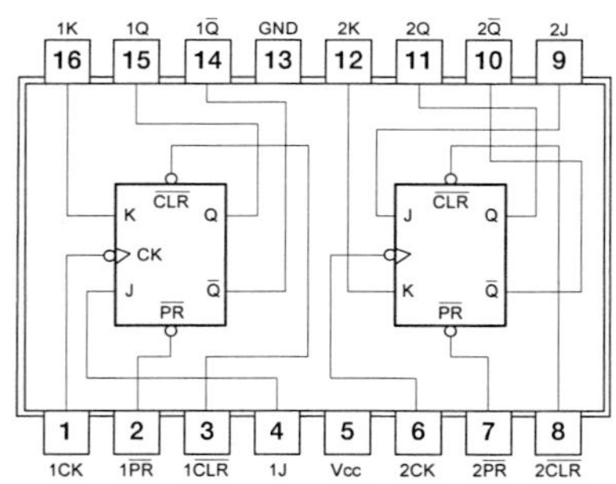

□ 논리회로 실험장치

□ 오실로스코프

4. 실험

(1) 그림 6.49 같은 회로를 구성하고 출력 상태를 측정하여 표 6.25에 기록하고 그림 6.50의 타이밍도를 완성하시오(PRESET=1, CLEAR=0으로 한 후 1 상태로 둔다).

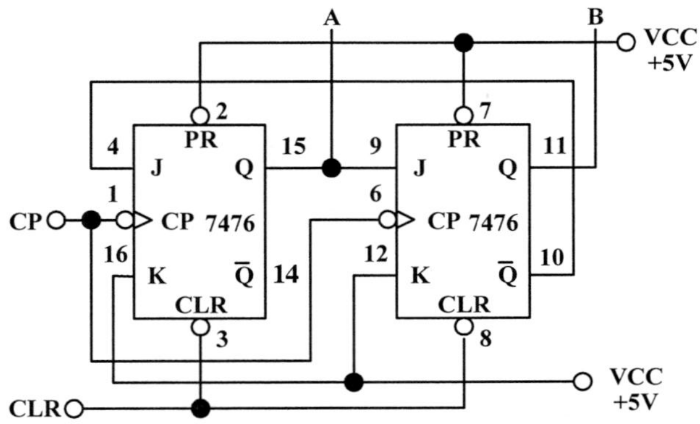

그림 6.49

표 6.25

클럭 펄스	B	A
0		
1		
2		
3		

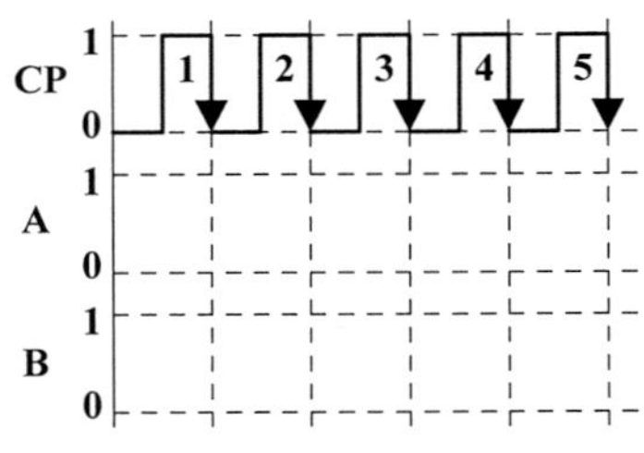

그림 6.50

(2) 그림 6.51과 같은 회로를 구성하고 출력 상태를 측정하여 표 6.26에 기록하고 그림 6.52의 타이밍도를 완성하시오(PRESET=1, CLEAR=0으로 한 후에 1 상태로 둔다).

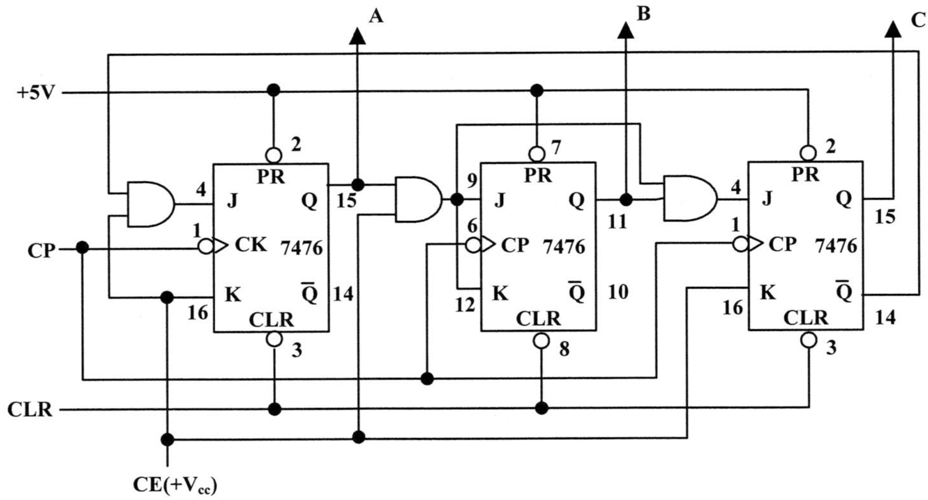

그림 6.51

표 6.26

클럭 펄스	C	B	A
0			
1			
2			
3			
4			
5			
6			
7			

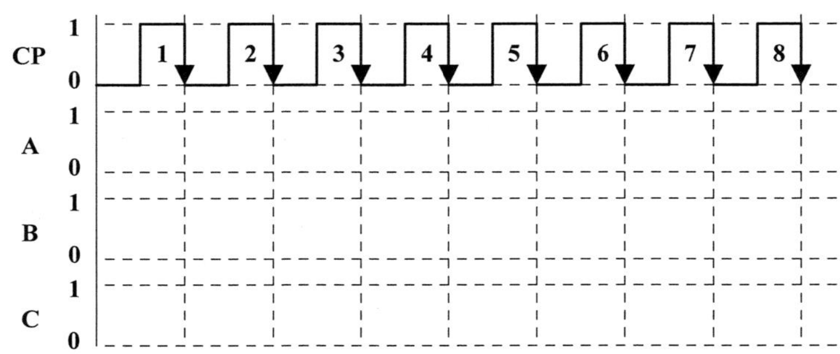

그림 6.52

(3) 그림 6.53과 같은 회로를 구성하고 출력 상태를 측정하여 표 6.27에 기록하고 그림 6.54의 타이밍도를 완성하시오(PRESET=1, CLEAR=0으로 한 후 1 상태로 둔다).

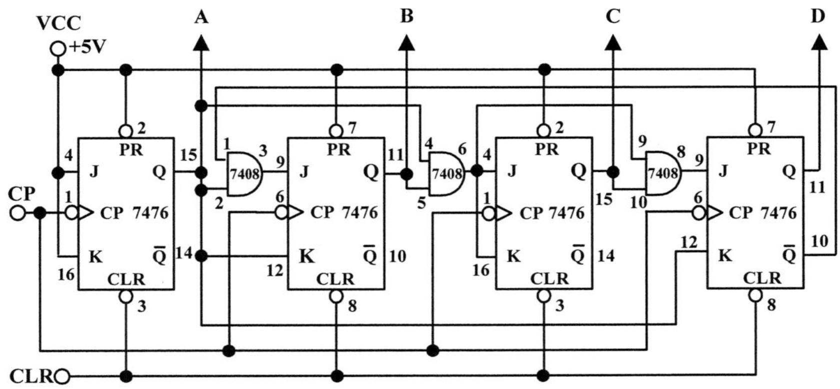

그림 6.53

표 6.27

클럭 펄스	D	C	B	A
0				
1				
2				
3				
4				
5				
6				
7				
8				
9				
10				
11				

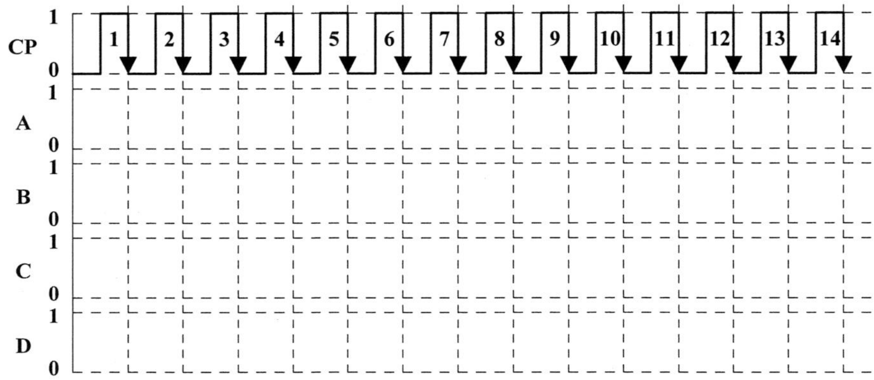

그림 6.54

5. 실험 결과 검토

(1) 그림 6.49의 동기식 3진 가산 계수 회로를 실험한 결과에서 얻어진 표 6.25가 이론치와 일치하는지 확인하여 보자.

(2) 그림 6.51의 동기식 5진 가산 계수 회로를 실험한 결과에서 얻어진 표 6.26이 이론치와 일치하는지 확인하여 보자.

(3) 그림 6.53의 동기식 10진 가산 계수 회로를 실험한 결과에서 얻어진 표 6.27이 이론치와 일치하는지 확인하여 보자.

6.5 비동기식 계수기

[1] 비동기 계수기

비동기 계수기는 JK 또는 T 플립플롭을 이용하여 만들 수 있다. 계수기가 계수할 수 있는 독립된 총수는 플립플롭의 수가 n개이면 2^n개로 주어진다. 예를 들면 3개의 플립플럽을 사용하면 8진수 0에서 7까지 계수할 수 있고 4개의 플립플롭을 사용하면 16진수 0에서 F까지 계수할 수 있다. 그림 6.55처럼 플립플롭을 여러 개 접속해서 클럭 펄스를 직렬로 가하는 방식을 비동기식 또는 리플(ripple) 카운터라고 한다.

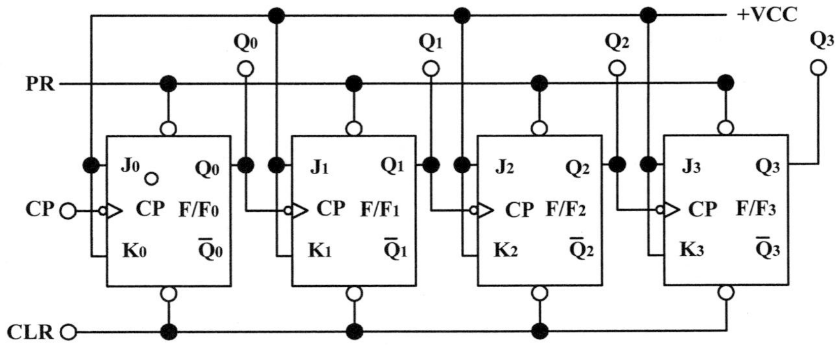

그림 6.55 4단 비동기식 계수기

[2] 비동기식 가산(Count-Up) 계수기

가산 계수기는 입력 펄스의 수를 세어 올라가는 것으로 그림 6.56은 비동기식 가산 계수 회로를 나타내었고 그림 6.57은 이 회로의 출력 파형을 나타내었다

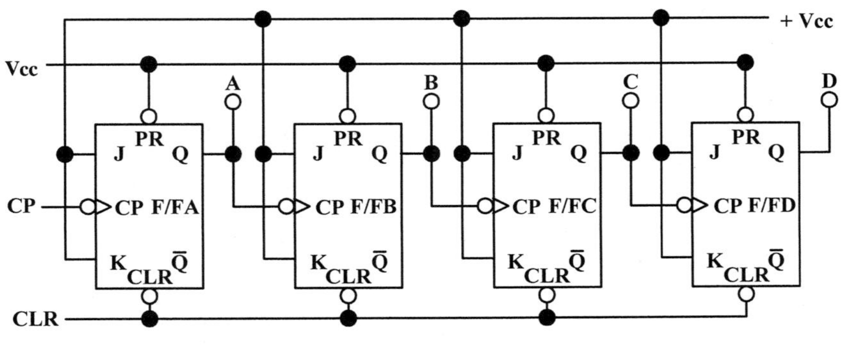

그림 6.56 비동기식 가산 계수기 회로

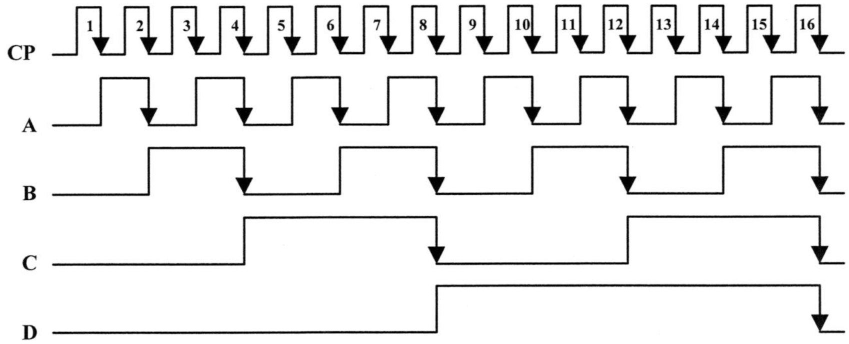

그림 6.57 비동기식 가산 계수기의 출력 파형

표 6.28

클럭 펄스	D	C	B	A
0	0	0	0	0
1	0	0	0	1
2	0	0	1	0
3	0	0	1	1
4	0	1	0	0
5	0	1	0	1
6	0	1	1	0
7	0	1	1	1
8	1	0	0	0
9	1	0	0	1
10	1	0	1	0
11	1	0	1	1
12	1	1	0	0
13	1	1	0	1
14	1	1	1	0
15	1	1	1	1
16	0	0	0	0

회로에서 알 수 있듯이 비동기식 가산 계수기는 앞단의 출력 Q가 뒷단의 클럭 펄스 입력으로 사용된다. 또한 출력 파형에서 알 수 있듯이 비동기식 가산 계수기의 플립플롭들은 네거티브 에지에서 동작하고 있으며 클럭 펄스가 들어오기 전에 모든 플립플롭들을 0으로 클리어시켜 둔다. 앞단 플립플롭에 두 개의 클럭 펄스가 들어갈 때마다 뒷단에는 한 개의 클럭 펄스가 들어가게 된다. 따라서 맨 왼쪽 플립플롭이 아랫자리수(LSB)이고 맨 오른쪽 플립플롭이 윗자리수(MSB)를 나타낸다. 표 6.28은 비동기식 가산 계수기의 계수 동작표를 나타내고 있다.

[3] 비동기식 감산(Count-Down) 계수기

감산 계수기는 입력 펄스의 수를 세어 내려가는 것으로 그림 6.58은 비동기식 감산 계수 회로를, 그림 6.59는 이 회로의 출력 파형을 나타내었다.

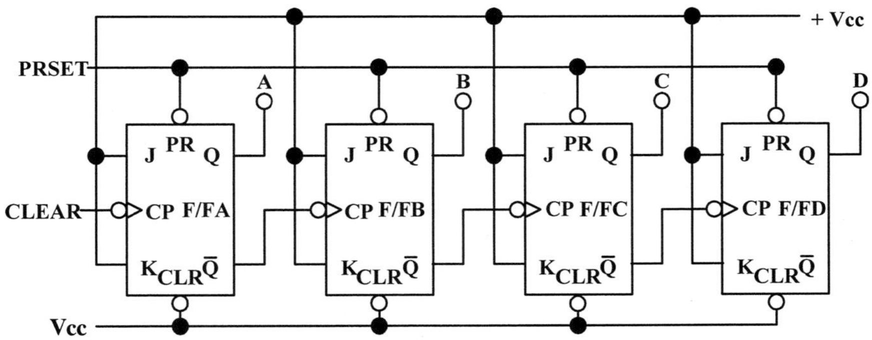

그림 6.58 비동기식 감산 계수기 회로

비동기식 감산 계수 회로가 가산 계수 회로와 다른 점은 앞단 플립플롭의 출력 Q가 다음 단의 클럭 펄스 입력으로 사용된다는 것이다. 또한 그림 6.58에서 보는 바와 같이 비동기식 감산 계수 회로에서는 클럭 펄스가 들어오기 전에 모든 플립플롭들을 1로 preset(PR) 시켜 두고 1개의 클럭 펄스가 들어올 때마다 출력은 하나씩 감소하게 된다. 이것을 표로 나타내면 표 6.29와 같다.

표 6.29

클럭 펄스	D	C	B	A
0	1	1	1	1
1	1	1	1	0
2	1	1	0	1
3	1	1	0	0
4	1	0	1	1
5	1	0	1	0
6	1	0	0	1
7	1	0	0	0
8	0	1	1	1
9	0	1	1	0
10	0	1	0	1
11	0	1	0	0
12	0	0	1	1
13	0	0	1	0
14	0	0	0	1
15	0	0	0	0
16	1	1	1	1

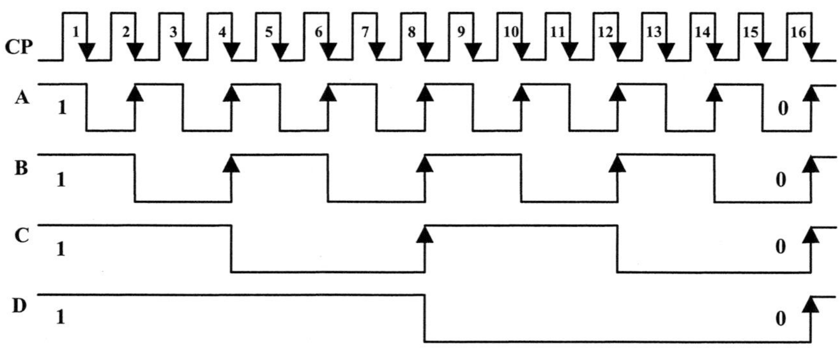

그림 6.59 비동기식 감산 계수기의 출력 파형

실험 16 비동기식 계수기

1. 목적

비동기 계수기의 기본 동작과 원리를 이해하고 응용력을 기르도록 한다.

2. 예비보고서

(1) 비동기식 16진 카운터를 처음 클리어시키고 클럭 펄스를 10번 인가시키면 4비트 출력은?
(2) 비동기식 카운터에 대하여 간단히 설명하시오.

3. 사용기기 및 부품

□ IC 74 LS 76(Dual JK FLIP-FLOP)

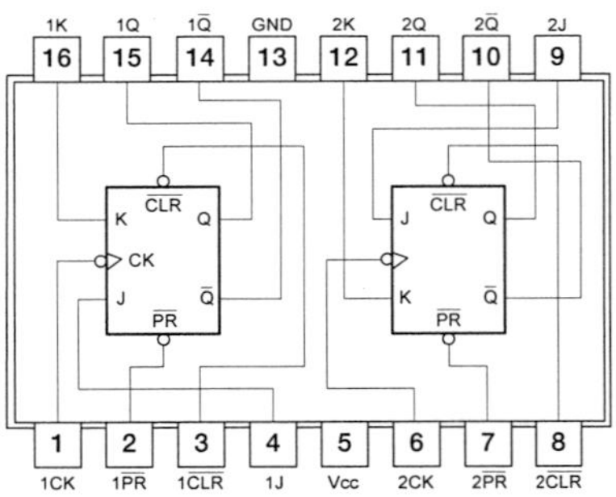

□ 논리회로 실험장치
□ 점퍼선
□ 오실로스코프

4. 실험

(1) 그림 6.60 같은 회로를 구성하고 출력 상태를 측정하여 표 6.30에 기록하고 그림 6.61의 타이밍도를 완성하시오(PRESET=1, CLEAR=0 상태로 한 뒤에 1 상태로 둔다).

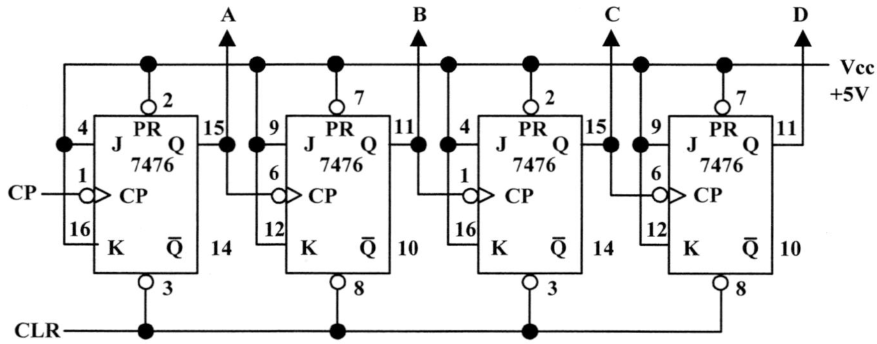

※핀번호 : 5→Vcc, 13→GND

그림 6.60

표 6.30

클럭 펄스	D	C	B	A
0				
1				
2				
3				
4				
5				
6				
7				
8				
9				
10				
11				
12				
13				
14				
15				
16				

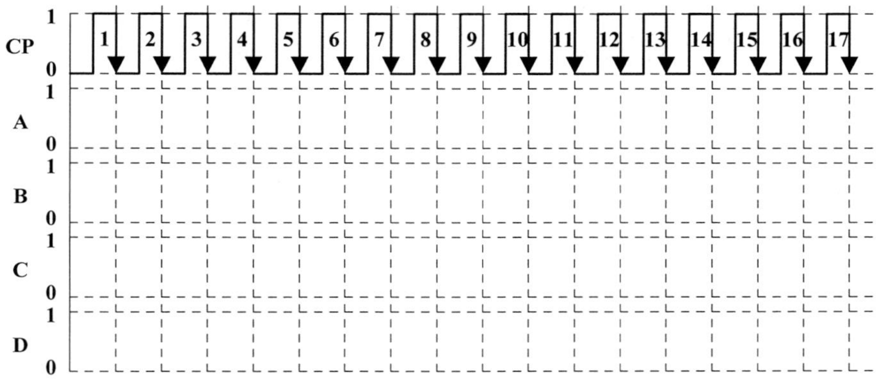

그림 6.61

(2) 그림 6.62와 같은 회로를 구성하고 출력 상태를 측정하여 표 6.31에 기록하고 그림 6.63의 타이밍도를 완성하시오(CLR=1, PR=0으로 한 뒤에 1 상태로 둔다).

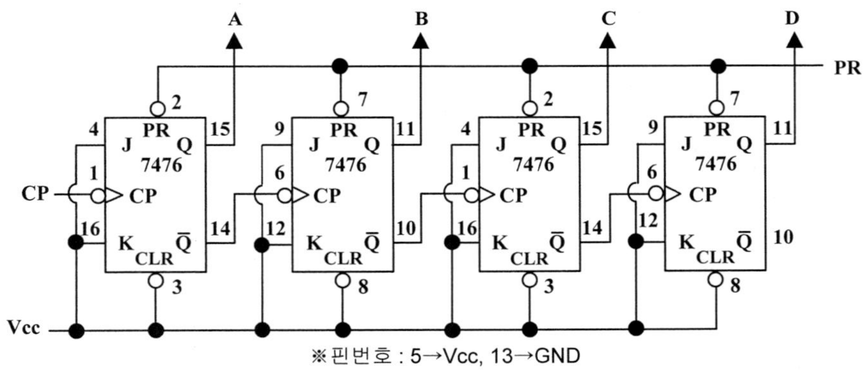

그림 6.62

표 6.31

클럭 펄스	D	C	B	A
0				
1				
2				
3				
4				
5				
6				
7				
8				
9				
10				
11				
12				
13				
14				
15				
16				

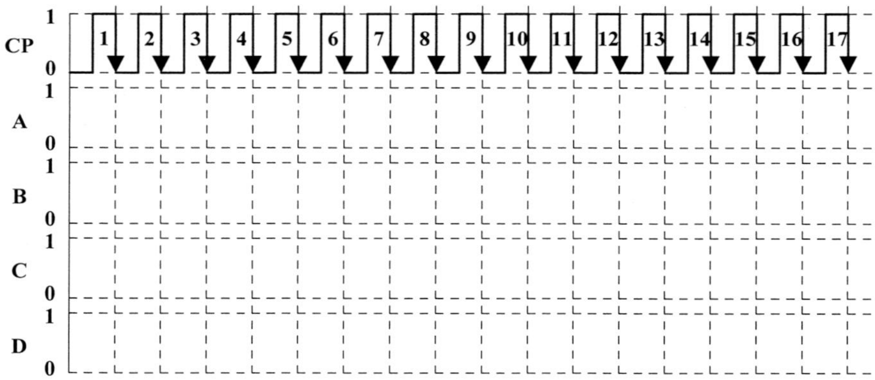

그림 6.63

5. 실험 결과 검토

(1) 그림 6.60의 비동기식 16진 가산 계수 회로를 실험한 결과에서 얻어진 표 6.30이 이론치와 일치하는지 확인하여 보자.

(2) 그림 6.62의 비동기식 16진 감산 계수 회로를 실험한 결과에서 얻어진 표 6.31이 이론치와 일치하는지 확인하여 보자.

6.6 비동기식 N진 계수기

[1] 비동기식 3진 계수기

비동기식 3진 계수기는 3을 모듈러스(Modulus)로 하는 Modulus 3 계수기이다. 2개의 플립플롭을 직렬로 연결하면 4가지 출력 상태가 생기게 되는데, 3진 계수기는 여기에 궤환(Feedback)을 가함으로써 3개의 출력 상태만이 반복되도록 한 것이다.

그림 6.65는 비동기식 3진 계수기를 나타내고 있다. 이 회로에서 3번째 클럭 펄스가 들어오면 원래 출력은 011이 되어야 하는데, 이 때 NAND 게이트의 출력이 0으로 바뀌게 되므로 이것이 궤환되어 모든 플립플롭을 클리어시켜 맨 처음의 상태인 000으로 되돌아가게 된다. 이것을 표 6.32에 나타내었다.

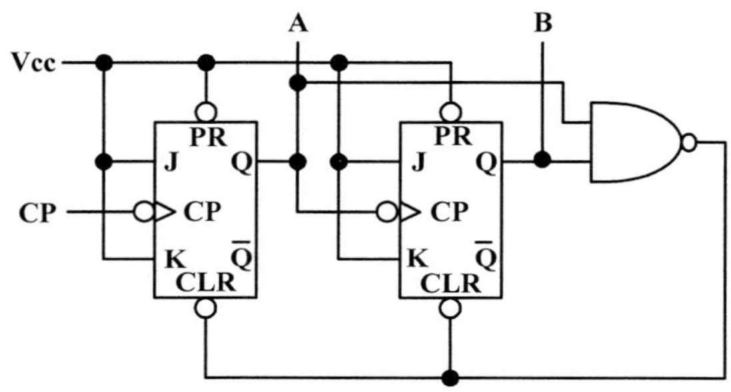

그림 6.65 비동기식 3진 계수회로

표 6.32 비동기식 3진 계수기의 동작표

클럭 펄스	B	A
0	0	0
1	0	1
2	1	0
3	0	0

[2] 비동기식 10진 계수기

비동기식 10진 계수기는 10을 모듈러스(Modulus)로 하는 Modulus 10 계수기이다. 4개의 플립플롭을 직렬로 연결하면 16가지의 출력 상태가 생기게 되는데, 10진 계수기는 여기에 궤환(Feedback)을 가함으로써 10개의 출력 상태만이 반복되도록 한 것이다.

그림 6.66은 비동기식 10진 계수기를 나타내고 있다. 이 회로에서 10번째 클럭 펄스가 들어오면 원래 출력은 1010이 되어야 하는데, 이 때 NAND 게이트의 출력이 0으로 바뀌게 되므로 이것이 궤환되어 모든 플립플롭을 클리어시켜 맨 처음 상태인 0000으로 되돌아가게 된다. 이것을 표 6.33에 나타내었다.

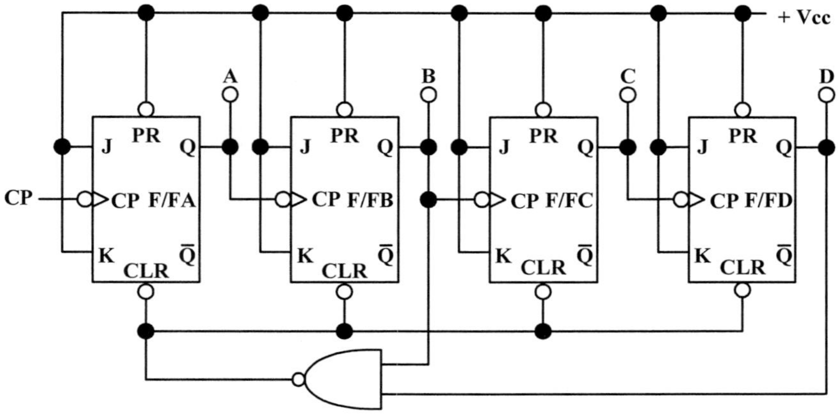

그림 6.66 비동기식 10진 계수기 회로

표 6.33 비동기식 10진 계수기의 동작표

클럭 펄스	D	C	B	A
0	0	0	0	0
1	0	0	0	1
2	0	0	1	0
3	0	0	1	1
4	0	1	0	0
5	0	1	0	1
6	0	1	1	0
7	0	1	1	1
8	1	0	0	0
9	1	0	0	1
10	0	0	0	0

실험 17 비동기식 N진 계수기

1. 목적

비동기식 Modulus N 계수기의 기본 동작과 원리를 이해하고 응용력을 기른다.

2. 예비보고서

(1) 비동기식 5진 가산 계수기를 설계하시오.

(2) 비동기식 7진 감산 계수기를 설계하시오.

(3) 비동기식 10진 감산 계수기를 설계하시오.

3. 사용기기 및 부품

□ IC 74 LS 00(NAND 게이트)

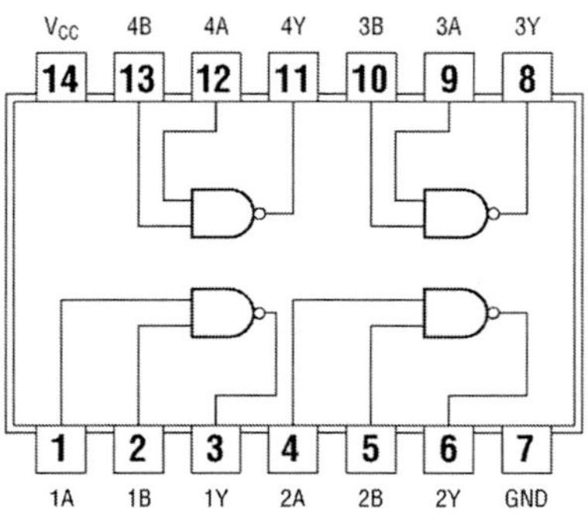

□ IC 74 LS 76(DUAL JK Flip-Flop)

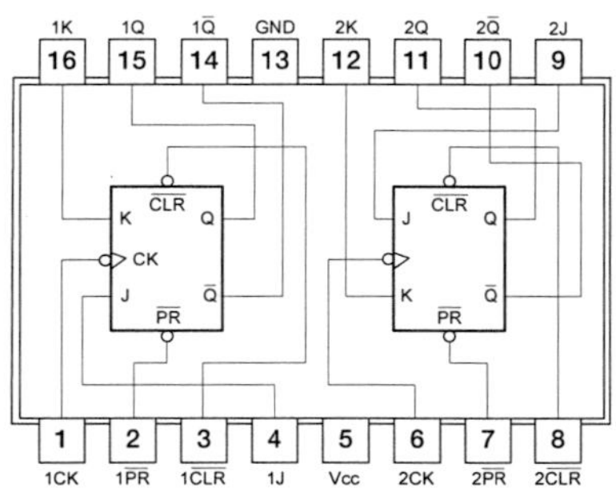

□ 논리회로 실험장치

□ 오실로스코프

4. 실험

(1) 그림 6.67과 같은 회로를 구성하고 출력 상태를 측정하여 표 6.34에 기록하고 그림 6-50의 타이밍도를 완성하시오.

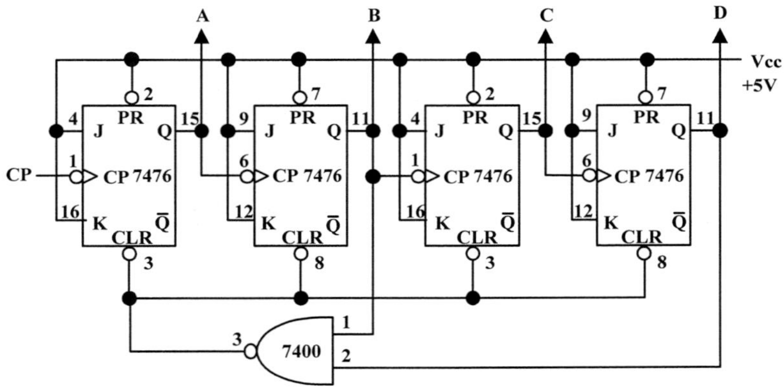

그림 6.67

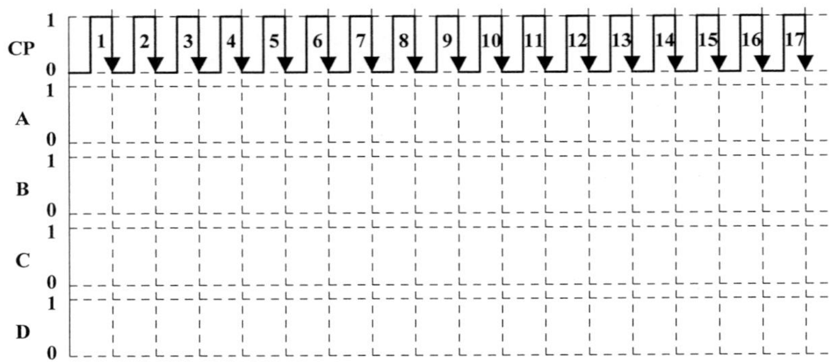

그림 6.68

표 6.34

클럭 펄스	D	C	B	A
0				
1				
2				
3				
4				
5				
6				
7				
8				
9				
10				
11				
12				

(2) 그림 6.69와 같은 회로를 구성하고 출력 상태를 측정하여 표 6.35에 기록하고 그림 6.70의 타이밍도를 완성하시오.

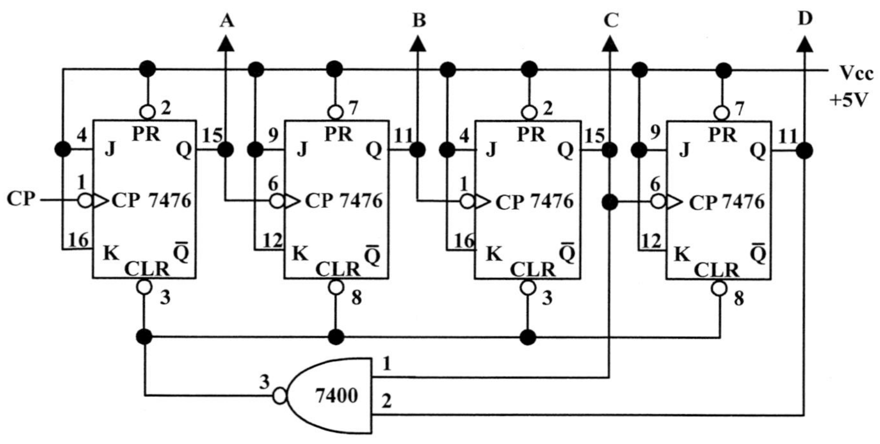

그림 6.69

표 6.35

클럭 펄스	D	C	B	A
0				
1				
2				
3				
4				
5				
6				
7				
8				
9				
10				
11				
12				

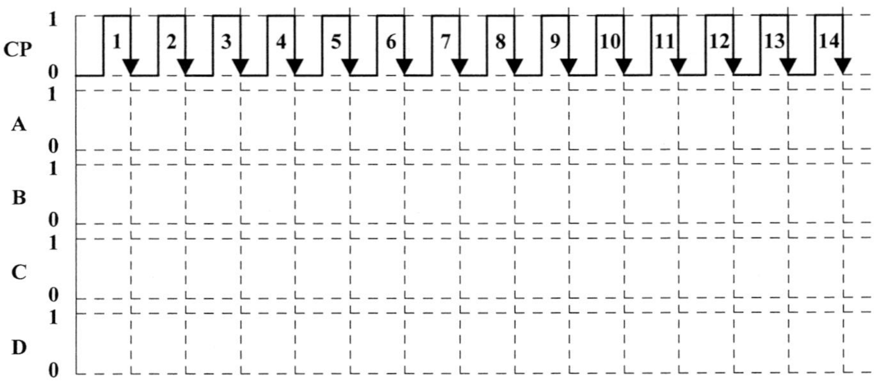

그림 6.70

5. 실험 결과 검토

(1) 그림 6.67의 비동기식 10진 가산 계수 회로를 실험한 결과에서 얻어진 표 6.34가 이론치와 일치하는지 확인하여 보자.

(2) 그림 6.69의 비동기식 12진 가산 계수 회로를 실험한 결과에서 얻어진 표 6.35가 이론치와 일치하는지 확인하여 보자.

6.7 시프트 계수기

[1] 링 카운터(Ring Counter)

링 계수기는 쉬프트 레지스터를 응용한 가장 간단한 계수기로서 임의의 특정된 시간에 하나의 플립플롭만 세트되고 나머지 플립플롭은 모두 클리어된 상태로 동작하는 순환식(circular) 쉬프트 레지스터이다. 그림 6.71은 링 계수기로 결선된 4비트의 쉬프트 레지스터를 나타내고 있다. 이 레지스터는 항상 첫 번째 플립플롭의 출력 Q_0를 1로, 나머지 플립플롭의 출력은 0이 되게 preset과 clear를 걸어준다. 그렇게 함으로써 클럭 펄스 입력이 인가됨에 따라 Q_1, Q_2, Q_3에 논리 1이 쉬프트된다. 이렇게 됨에 따라 5번째 클럭 펄스 입력에 대해서는 다시 처음 상태로 되돌아가서 Q_0, Q_1, Q_2, Q_3가 1000으로 되므로 링 계수기는 4까지 셀 수 있는 계수기인 셈이다.

일반적으로 N개의 플립플롭으로 구성된 링 계수기는 N가지의 출력 상태가 나오며 BCD 2진 계수기가 2^N가지임에 반해 링 계수기는 극히 비효율적이나 복호기(decoder)가 별도로 필요하지 않다는 장점을 가지고 있다. 링 계수기의 출력 상태는 표 6.36에 나타내었으며 타이밍도는 그림 6.72에 나타내었다. 일반적으로 N개의 플립플롭으로 구성된 링 계수기의 출력 주파수는 다음과 같다.

$$출력\ 주파수\ f_0 = \frac{f_i}{N}$$

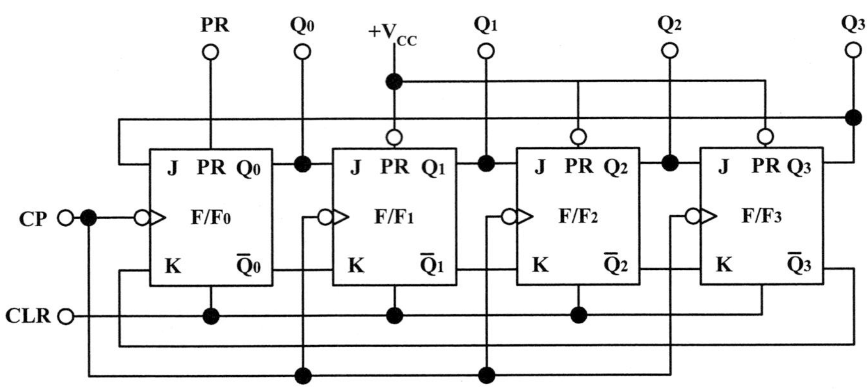

그림 6.71 링 계수기의 회로

표 6.36 링 계수기의 동작표

클럭 펄스	Q_0	Q_1	Q_2	Q_3
0	1	0	0	0
1	0	1	0	0
2	0	0	1	0
3	0	0	0	1
4	1	0	0	0

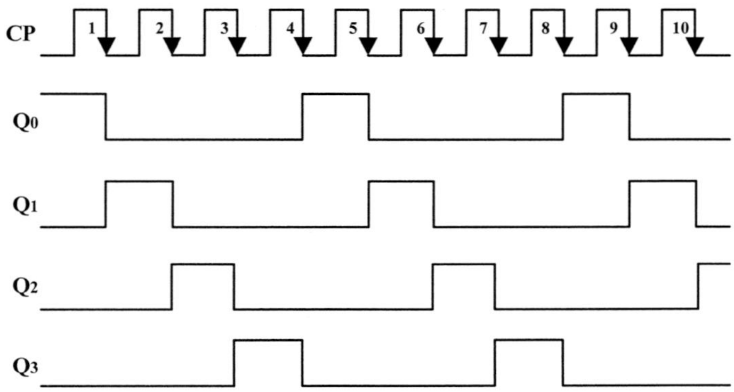

그림 6.72 링 계수기의 타이밍도

[2] 존슨 계수기(Johnson Counter)

존슨 계수기는 일명 트위스트(twist) 링 계수기, 워킹(walking) 링 계수기 또는 꼬리 바꿈식 (switch-tail) 링 계수기라고도 한다. 만약 쉬프트 레지스터가 꼬리 바꿈식 링 계수기로 연결된다면 상태의 수는 배(倍)로 될 수 있다. 그림 6.73과 같이 존슨 계수기는 마지막 플립플롭의 보수화된 출력(Q)을 첫 플립플롭의 입력에 연결시킨 순환 쉬프트 레지스터이다. 존슨 계수기의 출력 상태는 표 6.37에 나타내었으며 타이밍도는 그림 6.74에 나타내었다. 일반적으로 N개의 플립플롭으로 구성된 존슨 계수기 출력 주파수는 다음과 같다.

$$\text{출력 주파수 } f_0 = \frac{f_i}{2N}$$

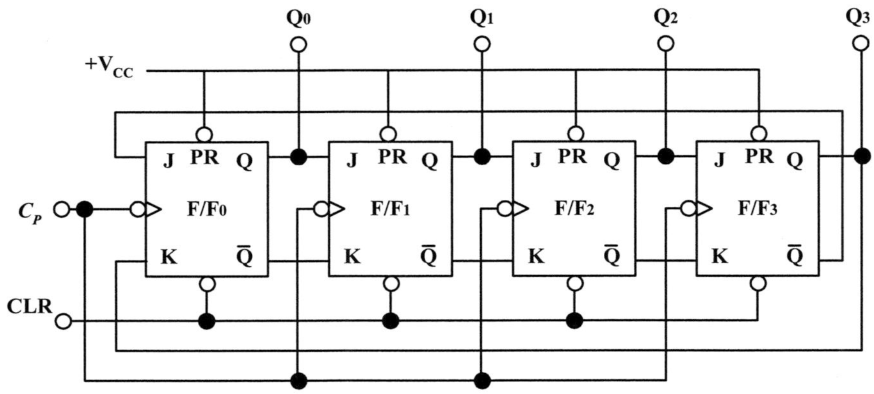

그림 6.73 존슨 계수기의 회로

표 6.37 존슨 계수기의 동작표

클럭 펄스	Q_0	Q_1	Q_2	Q_3
0	0	0	0	0
1	1	0	0	0
2	1	1	0	0
3	1	1	1	0
4	1	1	1	1
5	0	1	1	1
6	0	0	1	1
7	0	0	0	1
8	0	0	0	0

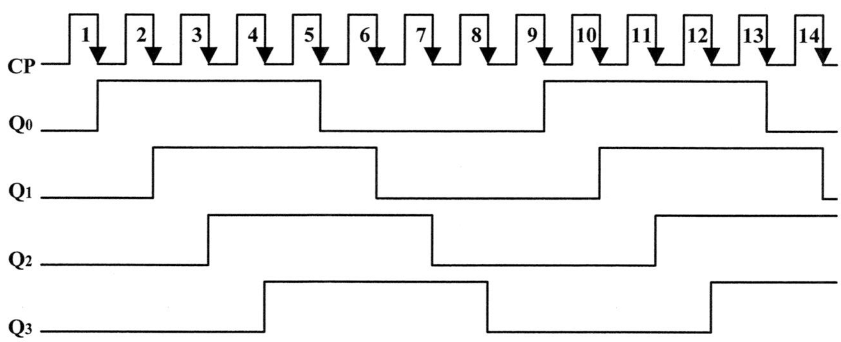

그림 6.74 존슨 계수기의 타이밍도

실험 18 쉬프트 계수기

1. 목적

쉬프트 계수기인 링 계수기와 존슨 계수기의 기본 동작과 원리를 이해한다.

2. 예비보고서

(1) 링 계수기에 관하여 간단히 설명하시오.

(2) 존슨 계수기에 관하여 간단히 설명하시오.

(3) 4단 링 계수기에서 클럭 펄스가 10[kHz]일 때 출력 주파수는 얼마인가?

3. 사용기기 및 부품

□ IC 74 LS 76(Dual JK Flip Flop)

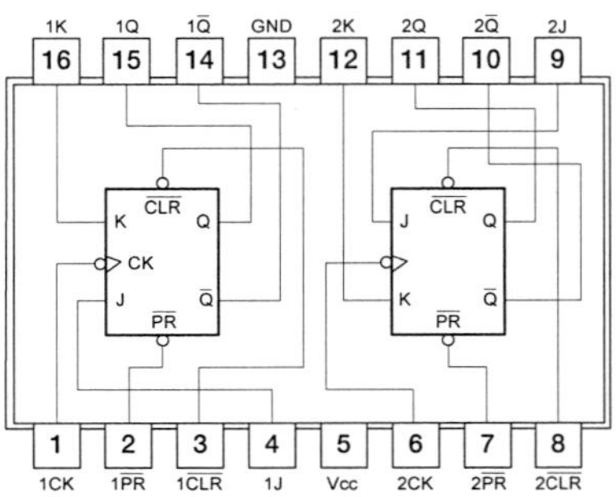

□ 논리회로 실험장치

□ 오실로스코프

4. 실험

(1) 그림 6.75와 같은 회로를 구성하고 출력 상태를 측정하여 표 6.38에 기록하고 그림 6.76의 타이밍도를 완성하시오.(CLR=0, PR=0으로 한 후 1상태로 둔다.)

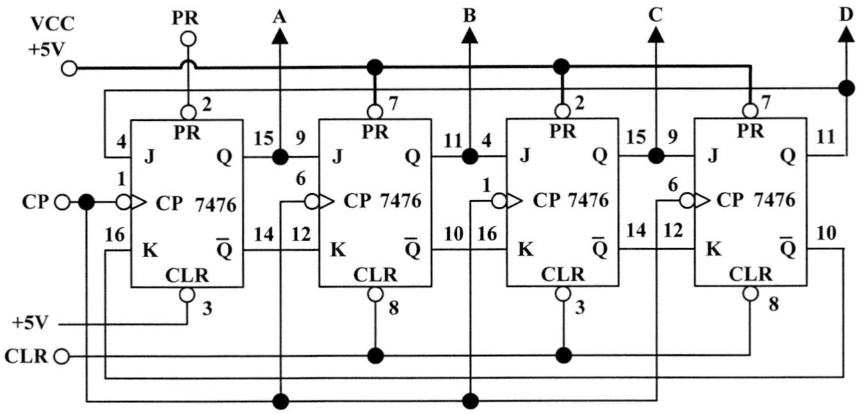

그림 6.75

표 6.38

클럭 펄스	A	B	C	D
0				
1				
2				
3				
4				

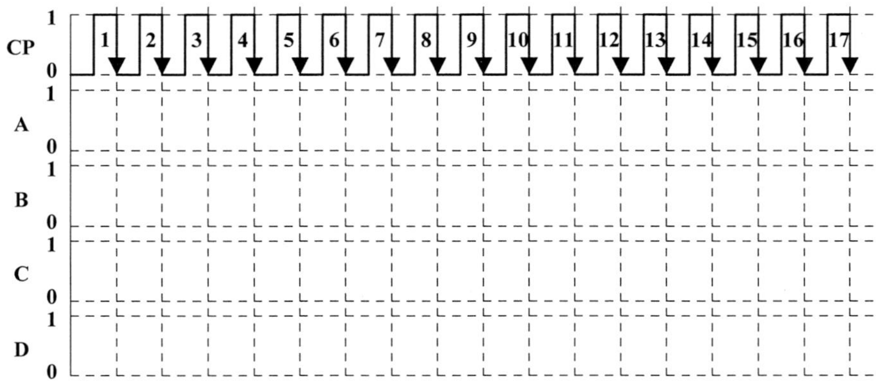

그림 6.76

(2) 그림 6.77과 같은 회로를 구성하고 출력 상태를 측정하여 표 6.39에 기록하고 그림 6.78의 타이밍도를 완성하시오.(PR=1, CLR=0으로 한 후 1상태로 둔다)

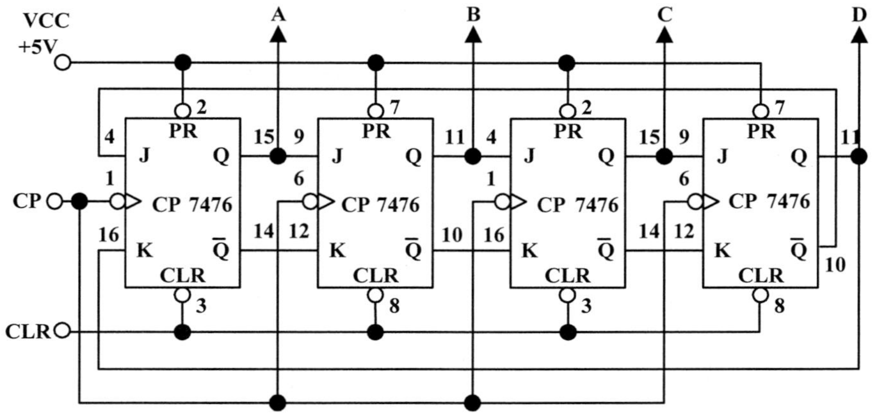

그림 6.77

표 6.39

클럭 펄스	A	B	C	D
0				
1				
2				
3				
4				
5				
6				
7				
8				

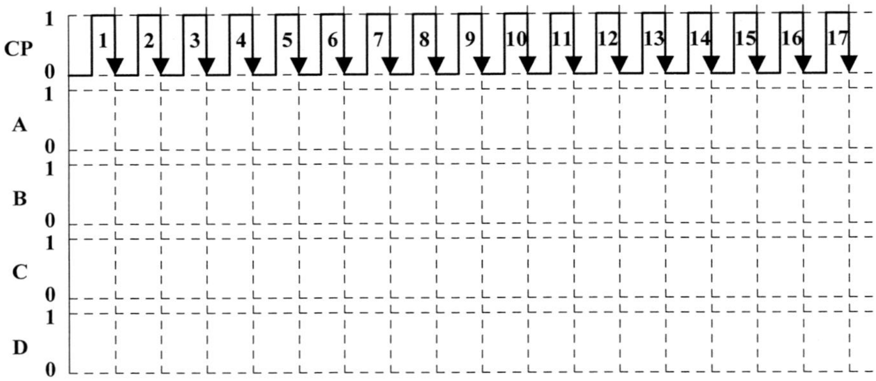

그림 6.78

5. 실험 결과 검토

(1) 그림 6.75의 링 계수기 회로를 실험한 결과에서 얻어진 표 6.38이 이론치와 일치하는지 확인하여 보자.

(2) 그림 6.77의 존슨 계수기 회로를 실험한 결과에서 얻어진 표 6.39가 이론치와 일치하는지 확인하여 보자.

6.8 표시기와 계수기의 활용

[1] 표시기의 종류 및 특징

계수기가 계수한 결과값은 2진수로 표시되므로 그대로 사용하기 불편하다. 따라서 이를 인간의 눈으로 직접 판독하기 위해서는 전자회로와 인간과의 어떤 연결장치가 있어야만 되는데, 이 때 사용되는 표시기라는 것이 있다. 디지털회로에서 가장 사용하기 편리하고 간단한 표시기에는 LED 표시기가 있다. LED 표시기는 발광 다이오드(LED)를 여러 개 모아 어떤 문자나 숫자를 표시할 수 있도록 되어 있으며 직·교류에 상관없이 사용할 수 있고 액정(LCD)처럼 야간에도 보조 발광기구가 필요치 않고 수명이 반영구적이고 사용이 간편하다는 등 여러 가지 장점이 있다. 그러나 필요한 발광을 얻기 위해서는 상당한 양의 전류가 필요하다는 단점이 있다. 발광 다이오드는 전류 동작이므로 충분한 양의 전류를 흘려주어야 되는데, 보통 5[mA] 내지 25[mA]에서 필요한 발광을 얻을 수 있고 최대 30[mA] 정도까지 견딜 수 있다. LED 표시기는 다이오드이므로 애노우드를 공통(CA)으로 한 것과 캐소우드를 공통(CC)으로 한 것이 있다. 일반적으로 TTL에서는 애노우드 공통형을 많이 사용한다. 이 표시기를 사용할 때는 반드시 전류 제한 저항을 연결해야만 되며 이 저항이 없으면 과전류도 인하여 LED가 파괴될 수 있다. 그림 6.79는 LED의 구조와 LED에서 필요한 전류와 저항값을 계산하는 방법이다.

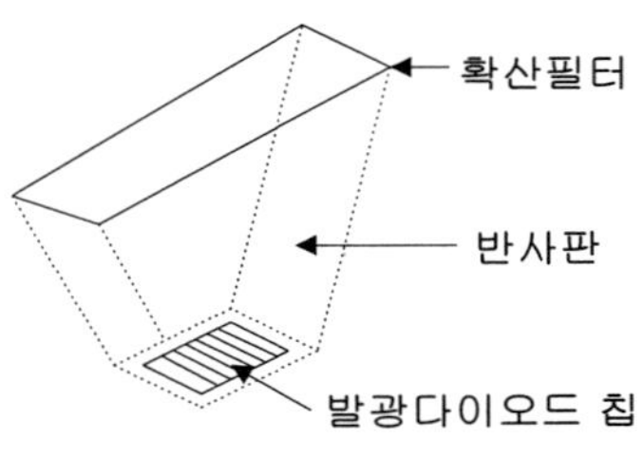

(a) LED의 구조

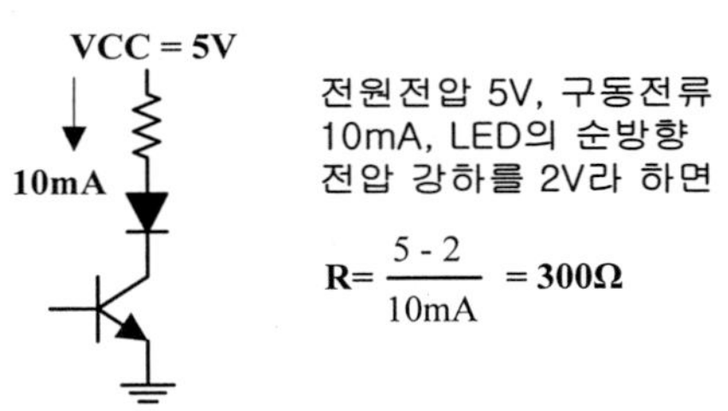

(b) LED의 저항값 구하는 법

그림 6.79 LED의 구조와 저항값 구하는 법

그림 6.80은 LED 표시기의 배열과 접속 방법을 나타내고 있다. a에서 g까지의 명칭을 세그멘트라고 하는데, 세그멘트가 7개이므로 7-세그멘트(seven-segment)라부르기도 한다. 세그멘트의 배열에는 몇 가지가 있으며 이것은 숫자나 문자를 좀 더 자연스럽게 표현하고자 한 것이다. LED의 동작 속도는 10^{-6}에서 10^{-8}[sec]로 빠르며 색깔은 적색이 많이 사용되고 그외에는 가격이나 색상면에서는 잘 사용하지 않는다.

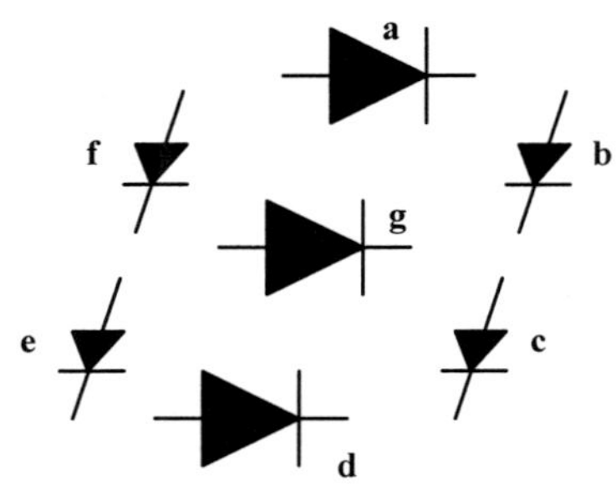

(a) 세그멘트 배열과 호칭

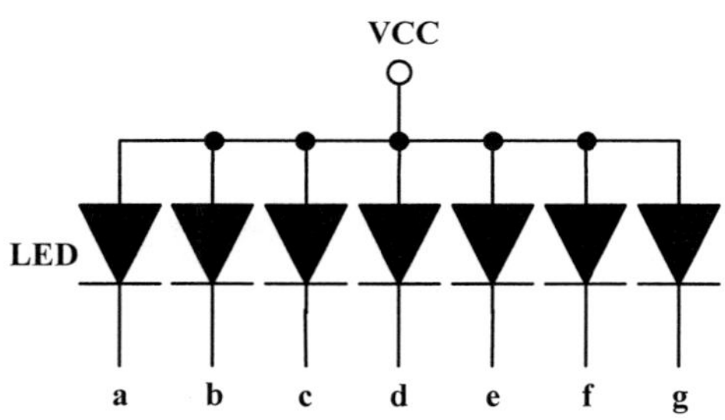

(b) 애노우드 공통

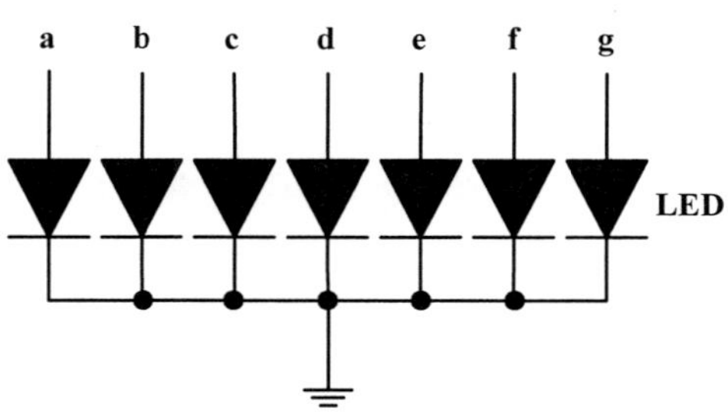

(c) 캐소우드 공통

그림 6.80 LED 표시기의 배열과 접속 방법

그림 6.81은 LED와 디코우더의 접속 방법을 나타내고 있다.

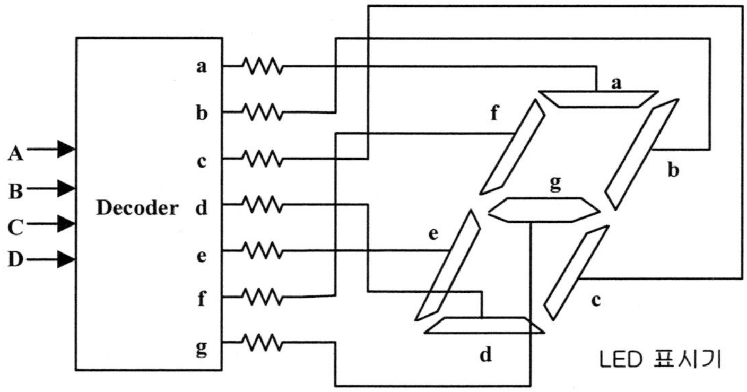

그림 6.81 LED 표시기와 디코우더의 접속 방법

형광 표시관은 3극 진공관과 비슷한 형태로 되어 있으나, 세그멘트로 이용되는 플레이트판이 7개 따로 나와 있다. 이 표시기의 구조는 그림 6.82와 같으며 이 가속된 전자가 (+)로 대전된 플레이트에 충돌하면 플레이트판에 칠해진 형광물질이 발광하는 원리를 이용한 것이다.

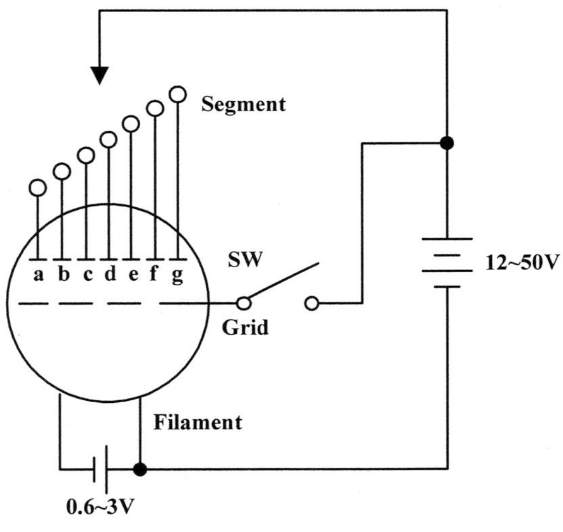

그림 6.82 형광 표시관

그리드가 0 또는 (-)이면 전자가 플레이트에 도달하지 못해 발광하지 않는다. 그리드는 표시하려는 숫자 형태로 구멍이 뚫려 있고 내부에서 콘트롤 그리드와 연결되어 있다. 동작 전압은 제품에 따라 다른데, 12 내지 50[V]를 필요로 하고 별도의 필라멘트 전원으로 3[V] 정도가 필요하다. 형광 표시관은 필라멘트 전원이 필요하고 동작 전압이 높다는 등 사용하기 까다로운

점이 있으나, 발광색이 보기 좋고, 밝고, 표시형이 자유롭다는 특징이 있다. 각 세그멘트에 필요한 전류가 수 [mA] 이하로 적으므로 LSI로 직접 구동할 수 있다. 수명은 10만여 시간이며 형광체의 발광색은 녹색이며 휴대용 계산기나 시계 등에 널리 쓰인다.

[2] 계수기와 표시기의 접속 방법

계수기와 표시기의 접속에는 디코우더가 필수적이며 이 디코우더가 없는 경우에 계수 상태는 0과 1만을 표시하므로 해독하기에 어려움이 있다. 그림 6.83은 계수회로와 표시기의 접속 방법을 나타내고 있다.

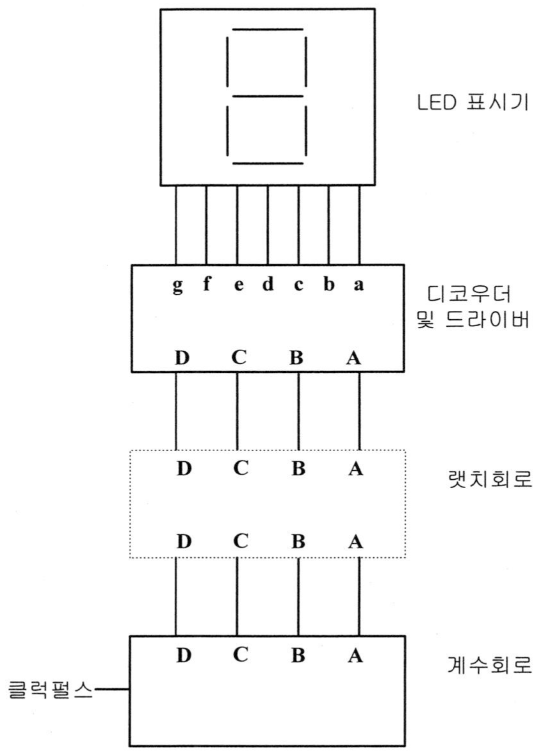

그림 6.83 계수회로와 표시기의 접속 방법

이 회로는 계수기와 디코우더 및 표시기로 구성되어 있는데, 계수기의 출력이 4비트로 그 조합은 0에서 15(F)까지이다. 디코우더는 계수기의 출력을 받아 표시기를 구동시키나, 비록 계수기가 0에서 15(F)까지 계수한다 해도 이 디코우더에서 그것을 받아들일 수 없다면 표시는 어느 한정값 밖에 되지 않는다. 표시기는 디코우더의 논리회로에 따라 다르며 TTL인 경우에 애노우드 공통 LED 표시기를 사용할 수 있다. 표시기의 깜박거림을 방지하고 싶은 경우는 계수기와 디코우더 사이에 래치회로를 삽입하면 된다.

그림 6.84는 디코우더 입력과 표시기의 표시를 나타내고 있다. 표시기의 표시란을 보면 입력 D, C, B, A가 1010일 때 표시는 10을 해야 되나, 이 회로가 1디지트이므로 10은 표시할 수 없어 A가 표시되도록 디코우더 회로가 구성되어 있고 1011일 때는 대문자 B가 표시되어야 하나 이것은 숫자 8과 같으므로 소문자로 표시하였고 1101 역시 0과 같으므로 소문자 d로 표시하였다.

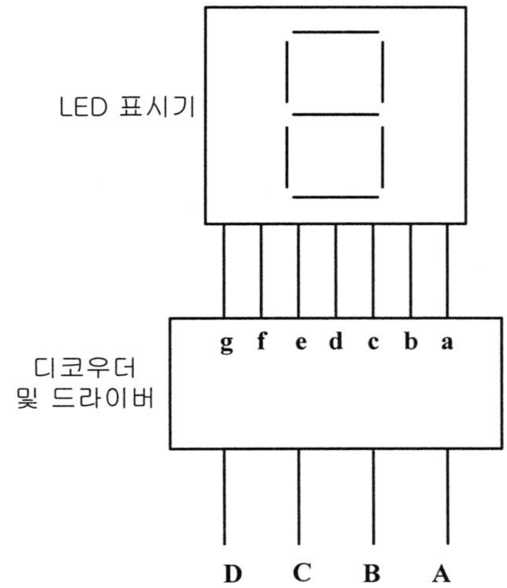

D	C	B	A	표시
0	0	0	0	0
0	0	0	1	1
0	0	1	0	2
0	0	1	1	3
0	1	0	0	4
0	1	0	1	5
0	1	1	0	6
0	1	1	1	7
1	0	0	0	8
1	0	0	1	9
1	0	1	0	A
1	0	1	1	B
1	1	0	0	C
1	1	0	1	D
1	1	1	0	E
1	1	1	1	F

그림 6.84 디코우더의 입력과 표시기의 표시

실험 19 표시기와 계수기의 활용

1. 목적

계수기를 이용한 디코우더 방법과 표시기의 활용법을 실험한다.

2. 예비보고서

(1) LED에 관하여 간단히 설명하시오

(2) 그림 7-???(b)에서 전원 전압이 100[V]라면 저항값은 얼마가 되는가?

3. 사용기기 및 부품

□ IC 74LS42(BCD to 1 of-10 Decoder)

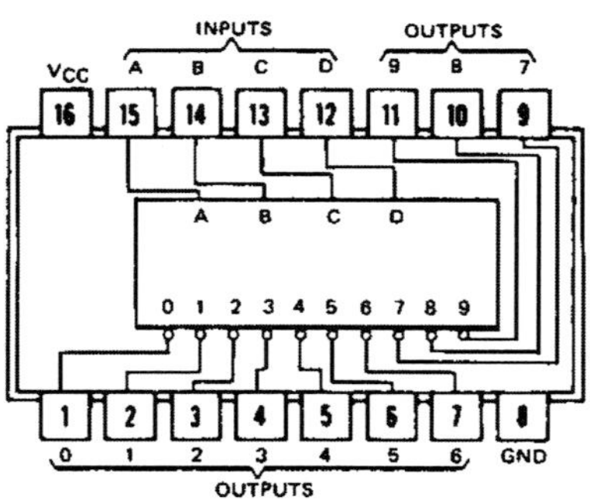

□ IC 74LS47(BCD to 7-Segment Decoder-Driver)

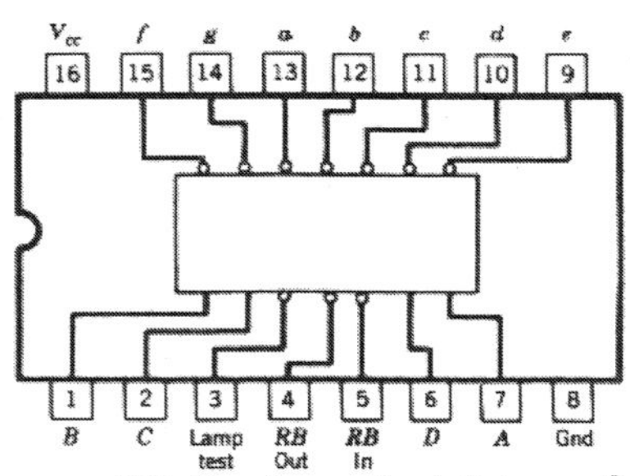

7447 Seven-Segment Decoder/Driver

□ IC 74LS90(Decade Counter)

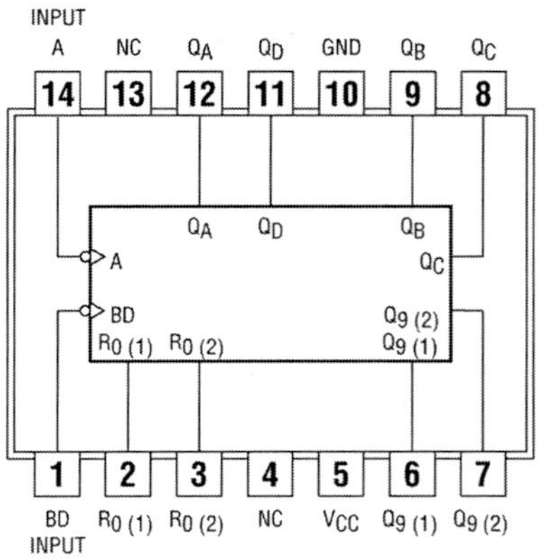

□ IC 74LS93(4 Bit binary Counter)

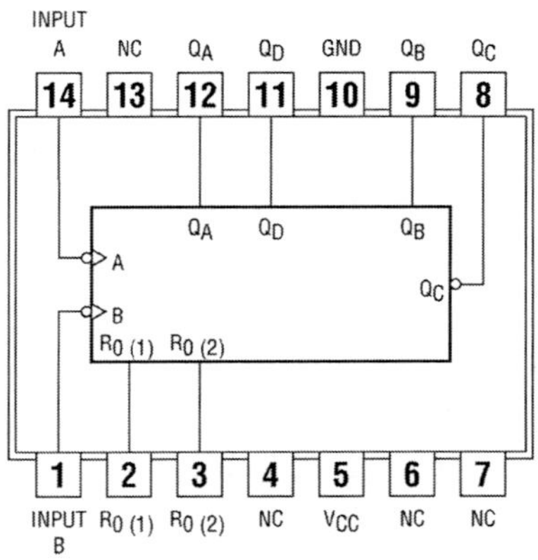

□ LED 표시기(애노우드 공통)

□ LED 10개

□ 스위치(ON-OFF) 5개

□ 고정 저항 300Ω 7개

□ 논리회로 실험장치

※ LED 5301(Common Anode) 핀번호

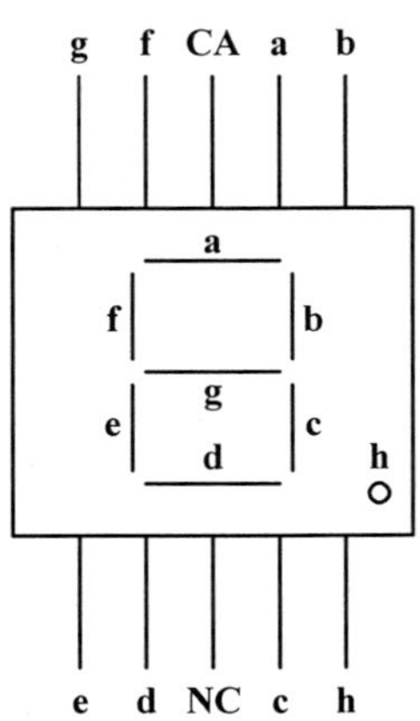

4. 실험

(1) 그림 6.85와 같은 회로를 구성하고 입력 조건에 따른 출력 상태를 측정하여 표 6.40에 기록하시오.

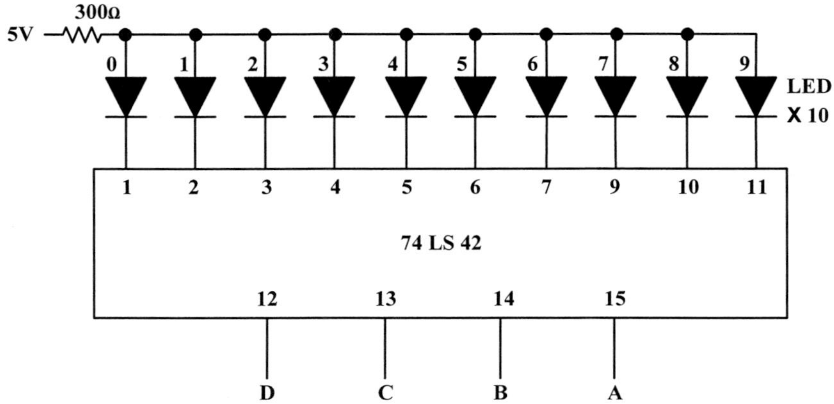

그림 6.85

표 6.40

D	C	B	A	0	1	2	3	4	5	6	7	8	9
0	0	0	0										
0	0	0	1										
0	0	1	0										
0	0	1	1										
0	1	0	0										
0	1	0	1										
0	1	1	0										
0	1	1	1										
1	0	0	0										
1	0	0	1										

(2) 그림 6.86과 같은 회로를 구성하고 입력 조건에 따른 출력 상태를 측정하여 표 6.41에 기록하시오.

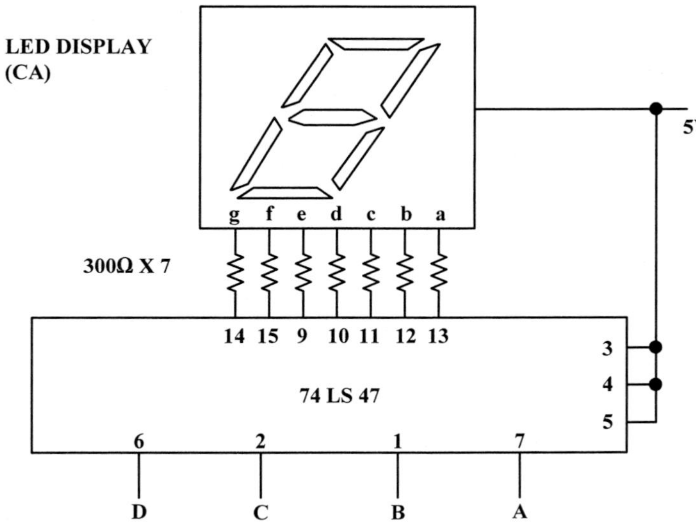

그림 6.86

표 6.41

D	C	B	A	표시 숫자
0	0	0	0	
0	0	0	1	
0	0	1	0	
0	0	1	1	
0	1	0	0	
0	1	0	1	
0	1	1	0	
0	1	1	1	
1	0	0	0	
1	0	0	1	

(3) 그림 6.87처럼 회로를 구성, 출력 상태를 측정하여 표 6.42에 기록하시오.

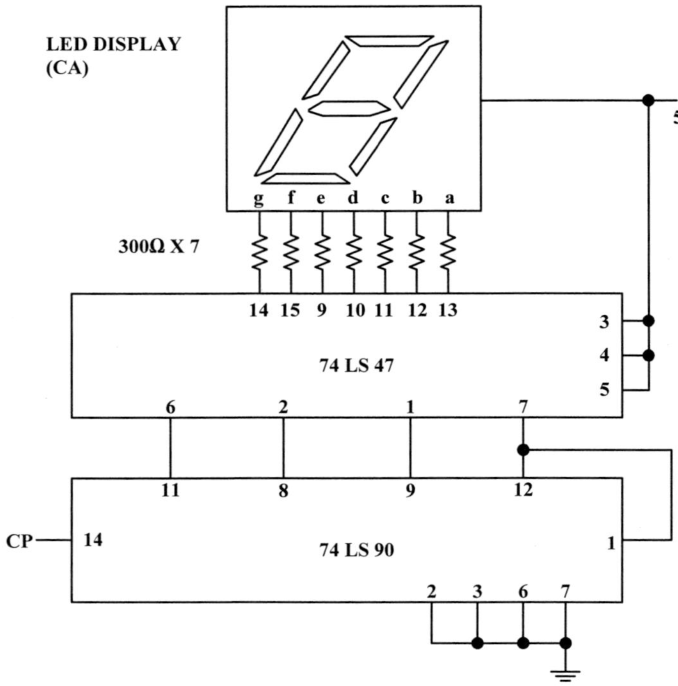

그림 6.87

표 6.42

CP	표시 숫자
0	
1	
2	
3	
4	
5	
6	
7	
8	
9	

(4) 그림 6.88처럼 회로를 구성, 출력 상태를 측정하여 표 6.43에 기록하시오.

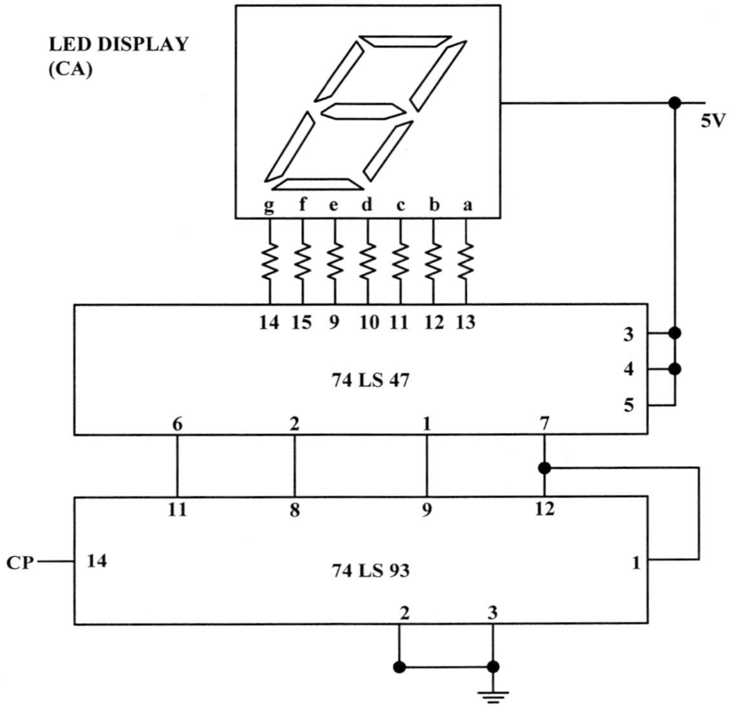

그림 6.88

표 6.43

CP	표시 숫자	CP	표시 숫자
0		9	
1		10	
2		11	
3		12	
4		13	
5		14	
6		15	
7		16	
8		17	

5. 실험 결과 검토

(1) 그림 6.85의 회로를 실험하여 얻어진 표 6.40이 이론치와 일치하는지 확인하여 보자.

(2) 그림 6.86의 회로를 실험하여 얻어진 표 6.41이 이론치와 일치하는지 확인하여 보자.

(3) 그림 6.87의 회로를 실험하여 얻어진 표 6.42가 이론치와 일치하는지 확인하여 보자.

(4) 그림 6.88의 회로를 실험하여 얻어진 표 6.43이 이론치와 일치하는지 확인하여 보자.

06 종합평가문제

01 그림 6.P1에 나타낸 입력 파형에 대해서 그림 6.1에서 나타낸 기본 플립플롭의 출력파형을 그려라. 이때 입력과 출력의 상승 및 하강시간 및 전파지연시간의 영향은 무시하라

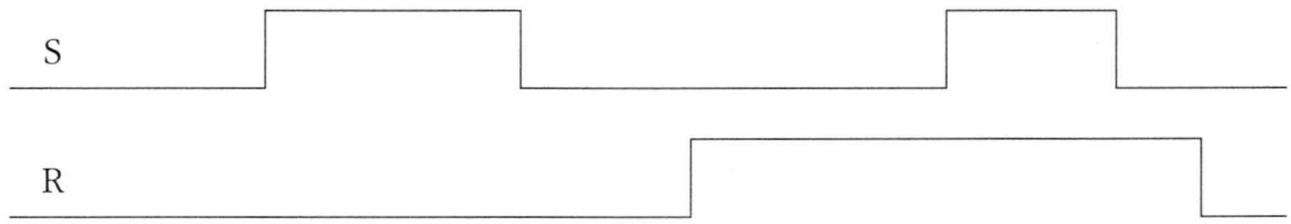

그림 6-P1

02 그림 6.P2에 나타낸 입력 파형에 대해서 그림 6.2에서 나타낸 기본 플립플롭의 출력파형을 그려라.

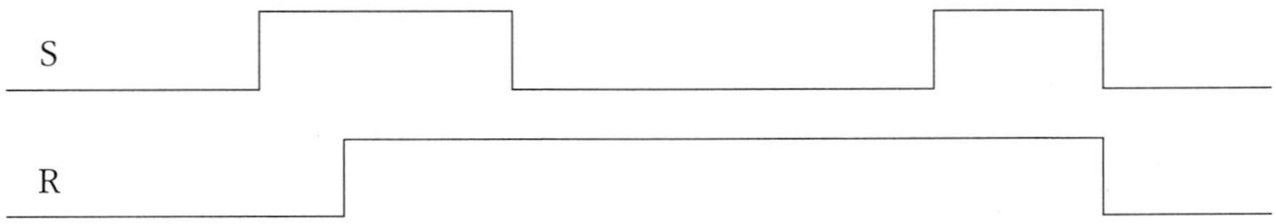

그림 6-P2

03 JK 플립플롭을 이용하여 D 플립플롭 및 T 플립플롭을 설계하라.

04 그림 6.P3의 순서회로에 대해서 다음을 나타내어라.

① 출력 Z의 부울 함수식　　② 상태표　　③ 상태도

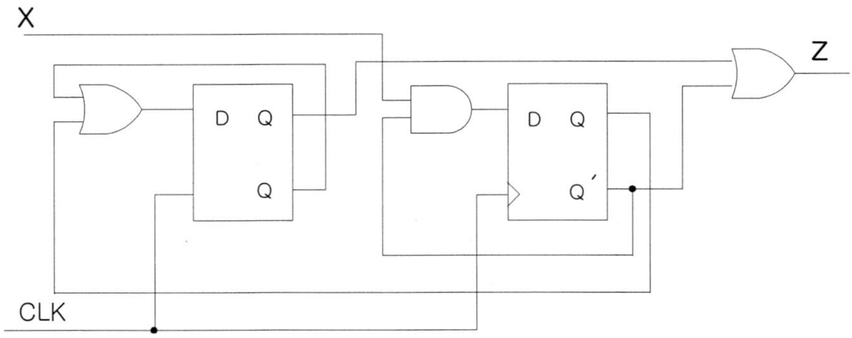

그림 6.P3

05 그림 6.P3의 순서회로에서 AND 게이트와 OR 게이트를 맞바꾸러 연습문제 4를 반복하라. 이 때 연습문제 4에서의 결과와 5의 결과에 대한 관계를 설명하라.

06 그림 6.P4의 순서회로의 입력신호가 그림 6.P5와 같이 주어질 경우 출력신호의 타이밍도를 나타내어라. 이때 전파지연시간은 클럭펄스의 1/10으로 가정하여 나타내어라. 이 회로의 용도를 설명하여라.

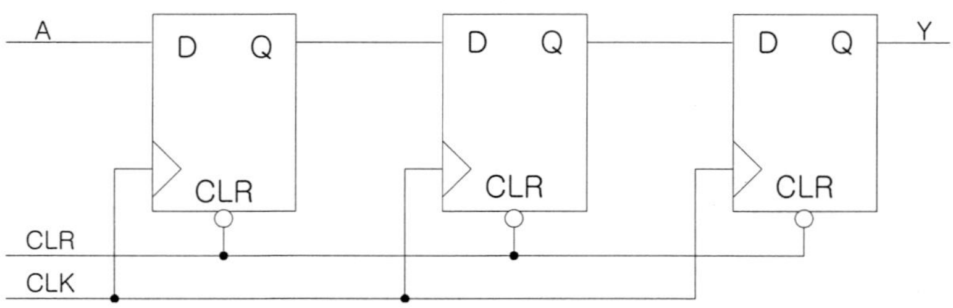

그림 6.P4

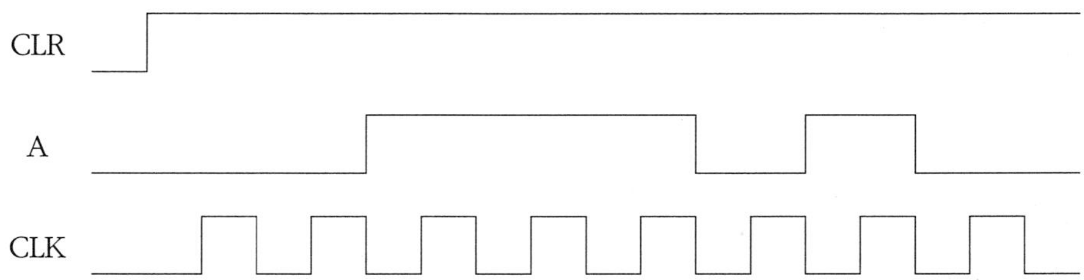

그림 6.P5

07 그림 6.P4의 순서회로에서 D 플립플롭을 T 플립플롭으로 바꾸어 연습문제 6을 반복하라.

08 그림 6.P6의 순서회로의 입력 파형이 그림 6.P7과 같이 주어질 때의 출력신호 X, Y, Z의 타이밍도를 나타내어라. 이 회로의 용도를 설명하라.

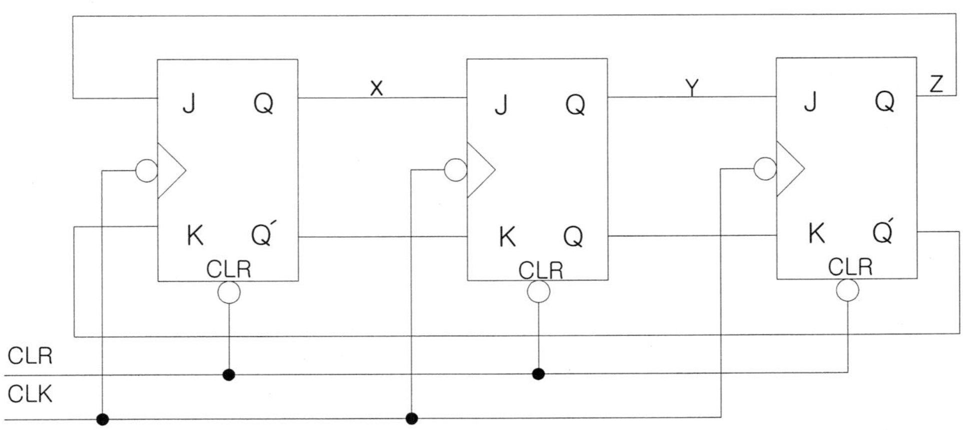

그림 6.P6

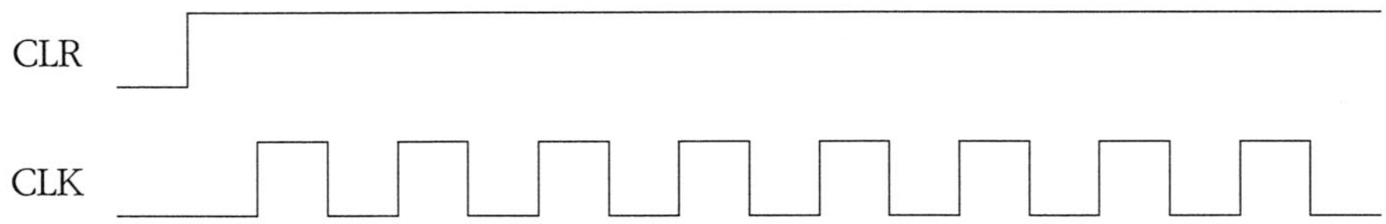

그림 6.P7

09 그림 6.P8은 10진 카운터의 상태도이다. JK 플립플롭을 사용하여 그림 6.P8의 상태도를 만족하는 논리회로를 설계하라. 이때 사용되지 않는 조건들이 어떠한 상태를 거쳐 사용되는 상태로 수렴되는지를 나타내어라.

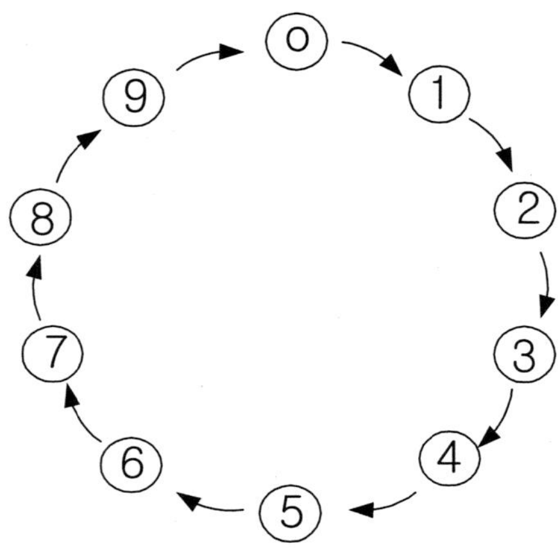

그림 6.P8

Chapter 7

디지털 응용회로

개요

본 모듈에서는 앞에서 배운 논리회로의 개념을 적용한 회로들에 대해서 공부하기로 한다. 우선 클럭 신호를 발생시키는 멀티바이브레이터와 555 타이머에 대해서 공부하고 이를 응용하는 회로인 stop watch와 디지털시계를 설계하는 예제를 통해서 논리회로의 설계와 실제의 사용 예에 대해서 알아보기로 한다. 그리고 그 외의 여러 종류의 논리회로 응용 예들을 소개함으로써 디지털 논리회로에 대한 공부의 이해도를 넓혀가기로 한다.

학습 목표

- 멀티바이브레이터 및 555 타이머의 동작을 이해한다.
- 스톱워치와 시계회로의 설계원리를 이해한다.
- 디지털 논리회로의 적용과 응용에 대한 전반적인 이해를 완성한다.

7.1 멀티바이브레이터

멀티바이브레이터는 디지털 시스템의 타이밍을 제어하기 위해 주로 사용되고 있다. 멀티바이브레이터는 커패시터의 충방전시간을 조절하여 디지털 신호의 0 논리와 1 논리 사이를 일정한 시간간격으로 이동(free-running)하거나 외부 트리거 펄스 신호에 동기되어 디지털 논리의 두 상태사이를 이동하는 회로이다. 디지털신호의 두 상태사이를 이동하는 방법에 따라 멀티바이브레이터는 비안정 멀티바이브레이터(astable multivibrator), 단안정 멀티바이브레이터(monostable multivibrator, one-shot multivibrator) 그리고 쌍안정 멀티바이브레이터(bi-stable multivibrator)로 구분할 수 있으며 동작의 상태를 그림 7.1에서 나타내었다.

비안정 멀티바이브레이터는 출력신호의 형태가 그림 7.1 a)와 같이 0 논리와 1 논리 두 상태를 가지고 있으나 두 상태 모두가 불안정한 상태이므로 각 상태를 지속적으로 유지시키지 않고 구성된 회로의 시상수에 의해 두 상태를 일정한 시간간격으로 이동하면서 논리상태가 변화한다. 따라서 비안정 멀티바이브레이터는 일정한 주파수의 디지털 신호를 발생시키는 구형파 발생기로 이해해도 무방하다. 이때 신호의 주파수는 회로의 시상수에 의해 결정된다.

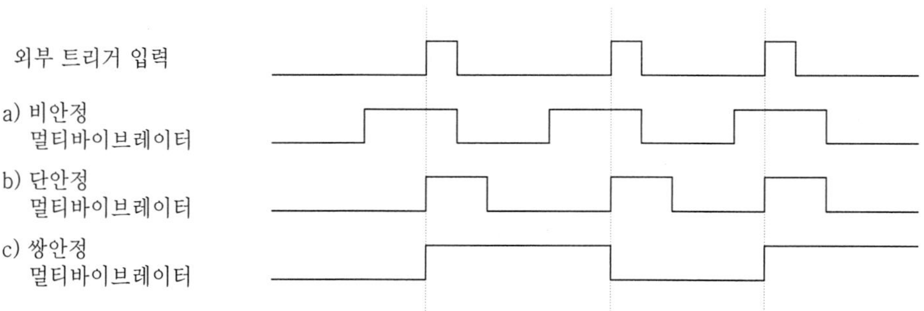

그림 7.1 멀티바이브레이터의 종류에 따른 출력특성

단안정 멀티바이브레이터는 출력신호가 0 논리와 1 논리 중 한 상태는 안정된 상태를 유지하며 나머지 상태는 불안정한 상태가 된다. 따라서 외부의 입력이 없을 시에는 안정된 상태를 유지하다가 외부 트리거 입력에 따라 불안정한 상태로 잠시동안 이동하였다가 다시 안정된 상태로 되돌아오는 출력특성을 가진다. 그림 7.1 b)에서는 안정된 상태를 0 불안정한 상태를 1로 가정하였을 때의 단안정 멀티바이브레이터의 출력을 나타내었으며 이때 불안정한 상태의 지속시간은 사용되는 회로의 시상수에 의해 결정된다.

또한 쌍안정 멀티바이브레이터는 그림 7.1 c)와 같이 0 논리와 1논리 두 상태가 모두 안정된 상태이므로 외부의 트리거 입력 시 다른 상태로 이동되어 유지된다. 이러한 출력특성은 T 플립플롭의 동작상태와 동일하다.

이러한 멀티바이브레이터는 기본논리게이트나 타이밍을 위한 전용 IC를 이용하여 설계할 수 있으며 본 장에서는 타이밍 전용 IC인 74121과 555타이머를 이용한 비안정 멀티바이브레이터와 단안정 멀티바이브레이터에 대해 주로 설명하도록 한다.

7.2 74121/74123 단안정 멀티바이브레이터

단안정 멀티바이브레이터는 집적회로 패키지로 주로 사용된다. 보편적으로 많이 사용되는 IC로는 74121 슈미터 트리거 입력 단안정 멀티바이브레이터와 74123 리트리거가 가능한 단안정 멀티바이브레이터이다. 이들 IC는 불안정한 상태가 지속되는 시간을 조절하기 위해 외부에 저항과 커패시터를 연결하여 사용하여야 하며, 이때 외부에 연결하는 저항과 커패시터의 시상수가 불안정 상태의 지속시간을 결정하게 된다.

그림 7.2에서 74121의 블록도 및 함수표를 나타내었다. 74121 단안정 멀티바이브레이터의 외부트리거 입력단자는 하강 에지 트리거(부 트리거) 입력단인 3번(/A1), 4번(/A2)와 상승 에지 트리거(정 트리거) 입력단인 5번(B) 3개로 구성되어 있다. 회로의 설계 시 단안정 멀티바이브레이터로 동작시키기 위해서는 그림 7.3의 (a)와 같이 회로를 구성하여 사용한다. 만약 외부트리거 신호의 상승 에지에서 IC를 동작시키기 위해서는 pin 3과 pin 4를 접지시킨 후 pin 5에 트리거 입력을 연결하면 그림 7.3의 (b)와 같은 출력을 얻을 수 있다.

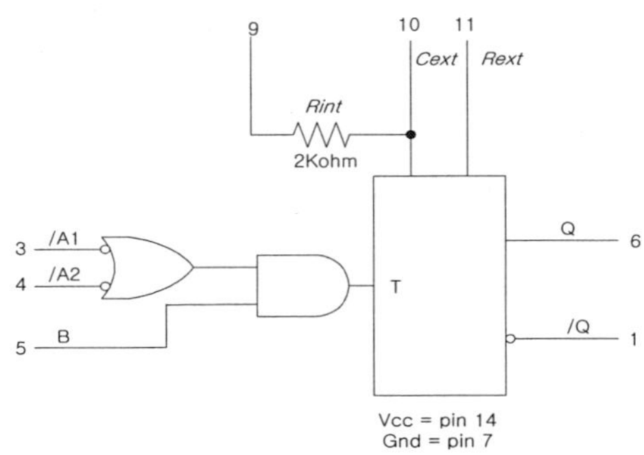

(a) 블록도

INPUTS			OUTPUTS	
/A1	/A2	B	Q	/Q
L	X	H	L	H
X	L	H	L	H
X	X	L	L	H
H	H	X	L	H
H	↓	H	⊓	⊔
↓	H	H	⊓	⊔
↓	↓	H	⊓	⊔
L	X	↑	⊓	⊔
X	L	↑	⊓	⊔

H : HIGH voltage level
L : LOW voltage level
X : Don't care

(b) 함수표

그림 7.2 74121 단안정 멀티바이브레이터

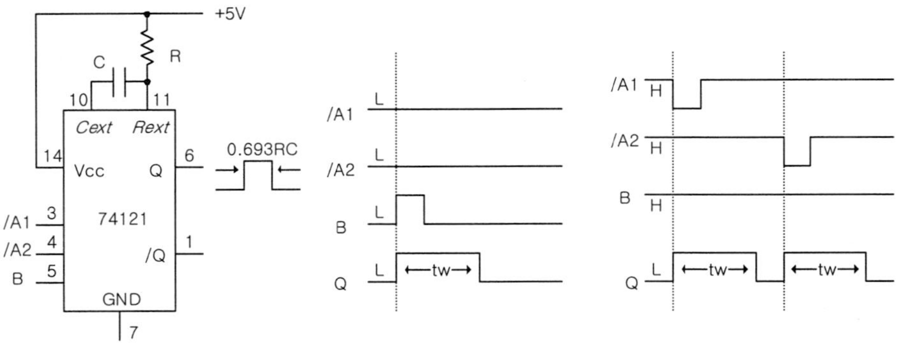

(a) 회로도 (b) 상승에지 트리거링 (c) 하강에지 트리거링

그림 7.3 74121단안정 멀티바이브레이터 회로의 구성 및 동작

한 하강 에지에서 회로를 동작시키기 위해서는 pin 3 또는 pin 4중 하나를 Vcc에 연결한 후 연결되지 않은 나머지 pin을 트리거 입력으로 사용하면 된다. 그러나 74121은 내부에 잡음에 대한 특성이 우수하고 정확한 트리거 시점을 제공할 수 있는 슈미터 트리거 AND 게이트를 포함하고 있으므로 트리거 신호가 서서히 상승하거나 잡음을 포함하고 있는 경우 5번 단자를 트리거 입력으로 사용하는 것이 바람직하다.

$$t_w = R_{ext}C_{ext}\ln 2 = 0.693\,R_{ext}C_{ext} \tag{7.1}$$

로 결정할 수 있다. R_{ext}의 허용범위는 1.4Ω에서 40kΩ까지이며 C_{ext}의 허용범위는 0에서 1000㎌이며 전해 커패시터를 사용할 경우는 (+)단자를 11번 단자에 연결하여야 한다.

예제 7-1

외부 트리거신호의 상승 에지에 대해 10㎲의 1상태를 유지하는 회로를 74121을 사용하여 설계하시오.

풀이 식 (7.1)로부터

$$10\mu s = 0.693 \times Rext \times Cext$$

이때 C_{ext}를 0.001㎌으로 가정하면

$$Rext = \frac{10\mu s}{(0.693 \times 0.001\mu F)} = 14.43\text{k}\Omega$$

이를 회로도로 표현하면 그림 7.4와 같이 나타낼 수 있다.

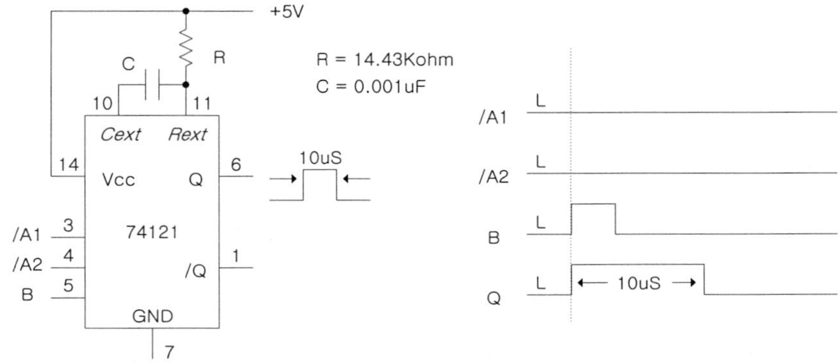

(a) 회로도 (b) 동작

그림 7.4 예제 7-1의 설계 회로 및 파형

그림 7.5는 74123 리트리거가 가능한 단안정 멀티바이브레이터의 블록도 및 함수표를 나타내었다.

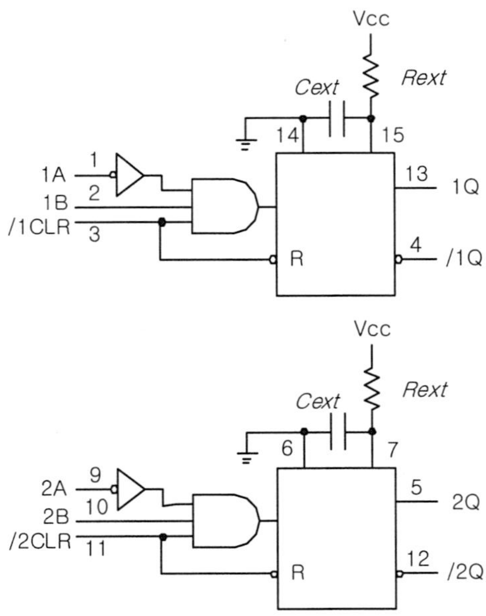

INPUTS			OUTPUTS	
/CLR	A	B	Q	/Q
L	X	X	L	H
X	H	X	L	H
X	X	L	L	H
H	L	↑	⊓	⊔
H	↓	H	⊓	⊔
↑	L	H	⊓	⊔

H : HIGH voltage level
L : LOW voltage level
X : Don't care

(a) 블럭도 (b) 함수표

그림 7.5 74123 단안정 멀티바이브레이터

74123은 불연속 상태가 지속되는 시간 t_w내에 다시 트리거 입력이 들어오게 되면 다시 트리거가 되는 리트리거가 가능한(retriggerable) 단안정 멀티바이브레이터이다. 그림 7.6과 같이 pin 2 B와 pin 3 /CD(direct clear)를 Vcc에 연결한 후 트리거 입력을 pin 1 /A에 입력하게 되면 단안정 멀티바이브레이터로 동작하게 된다. 이때 불안정한 상태가 지속되는 t_w 내에서 새 트리거가 입력될 경우 입력되는 트리거 신호의 하강 에지에서 다시 트리거 되어 불안정한 상태가 새로 나타나게 되므로 그림 7.6 b)에서와 같이 불안정한 상태가 지속되게 된다

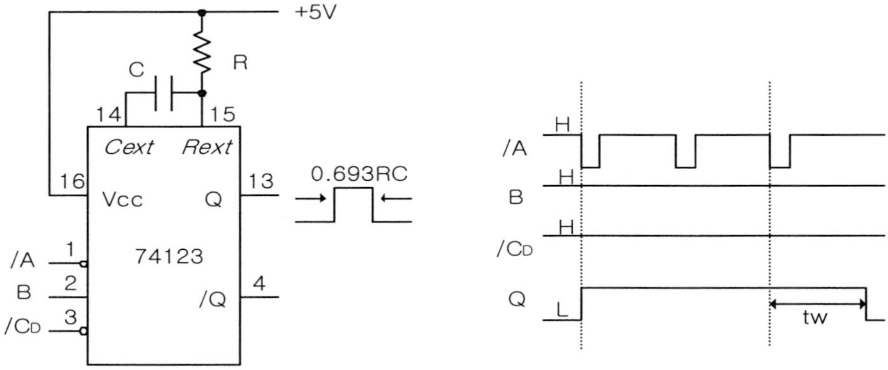

(a) 회로도

(b) 리트리거 동작

그림 7.6 74123 단안정 멀티바이브레이터의 동작

만약 트리거 신호의 상승 에지에서 트리거를 시작하려면 pin 1 /A를 접지시키고 2번 단자 B에 트리거 입력을 가하면 된다. 74123에서의 불안정상태의 지속시간 t_w는

$$t_w = 0.33\ R_{ext} C_{ext}$$

로 나타나게 된다.

예제 7-2

외부트리거신호의 상승에지에 대해 10㎲의 1상태를 유지하는 회로를 74123을 사용하여 설계하려고 한다. C_{ext}를 0.001㎌으로 결정할 경우 R_{ext}의 값을 결정하시오.

풀이 식 (7-2)로부터

$$10\mu s = 0.33 \times Rext \times Cext$$

이때 C_{ext}를 0.001㎌으로 가정하면

$$Rext = \frac{10\mu s}{(0.33 \times 0.001\mu F)} = 30.3k\Omega$$

실험 20 단안정 멀티바이브레이터 (Monostable Multivibrator)

1. 목적

단안정 멀티바이브레이터의 동작 원리와 사용 용도를 익힌다.

2. 예비보고서

74121의 트리거 입력이 그림과 같이 주어질 때 출력 Q를 그리시오.

[1] τ = 50[ms]일 때

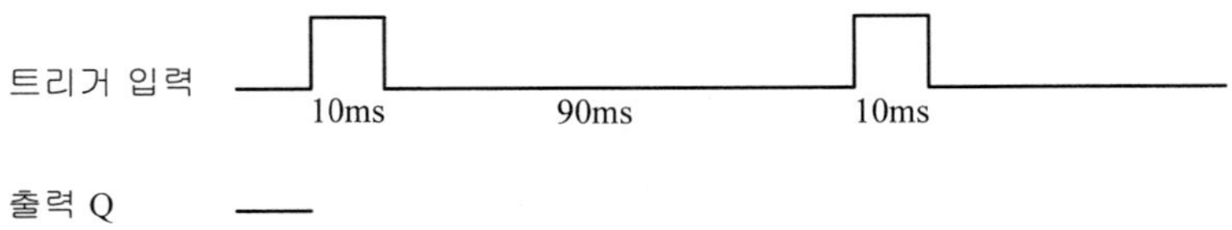

[2] τ = 10[ms]일 때

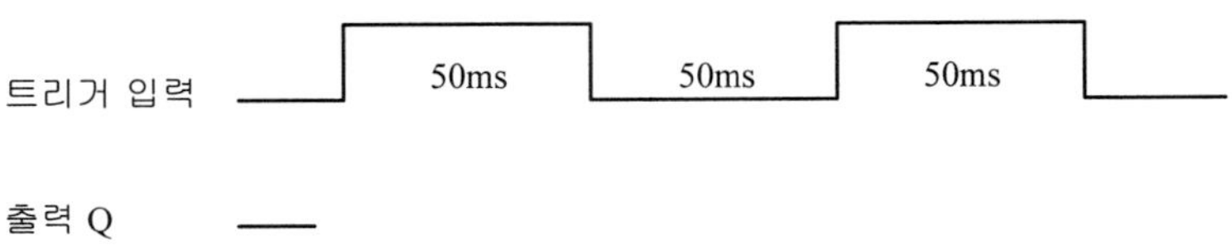

[3] τ = 50[ms]일 때

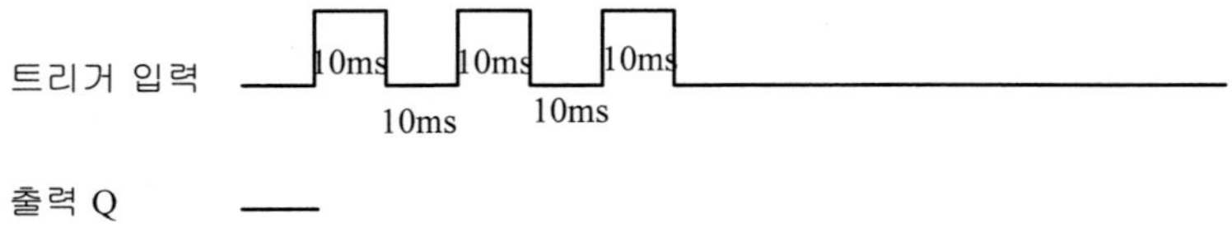

3. 사용기기 및 부품

□ IC 74121(Monostable Multivibrator) 1개

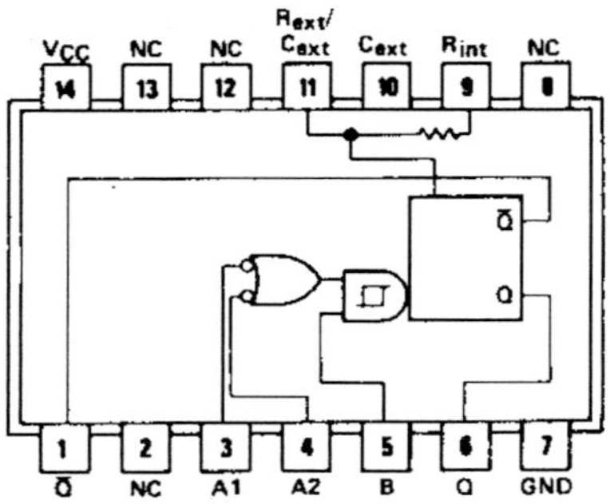

□ 저항 3[kΩ], 30[kΩ] 각 1개

□ 콘덴서 0.1[μF], 0.01[μF] 각 1개

□ 함수 발생기(펄스 발생기)

□ 2 채널 오실로스코프

□ 만능 기판

4. 실험

(1) R=3[kΩ], C=0.1[μF]로 하고 그림 7.3의 회로를 구성하여 1[kHz]의 클럭 펄스를 인가할 때 오실로스코프에 나타난 출력(Q) 파형을 클럭 펄스 입력과 비교하여 그림 7.7에 나타내어라.

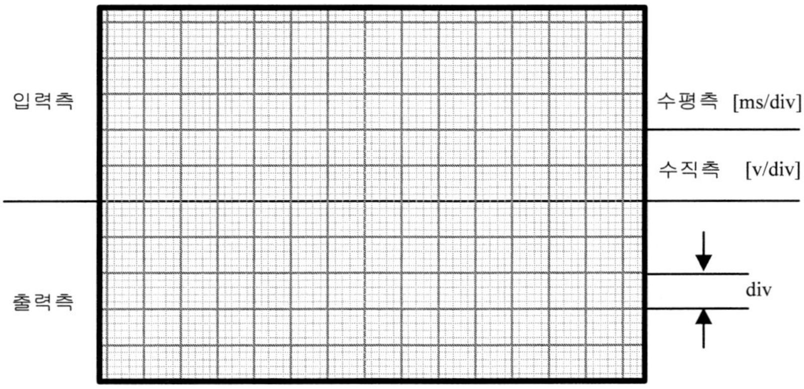

그림 7.7

(2) R=30[kΩ], C=0.01[μF]로 하고 그림 7.4의 회로를 구성하여 1[kHz]의 클럭 펄스를 인가할 때 오실로스코프에 나타난 출력(Q) 파형을 클럭 펄스 입력과 비교하여 그림 7.8에 나타내어라.

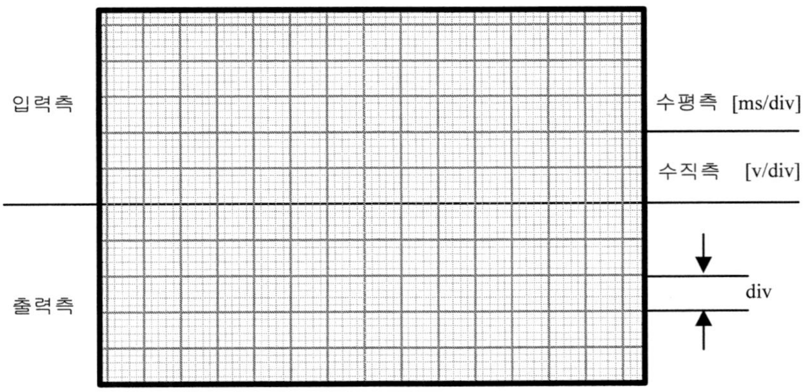

그림 7.8

5. 실험 결과 검토

(1) 실험 (1)의 결과로부터 출력 Q의 주파수는 몇 Hz인가? 또한 τ는 몇 초인가?

(2) 실험 (2)의 결과로부터 출력 Q의 주파수는 몇 Hz인가? 또한 τ는 몇 초인가?

(3) 시정수 τ에 대한 이론치를 계산하고 실험 (1)과 (2)의 결과치와 비교하라.

7.3 555 timer

오실레이터, 펄스 발생기, 삼각파나 구형파발생기, 단안정 멀티바이브레이터 등의 회로를 구현하기 위해서는 타이밍 발생회로의 사용은 필수적인 요소가 된다. 이러한 타이밍 발생회로로서 주로 사용되는 것이 555 타이머이다. 555 타이머는 5V에서 18V까지의 공급전원을 이용하며 출력상태가 TTL과 호환되기 때문에 많은 디지털 시스템에서 적용되고 있는 기본소자이다.

555 타이머의 동작

555 타이머는 내부에 사용되는 3개의 저항값이 5KΩ의 저항이 연결되어 있어서 붙여진 이름이다. 555 타이머는 그림 7.9에서 나타낸 것과 같이 내부에 2개의 비교기, 2개의 트랜지스터, 3개의 저항, 하나의 플립플롭 그리고 출력단으로 구성되어 있다.

555타이머는 비안정 멀티바이브레이터의 형태 및 단안정 멀티바이브레이터의 형태의 동작상태를 가지며 각각의 동작상태를 그림 7.10에서 나타내었다. 비안정 멀티바이브레이터 동작모드에서 출력신호는 논리 1과 0의 상태를 반복적으로 출력하게 된다. 출력전압이 논리 0이나 1을 유지하는 시간은 555타이머의 외부에 연결되는 저항과 커패시터 회로에 의해 결정된다. 이때 논리 1의 출력전압은 Vcc보다 약간 작게 나타나게되며 논리 0의 출력전압은 약 0.1V 정도를 나타내게 된다.

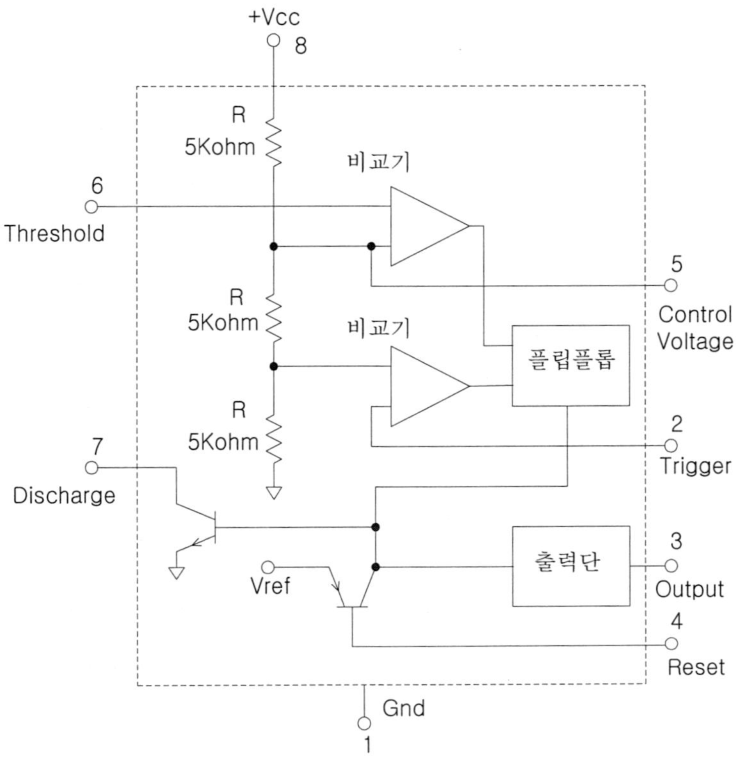

그림 7.9 555 타이머의 구조

555 타이머가 단안정 멀티바이브레이터로 동작하게 되는 경우 출력전압은 타이머에 펄스의 하강에지가 입력될 때까지 논리 0을 유지하게 된다. 출력전압이 논리 1을 유지하게 되는 시간은 타이머의 외부에 연결되는 저항과 커패시터 회로에 의해서 결정된다. 이러한 동작을 제공하는 555타이머의 정확한 이해를 위해서 다음 절에서 555타이머의 구조 및 핀 기능을 나타내었다.

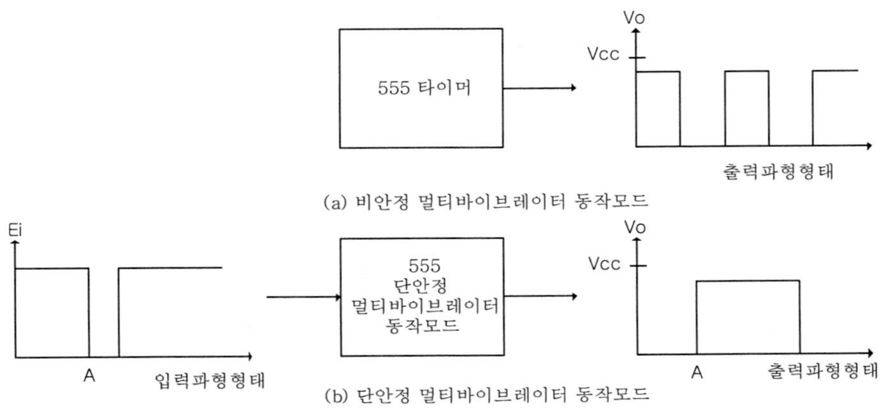

그림 7.10 555 타이머의 동작모드

555 타이머의 단자

555타이머는 TO-99 및 DIP형태의 패키지 타입이 있으며 이를 그림 7.11에서 나타내었다. pin 1은 공통단자 또는 접지단자로 사용되며 pin 8이 Vcc 전원을 공급하는 단자이다. Vcc는 +5V에서 +18V의 전원을 공급할 수 있다. 따라서 555타이머는 디지털 논리회로의 공급전원인 5V 및 리니어 IC의 공급전원인 15V 그리고 자동차 전원이나 건전지의 전원 모드를 사용할 수 있다. 내부회로의 동작 바이어스를 잡기 위해서 타이머는 공급전원 당 약 0.7mA의 전류를 소모하며 최대 전류소모는 약 600mA 정도이다.

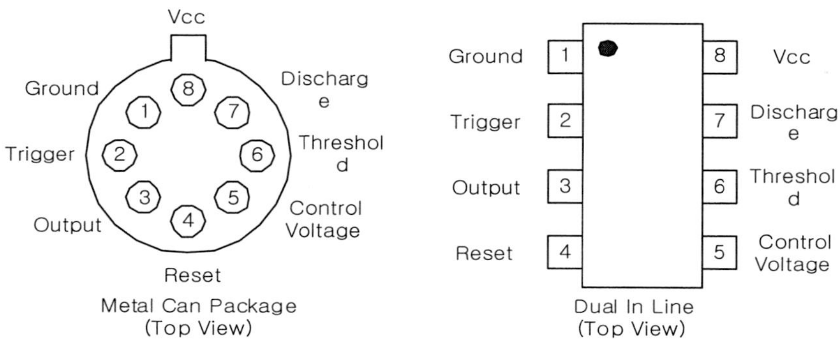

그림 7.11 555 타이머의 pin 배열

❶ Output 단자(pin 3) : 555타이머의 출력단으로서 출력이 0일 경우 외부에서 전류가 유입되고 출력이 1일 경우 외부로 전류가 공급된다. 이때 유입되거나 유출되는 전류는 이론적으로 200mA 정도이나 실제적으로는 40mA 정도가 되게 사용한다. 출력전압은 부하전류가 25mA 이하일 경우 대략 0상태에서 약 0.1V 1상태에서 Vcc-0.5V 정도가 된다.

❷ Reset 단자(pin 4) : Reset 단자의 신호가 0이 되면 output 단자와 discharge 단자의 출력이 0이 되고 트리거 입력이 주어지더라도 555 타이머는 동작하지 않는다.

❸ Discharge 단자(pin 7) : 주로 외부의 방전용 커패시터를 연결하는 단자이다. output 단자의 출력이 0일 경우에는 7번 단자에 연결된 커패시터에 충전된 전압은 방전되고, output 단자의 출력이 1일 경우 Vcc로부터 저항을 거쳐 충전이 된다. 이 충/방전 시간에 의해 555타이머의 출력신호의 주파수 및 duty cycle이 변화하게 된다.

❹ Control Voltage 단자(pin 5) : 일반적으로 0.01㎌의 커패시터를 이용하여 접지에 연결한다. 연결된 커패시터는 공급전원에 포함된 잡음이나 ripple 등을 감소시켜 threshold 전압에 미치는 영향을 최소화한다. 또한 이 단자는 threshold 전압 및 trigger 전압을 동시에 변화시키는 역할도 할 수 있다. 예를 들어 pin5와 pin 8 사이에 10㏀의 저항을 연결할 경우 threshold 전압은 공급전압의 1/2로 감소되며 trigger 전압은 공급전압의 1/4로 감소된다. 또한 외부전압을 이 단자에 연결할 경우에도 threshold 전압 및 trigger 전압을 변화시켜

출력파형을 변조하는데 사용할 수 있다.

❺ Trigger 단자(pin 2) 및 threshold 단자(pin 6) : 555타이머는 2개의 동작상태와 하나의 기억상태를 가진다. 이러한 상태들은 trigger 단자의 입력과 threshold 단자의 입력상태에 의해 결정된다. 공급전압이 Vcc일 경우 lower threshold 전압인 VLT는 1/3 Vcc를 나타내게 되며 이 전압은 trigger 단자의 입력전압과 비교기 1에서 비교가 된다. 또한 threshold 전압은 2/3 Vcc전압인 upper threshold 전압 VUT와 비교가 된다. 각각의 입력은 기준전압과의 비교에 의해서 각각 큰 전압과 작은 전압으로 나타나게 된다. 따라서 각각의 입력상태에 의해 4가지 경우의 입력전압형태가 주어지게 되며 이에 따라 타이머의 4가지 상태가 결정된다. 이러한 상태를 표 7.1에서 나타내었다.

표 7.1 555 타이머의 4가지 동작상태

동작상태	Trigger pin 2	Threshold pin 4	Output pin3	Discharge pin 7
A	Vi 〈 VLT	Vi 〈 VUT	High	Open
B	Vi 〈 VLT	Vi 〉 VUT	High	Open
C	Vi 〉 VLT	Vi 〈 VUT	Remember last state	
D	Vi 〉 VLT	Vi 〉 VUT	Low	Ground

표 7.1에서 나타낸 것과 같이 A 상태와 D 상태의 경우에서 타이머는 입력이 high일 경우 출력은 low 상태를 가지게 되고 입력이 low일 경우 출력은 high 상태가 되어 마치 inverter와 같이 동작하지만 C 상태에서 memory 상태를 가지게 되어 이전의 출력상태를 지속하게 된다. 좀 더 쉽게 각 상태로의 동작상태를 나타낸 것을 그림 7.12에 나타내었다.

입력전압 Ei가 trigger 단자와 threshold 단자에 동시에 입력되었다고 가정한다. 입력전압 Ei가 V_{LT}보다 낮은 전압으로 입력된 1-2 구간과 5-6 구간에서는 상태 A 동작하게 되어 출력단자인 output단자는 high 상태가 된다. 입력전압 Ei가 V_{LT}보다는 크고 V_{UT}보다는 작게 입력되는 2-3 구간에서는 A상태의 출력을 그대로 유지하게 된다. 따라서 입력전압 Ei가 상승할 경우 출력전압은 high 상태를 유지하고 출력전압이 감소할 경우 출력전압은 low상태를 유지하게 된다. 또한 입력전압 Ei가 V_{UT}보다 큰 3-4 구간에서 출력전압은 low가 된다. 이에 따라 입력전압이 0에서 Vcc로 상승할 때와 Vcc에서 0으로 하강할 때의 출력특성은 달라지게 되는 hysteresis 특성을 가지게 된다.

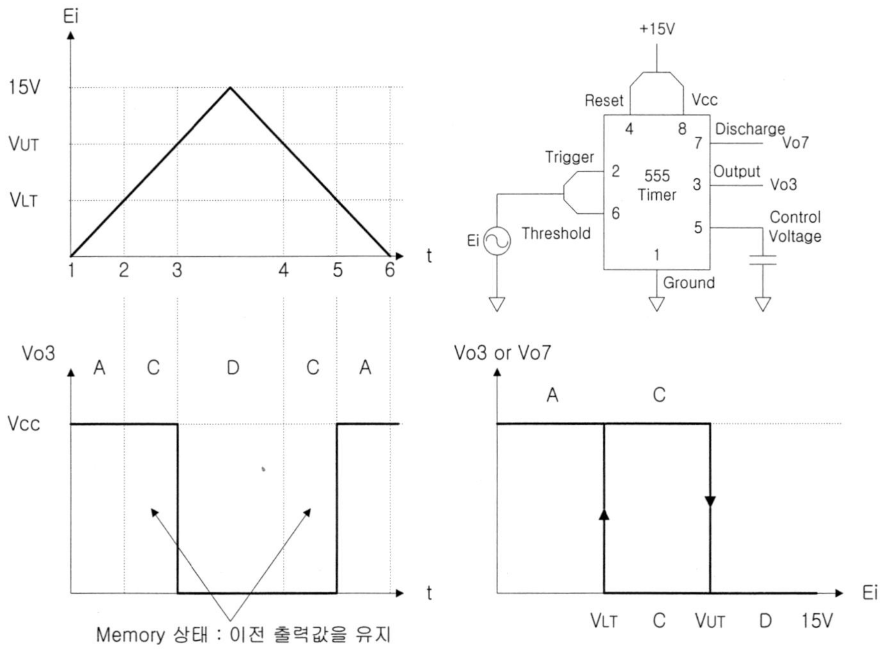

그림 7.12 입력전압의 변화에 대한 555 타이머의 동작상태 특성

Power−On time delay

회로를 구성할 때에는 전원을 인가하였을 경우 특정부분의 회로가 다른 회로들이 동작하기 전에 미리 동작해야하는 상태를 필요로 할 때가 있다. 예를 들어 계수기가 clock의 개수를 계수하기 전에 계수기의 출력을 전부 0으로 reset 시켜야 하는 경우가 발생될 수 있다.

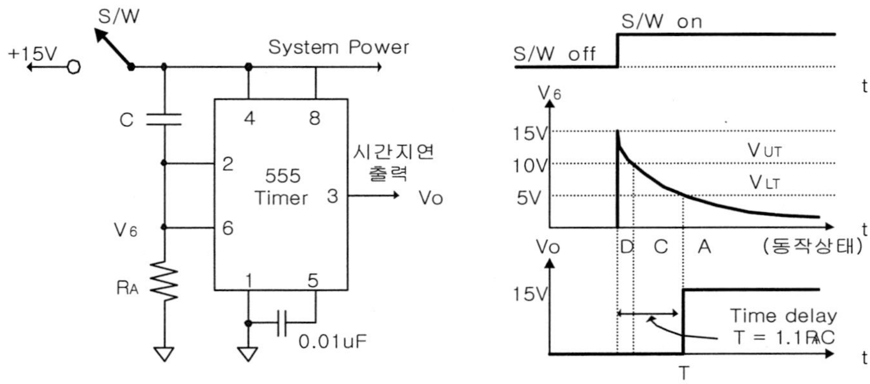

(a) 시간지연 출력 발생동작

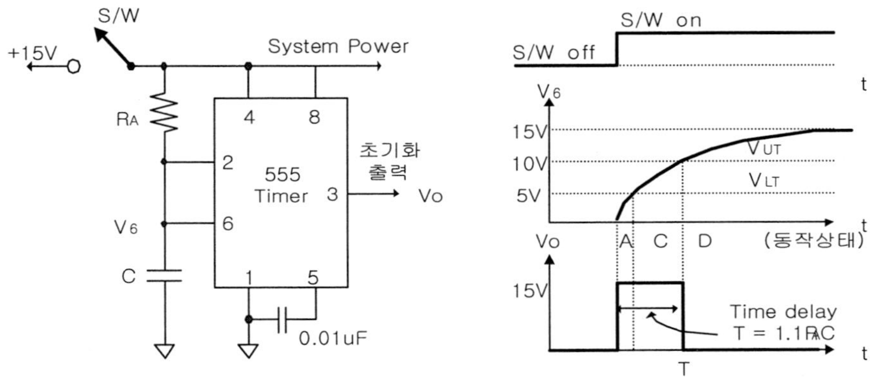

(b) 초기화 출력 발생동작

그림 7.13 Power On Time Delay회로의 동작

이러한 문제를 해결할 수 있는 회로가 그림 7.13의 (a)에 주어져 있다. 전원스위치가 t = 0일 때 연결되었다면 그때 커패시터에 충전된 초기값은 0이다. 따라서 pin2와 pin 6은 V_{UT}보다 큰 값이 입력되므로 D 상태를 가진다. 그러나 커패시터 C에 전압이 충전되어 pin 2 및 6의 입력전압은 V_{UT}보다 작고 V_{LT}보다는 클 경우 출력상태는 C상태인 메모리 상태가 되어 이전의 출력값 0를 그대로 유지하게 된다.

이후 pin2 및 6의 전압이 V_{LT} 아래로 떨어지게 되면 타이머의 출력전압은 시간 T에서 high 상태가 된다. 이 결과로부터 타이머의 출력전압은 t = 0에서 스위치가 닫힌 뒤 t = T 될 때까지 출력전압이 지연됨을 알 수 있다. 이 지연시간 T는

$$T = 1.1\ R_A\ C \tag{7.2}$$

로 주어지게 된다. 이 회로에서 저항 R_A와 C의 위치를 바꾸게 되면 지연되는 시간만큼의

high 출력을 얻을 수 있다.

그림 7.13의 (b)에서 t = 0에서 스위치가 닫혔다면 출력전압은 t = T까지 high 상태를 유지하다가 low로 떨어지게 된다.

비안정 멀티바이브레이터 동작 모드

그림 7.14에서 비안정 멀티바이브레이터로 동작하는 타이머 회로를 나타내었다. 시간 A에서 pin 2와 pin 6의 전압은 V_{LT} = 1/3 Vcc보다 낮으므로 A상태에 의해 출력인 pin 3의 상태는 high가 된다. pin7 또한 개방되어 있으므로 커패시터 C는 R_A + R_B를 통해 충전되어 전압이 상승한다. A-B구간을 지나 pin2 및 pin 6의 전압이 V_{UT} = 2/3Vcc보다 커지게 되면 타이머는 D 상태가 되어 출력 pin 3은 low 상태를 출력하게 된다.

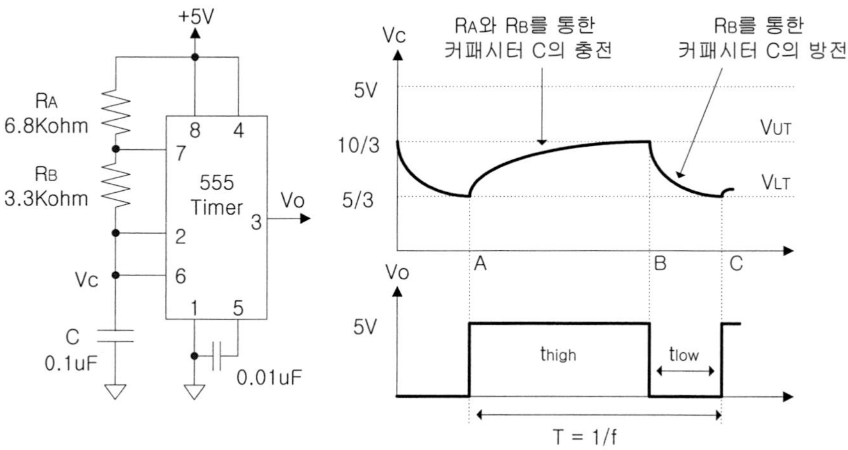

그림 7.14 555 timer의 비안정 멀티바이브레이터 동작모드

또한 pin 7은 low 상태가 되어 C에 충전된 전압이 R_B를 통해 방전된다. 따라서 pin2 및 pin 6의 전압은 감소하게 되나 타이머의 상태가 이전상태의 출력을 지속하게 되므로 출력은 0으로 떨어지지 않고 유지되다가 pin2 및 pin 6의 전압이 V_{LT}보다 낮아질 때 다시 high로 바뀌면서 위의 동작을 반복하게 된다.

출력전압은 커패시터 C가 1/3Vcc에서 2/3Vcc까지 충전될 동안 high 상태를 유지하게 된다. 이 시간은 커패시터 C가 저항 R_A와 R_B를 통하여 충전되므로 충전시간 t_{high}는

$$t_{high} = 0.695\,(R_A + R_B)C \tag{7.3}$$

로 나타나게 된다. 또한 C가 2/3Vcc에서 1/3 Vcc로 떨어질 때 까지 소요되는 시간 t_{low}는

$$t_{low} = 0.695\, R_B C \tag{7.4}$$

가 된다. 따라서 위 상태를 반복하게 되는 주기시간 T는

$$T = t_{high} + t_{low} = 0.695\,(R_A + 2\,R_B)\,C \tag{7.5}$$

가 되며 주파수 f는

$$f = \frac{1}{T} = \frac{1.44}{(R_A + 2\,R_B)\,C} \tag{7.6}$$

가 된다.

예제 7-3

그림 7.14에서 주어진 회로에 대하여 ❶ t_{high} ❷ t_{low} ❸ 발진주파수 f를 결정하라.

풀이 ❶ 식 7.3에 의하여

$$t_{high} = 0.695\,(6.8\,\text{k}\Omega + 3.3\,\text{k}\Omega)\,(0.1\,\mu\text{F}) = 0.7\,\text{ms}$$

❷ 식 7.4에 의하여

$$t_{low} = 0.695\,(3.3\,\text{k}\Omega)(0.1\,\mu\text{F}) = 0.23\,\text{ms}$$

❸ 식 7.6에 의하여

$$f = \frac{1.44}{[6.8\,\text{k}\Omega + 2\,(3.3\,\text{k}\Omega)][0.1\,\mu\text{F}]} = 1.07\,\text{kHz}$$

주기시간 T에 대한 t_{low} 시간의 비율은 duty cycle D로 표현 할 수 있으며 이 값은

$$D = \frac{t_{low}}{T} = \frac{R_B}{R_A + 2\,R_B} \tag{7.7}$$

로 주어진다.

예제 7-4

그림 7.14에 주어진 회로의 duty cycle을 구하라.

풀이 식 7.7에 의해

$$D = \frac{3.3\,\mathrm{k\Omega}}{6.8\,\mathrm{k\Omega} + 2\,(3.3\,\mathrm{k\Omega})} = 0.25$$

이 결과로 볼 때 그림 7.13에서 주어진 회로의 duty cycle은 전체주기시간 T의 25% 정도임을 확인할 수 있다. 식 7.7은 0.5 이상의 duty cycle을 확보할 수 없음을 보여준다. 0.5의 duty cycle은 얻기 위해서는 R_A를 단락시켜 저항을 0으로 두면 이론적으로 가능하게 된다. 그러나 R_A는 내부의 방전을 위한 트랜지스터가 on 되었을 때 555 타이머로 흘러 들어가는 전류가 0.2A를 초과하지 않도록 해 주어야 하므로 0.5의 duty cycle을 얻기 위해 단락시킬 수 없다. 따라서 R_A의 최소값은

$$\text{최소 } R_A = \frac{Vcc}{0.2\,A} \tag{7.8}$$

이상이 되어야 한다. 실제로 R_A는 1㏀과 같게 이용하거나 더 큰 값을 사용한다.

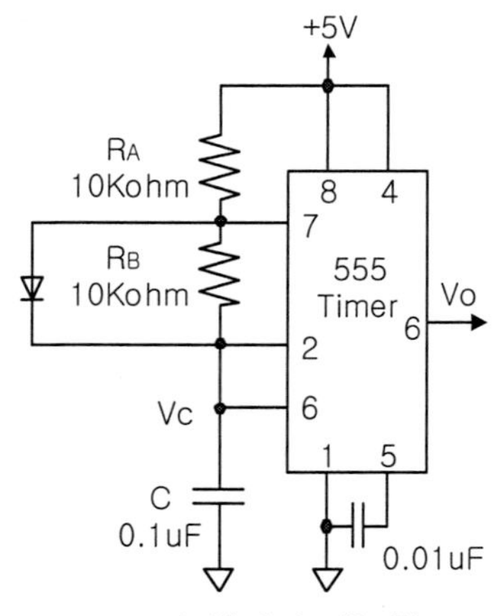

그림 7.15 Duty cycle의 확장이 가능한 555 타이머 회로

식 7.7에서 duty cycle은 최대 50%보다 크거나 같을 수 없음을 확인하였다. 그러나 그림 7.15와 같이 저항 R_B의 양단에 다이오우드를 연결할 경우 duty cycle을 확장할 수 있다. 이 경우 커패시터의 충전은 R_A를 통해 이루어지고 방전은 R_B를 통해 이루어지게 된다. 이때의 출력파형의 시간들은

$$t_{high} = 0.695\, R_A\, C \tag{7.9}$$

$$t_{low} = 0.695\, R_B\, C$$

$$T = 0.695'(R_A + R_B)\, C$$

로 주어지며 그림 7.15에서는 R_A와 R_B가 같으므로 0.5의 duty cycle을 가지는 파형이 출력된다.

단안정 멀티바이브레이터 동작모드

모든 응용회로들이 비안정 멀티바이브레이터와 같은 연속적인 펄스의 출력을 필요로 하지는 않는다. 상당수 많은 응용회로들은 주어진 일정시간동안 출력을 발생시켜야 할 경우가 있다. 이때 사용되는 응용회로가 바로 단안정 멀티바이브레이터이다. 그림 7.16에서 555 타이머를 이용한 단안정 멀티바이브레이터의 동작을 보였다. 하강에지를 가지는 펄스를 pin 2에 인가하면 출력은 high가 되고 이 경우 pin 7은 단락회로가 되어 커패시터 C에 충전된 전하를 방전시킨다. C에 충전되는 전압은 0V에서부터 R_A와 C로 구성되는 시상수에 의해 전압이 상승하게 된다. 이 전압이 2/3Vcc가 될 경우 비교기 1이 출력전압을 0으로 떨어뜨리게 된다. 따라서 이 회로에서 출력이 high를 유지하는 시간은 R_A를 통해 C에 전하가 축적되는 시상수로 표현된다.

$$t_{high} = 1.1\, R_A\, C \tag{7.10}$$

로 주어지게 된다.

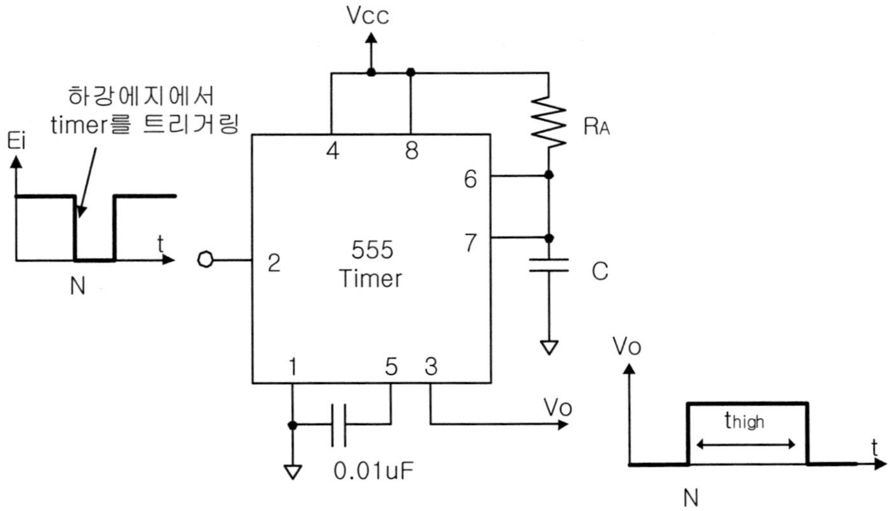

그림 7.16 555 타이머를 이용한 단안정 멀티바이브레이터의 기본구조

예제 7-5

R_A = 9.1㏀일 경우 출력펄스 폭이 1ms를 가지기 위한 C의 값을 결정하라.

풀이 식 7.10을 적절히 변형하면

$$C = \frac{t_{high}}{1.1R_A} = \frac{1\times10^{-3}S}{1.1\times(9.1\times10^3)\Omega} = 0.1\,\mu F$$

그림 7.17은 그림 7.16과는 대조적으로 입력펄스 하나에 대해 출력펄스 하나가 발생되도록 구성한 회로이다. R_A와 C가 출력전압이 high를 유지하기 위한 시간을 결정하는 소자로 사용되었으며 R_i는 Vcc와 pin 2에 연결되어 정상상태에서 출력이 low를 유지하도록 구성되어 있다. C_i는 음의 펄스가 발생될 때까지 (Vcc - Ei)로 충전된다. R_i와 C_i로 구성되는 시상수는 t_{high}로 표현되는 출력시상수에 비해 매우 작게 구성되어야 한다. 다이오드 D는 Ei가 상승 에지에서 트리거가 되는 것을 막는 역할을 한다.

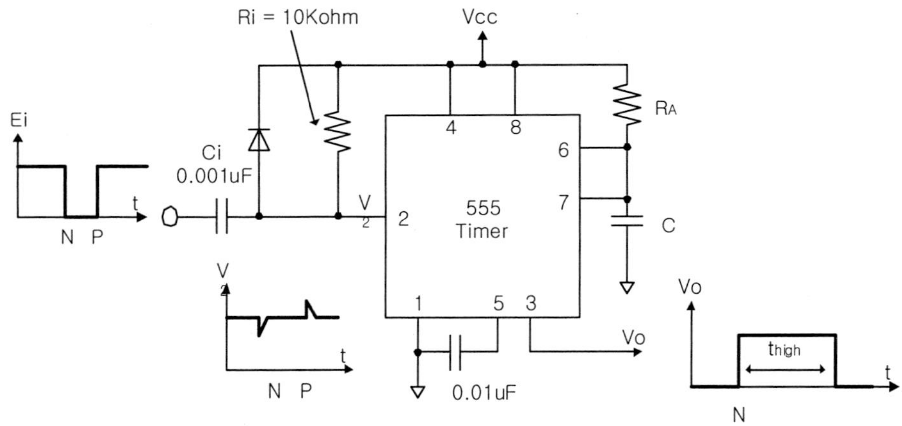

그림 7.17 입력펄스회로가 추가된 단안정 멀티바이브레이터의 구조

예제 7-6

그림 7.17의 회로에서 R_A = 10㏀, C = 0.2㎌일 때 t_{high}를 구하라.

풀이 식 7.10에 의해

$$t_{high} = 1.1(10\times10^3)(0.2\times10^{-6}) = 2.2\text{ms}$$

실험 21 555 IC Timer

1. 목적

555 IC Timer를 이용한 비안정 멀티바이브레이터의 동작 원리를 익힌다.

2. 예비보고서

(1) Duty Cycle의 의미를 간단히 설명하시오.

(2) 비안정 멀티바이브레이터는 타이머 대신 수정 발진자를 이용하여 구성할 수도 있다. 수정 발진자를 이용하지 않고 타이머를 이용하여 회로를 구성할 경우 장·단점을 간략히 기술하시오.

3. 실험기기 및 부품

- ▫ 555 IC Timer 1개
- ▫ 저항 1[kΩ], 100[kΩ], 330[kΩ], 1[MΩ] 각 1개
- ▫ 콘덴서 0.001[μF], 0.01[μF], 1[μF] 각 1개
- ▫ 2채널 오실로스코프
- ▫ 만능 기판

4. 실험

그림 7.18의 555 Timer의 비안정 멀티바이브레이터 회로에 대하여 다음 순서에 따라 실험을 수행하라.

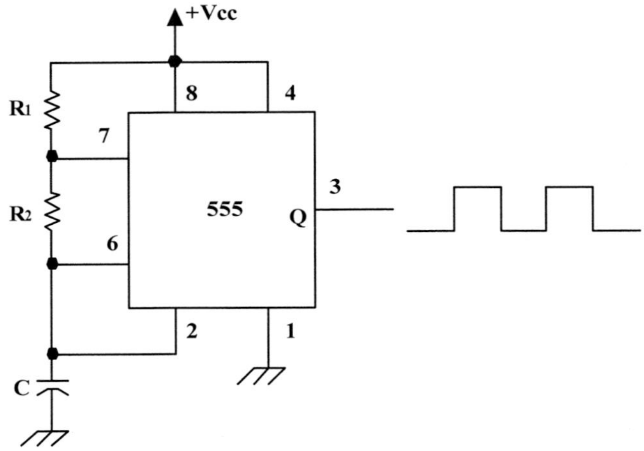

그림 7.18　555 Timer의 비안정 멀티바이브레이터의 회로

(1) R_1=1[kΩ], R_2=1[MΩ], C=1[μF]로 하여 V_{CC}(+5[V])를 인가하고 출력을 오실로스코프로 관찰하여 그림 7.19에 나타내어라.

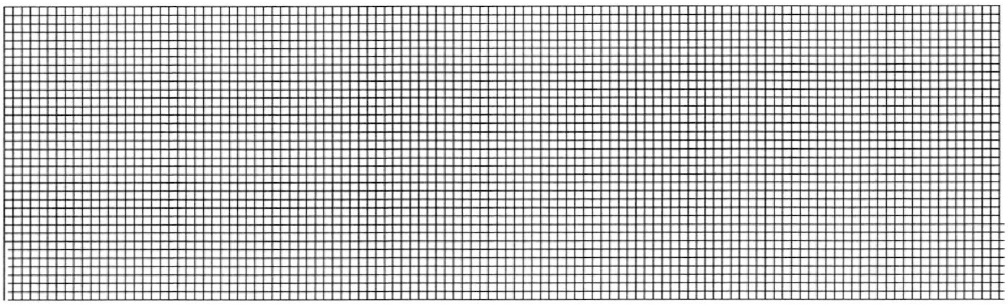

그림 7.19

(2) V_{CC}를 제거하고 R_2=330[kΩ], C=0.001[μF]로 바꾼 다음 V_{CC}(+5[V])를 다시 인가하고 출력을 오실로스코프로 관찰하여 그림 7.20에 나타내어라.

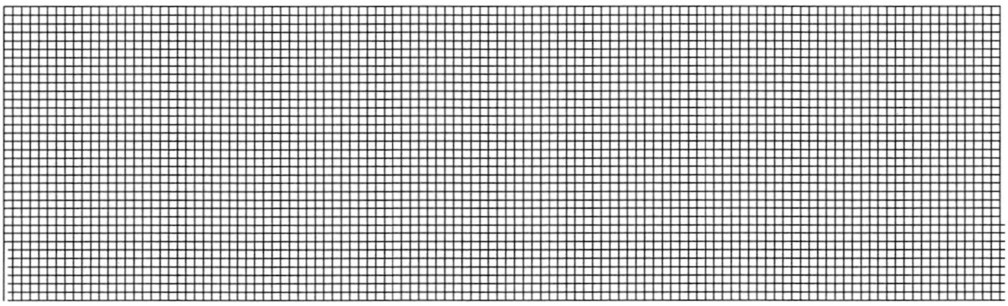

그림 7.20

(3) V_{CC}를 제거하고 R_2=100[kΩ], C=0.01[μF]로 바꾼 다음 V_{CC}(+5[V])를 다시 인가하고 출력을 오실로스코프로 관찰하여 그림 7.21에 나타내어라.

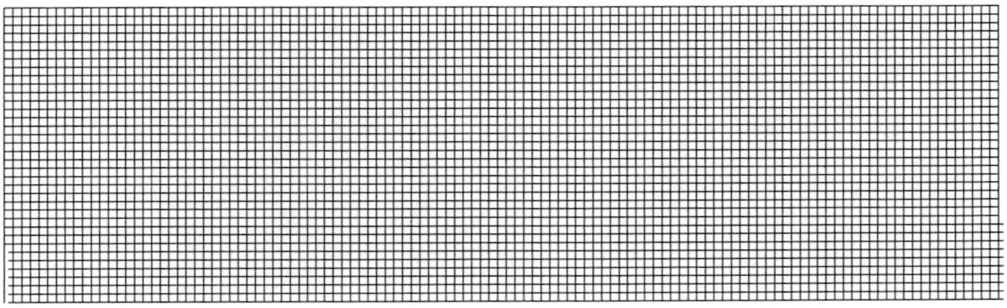

그림 7.21

5. 실험 결과 검토

(1) 실험 (1)의 결과에서 출력 주파수와 Duty Cycle은 얼마인가? 또한 이론치를 계산하여 실험 결과와 비교하라.

(2) 실험 (2)의 결과에서 출력 주파수와 Duty Cycle은 얼마인가? 또한 이론치를 계산하여 실험 결과와 비교하라.

(3) 실험 (3)의 결과에서 출력 주파수와 Duty Cycle은 얼마인가? 또한 이론치를 계산하여 실험 결과와 비교하라.

7.4 stop watch의 설계

주어진 멀티바이브레이터와 디지털 카운터로직을 이용하여 기록경기에서 많이 사용되는 0.1초의 정확도를 가지는 stop watch의 회로설계를 하고자 한다. stop watch는 내부의 기능을 블록별로 분류해보면 그림과 같이 기준시간 발생회로, 카운터회로/표시회로 및 start/stop회로 등 크게 3부분으로 나눌 수 있다.

(1) 기준시간 발생회로

기준시간 발생회로는 그림 7.22과 같이 555 timer, 7414 schmitt triggered not gate 그리고 7490 10진 counter로 구성된다. 555 timer는 100Hz의 출력펄스를 만들어내는 비안정 멀티바이브레이터로 구성한다. 이를 위하여 555 timer에 사용되는 저항값은 Ra = 200kohm, Rb = 120kohm C는 0.033μF을 연결하게 되면 식 (7.6)에 의해

$$f = \frac{1.44}{[200\,\text{k}\Omega + 2\,(120\,\text{k}\Omega)][0.033\mu\text{F}]} = 99.17\,Hz$$

과 같이 100Hz에 근접한 출력신호가 발생된다.

이 출력신호는 7414 schmitt triggered inverter를 통과하게 된다. Schmitt triggered inverter는 555 timer의 출력파형에 발생되는 잡음이나 glitch를 제거하여 좀 더 개선된 형태의 펄스파형을 만들어 내는 역할을 한다. 이 출력은 7490 십진 counter의 trigger 입력으로 사용되어 계수된다. 따라서 7490 십진 counter의 최종 출력은 10Hz의 구형파로 나타나게 되며 이 신호가 0.1초의 정확도를 가지는 기준신호로 사용되게 된다.

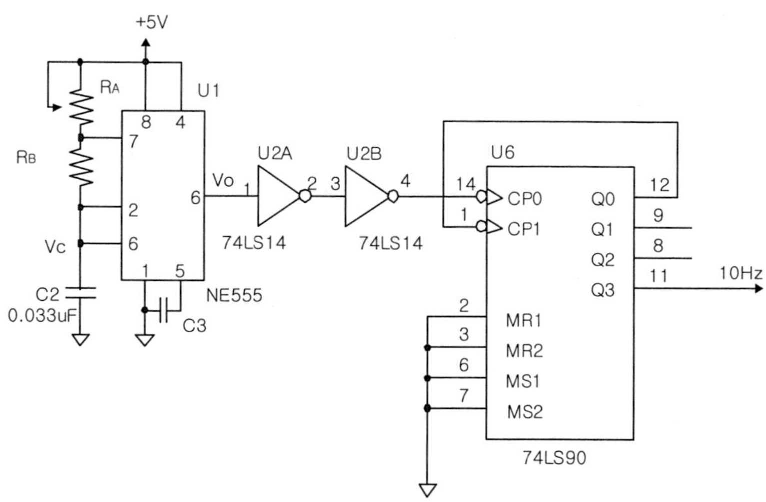

그림 7.22 기준시간 발생회로

(2) start/stop 회로

그림 7.23의 회로는 push button switch를 이용하여 계수시작 및 reset의 기능을 수행하는 start/stop회로이다. 74121단안정 멀티바이브레이터를 이용하여 하나의 펄스를 만들어내고 이를 슈미트 트리거회로를 통해 파형을 좀 더 구형파에 가까운 신호로 변환한다. 이 신호는 7476 JK 플립플롭의 clock으로 입력되는데 이때 JK 플립플롭은 J 및 K 단자가 VCC에 연결되어 T 플립플롭으로 동작하게 되므로 하나의 펄스가 인가될 때마다 출력상태를 반전시키게 된다.

따라서 이 출력을 앞 절에서 구성한 기준시간 발생회로의 출력과 NAND 게이트의 입력으로 사용하게 될 경우 7476의 출력상태가 0인 경우에서는 항상 NAND 게이트의 출력이 1을 유지하게 되어 계수가 되지 않고 출력이 1인 경우에만 기준신호가 counter의 clock으로 인가되어 계수하게 된다. 한편 리셋회로는 별도의 리셋 스위치를 이용하여 구성한다. 이는 리셋 스위치가 닫힐 경우에 7414 schmitt triggered inverter의 입력에는 0이 인가되어 출력이 high로 나타나게 되고 이 신호는 7490 십진 counter의 reset 단을 동작시켜 counter의 출력이 0으로 고정된다. 이후 start 신호가 인가되면 0에서부터 count가 시작되어 원하던 동작을 시킬 수 있다.

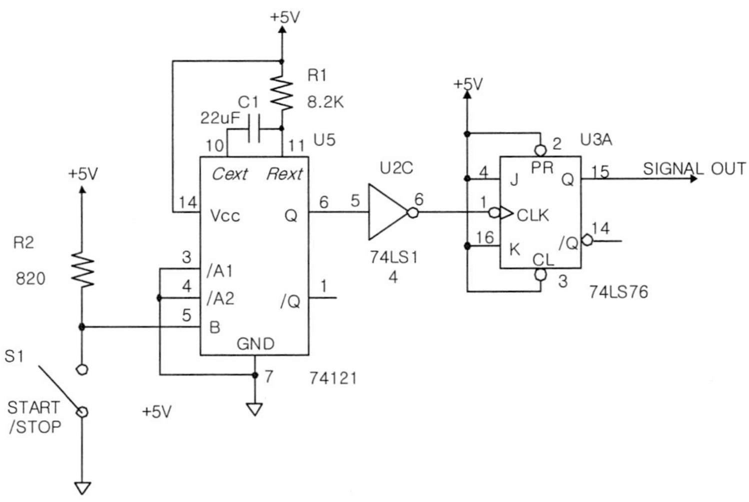

그림 7.23 start/stop 회로

(3) 카운트 및 표시회로

그림 7.24에 나타낸 카운트 및 표시회로는 3개의 74LS90 카운터와 카운터의 출력을 7-segment decoder의 입력신호 형태로 변환하기 위한 74LS47 그리고 이 신호를 숫자로 표시하기 위한 7-segment로 구성되어 있다.

리셋 스위치를 누르게 되면 counter의 모든 출력은 0으로 clear된다. 이후 start/stop 스위치를 누르게 되면 계수를 시작하게 되고 계수된 값은 7-segment에 표시가 된다. 이후 다시

start/stop 스위치를 누르게 되면 계수는 멈추게 되고 다시 reset 스위치를 누를 때 까지 계수된 값은 7-segment에 표시되게 된다. Stop watch의 전체 회로도는 그림 7.25에 나타내었다.

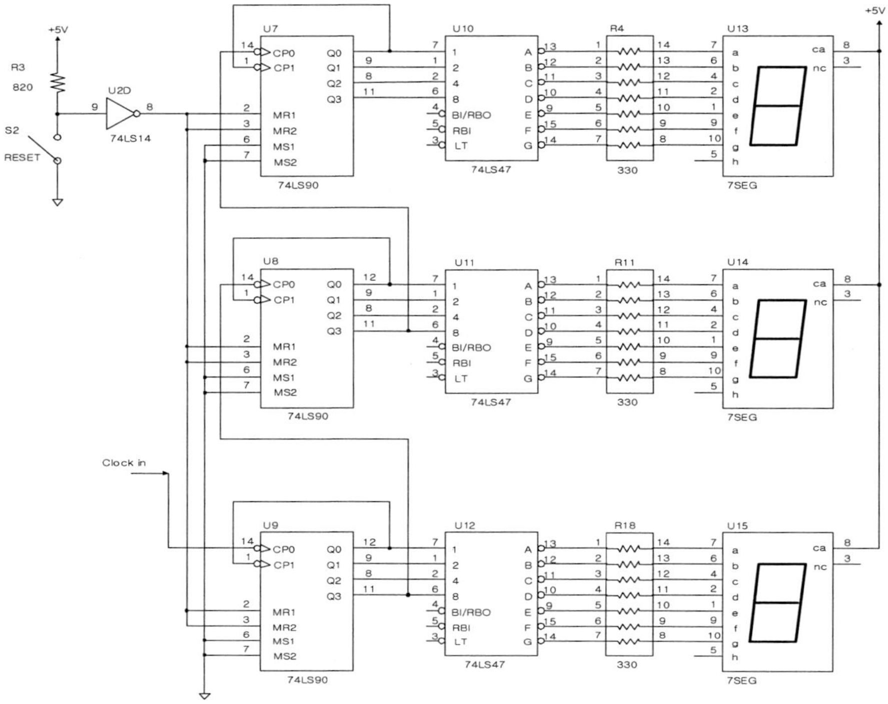

그림 7.24 카운트 및 표시회로

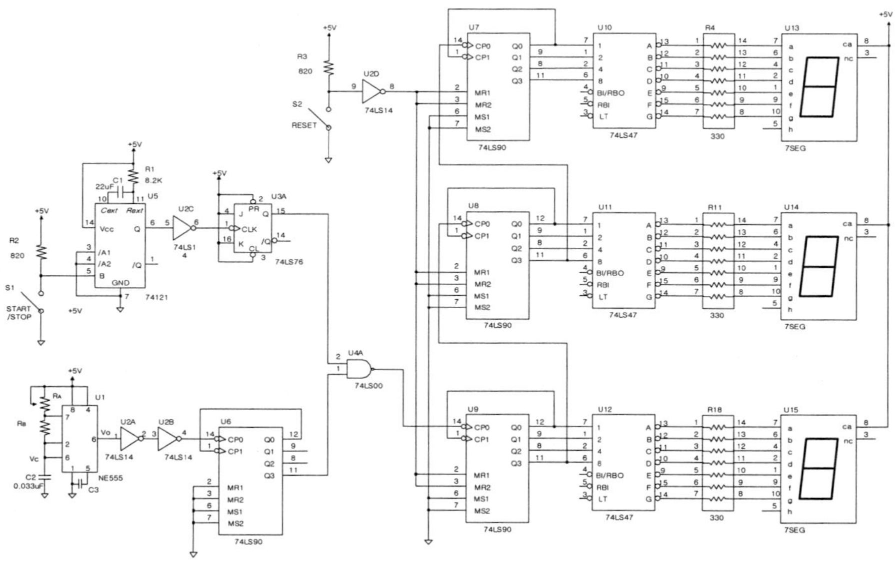

그림 7.25 stop watch의 구조

실험 22 Stop Watch

1. 목적

기록경기에서 많이 사용되는 0.1초의 정확도를 갖는 Stop Watch의 회로 설계 응용력을 익힌다.

2. 예비보고서

(1) 쉬미트 트리거 회로의 동작 원리를 간단히 설명하고 주요 응용분야를 몇 가지 기술하시오.

(2) 그림 7-26의 Stop Watch 회로에 대한 배선도를 그리시오.

3. 실험기기 및 부품

- 555 Timer 1개
- IC 74122(Retriggerable Monostable Multivibrator) 1개

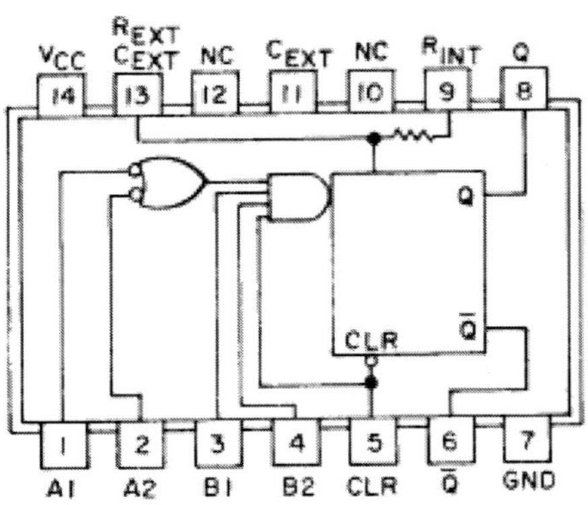

□ IC 7490(Decade Counter) 4개

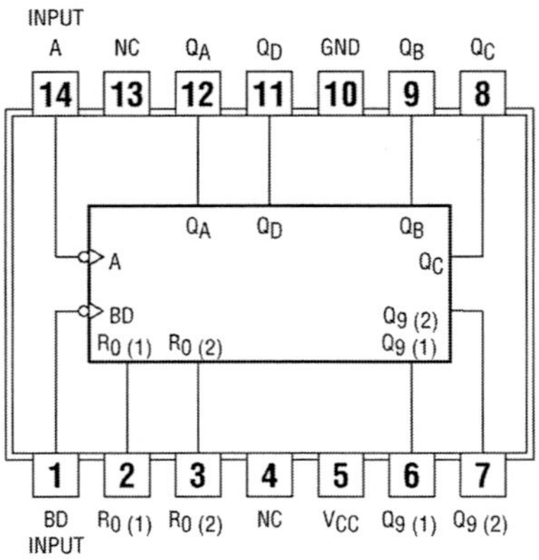

□ IC 7476(JK Flip-Flop) 1개

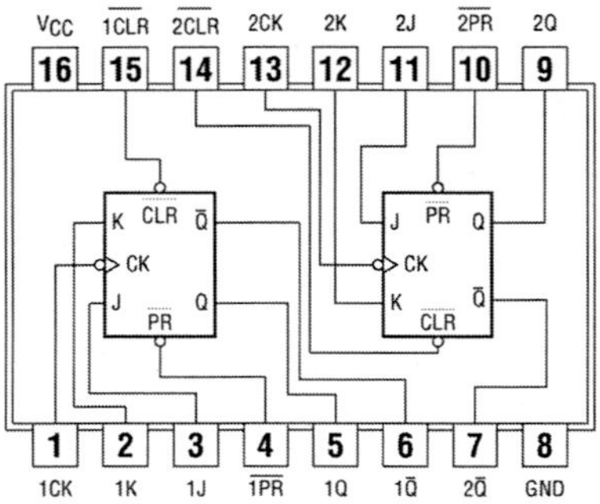

□ IC 7447(7-Segment Driver) 3개

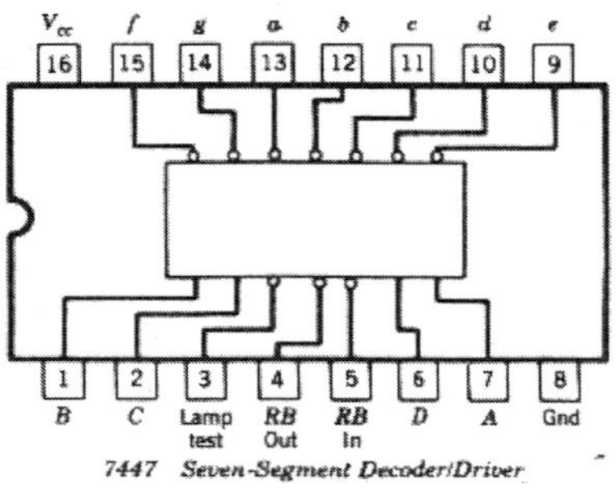

□ IC 7414(Schmitt Trigger) 1개

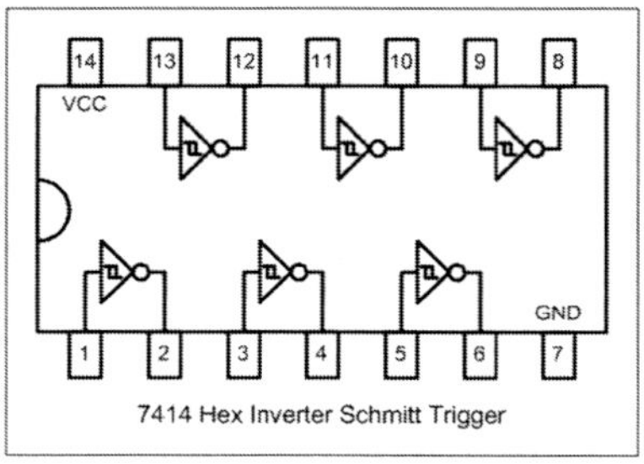

□ IC 7400(NAND Gate) 1개

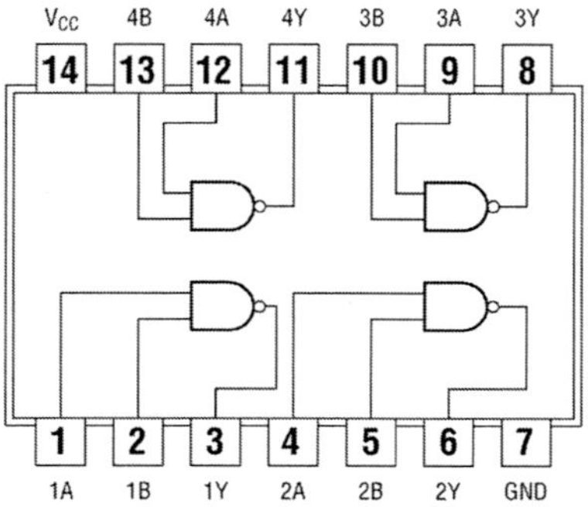

□ Push-Button Switch 2개

□ 7-Segment(Common Anode Type) 3개

□ 저항 330[Ω] 21개

820[Ω] 2개

8.2[kΩ] 1개

500[kΩ] 가변저항 1개

□ 캐패시터 0.012[μF] 1개

0.033[μF] 1개

22[μF] 1개

0.1[μF] 2개

□ Diode

4. 실험

그림 7.26의 Stop Watch 회로에 대해 먼저 작성된 배선도에 따라 주어진 기판 위에 납땜 작업을 수행한다. 이 때 주의할 사항은 주요 기능별로 작업을 수행하고 각각의 기능이 제대로 나오는가를 확인한 후 다음 기능에 대한 작업을 계속 수행한다.

5. 실험 결과 검토

(1) 주어진 회로에 대한 타이머 출력 주파수가 이론치와 일치하는지 확인하라.

(2) Reset 기능과 Start 및 Stop 기능이 제대로 이루어지는가?

(3) 배선 작업 수행시 어려웠던 사항들을 열거하시오.

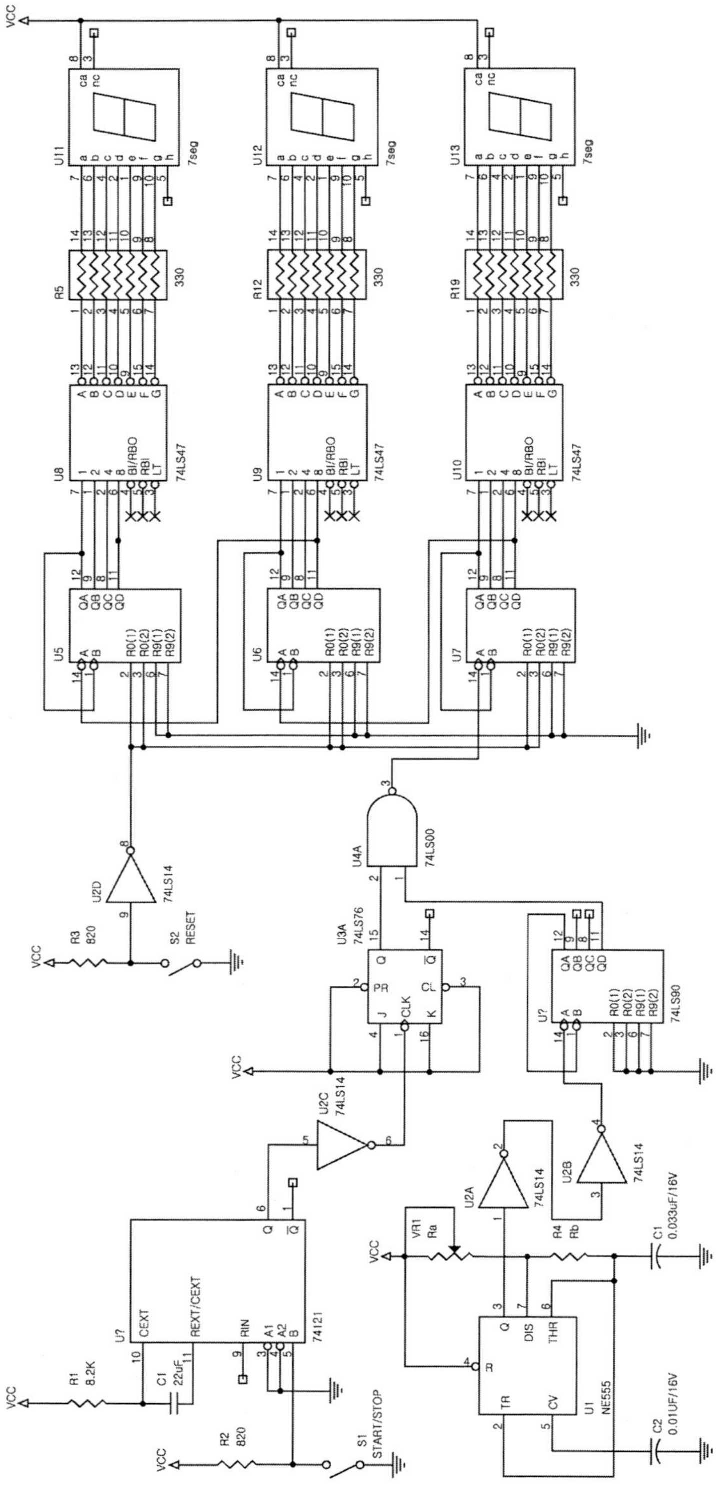

그림 7.26 Stop Watch 회로도

7.5 디지털시계의 설계 및 제작

디지털시계는 앞 절에서 사용된 stop watch를 응용하여 쉽게 구현할 수 있다.

Stop watch가 start/stop 버튼에 의해 고속의 계수를 하는 회로인 반면 디지털 시계는 1초의 클럭을 이용하여 계수 및 표시를 하는 회로이다. 이 회로에서는 1초 발생회로와, start/stop 버튼 대신 시간의 조정이 가능한 회로부분, 분과 초를 계수하기 위한 60진 계수기와 시간을 계수하기 위한 24진 계수기를 필요로 한다. 1초 발생회로는 555타이머를 이용한 비안정 멀티바이브레이터를 이용하여 그림 7.27과 같이 회로를 설계한다.

이 때 출력신호의 주파수 및 duy cycle은 식 7.6 및 식 7.7을 이용하여 구한다. 본문에서 제시한 회로에는 10㏀의 저항과 100㏀의 가변저항을 연결하여 사용하며 오실로스코우프로 출력파형을 관찰하면서 가변 저항값을 조정하여 1초 발생회로를 구성한다. 시간 조정이 가능한 회로는 pushbutton과 dip switch를 이용하여 구현한다.

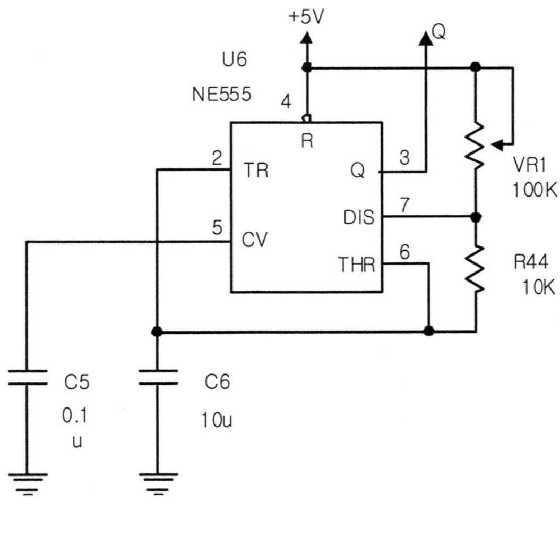

그림 7.27 1초 발생회로의 구조

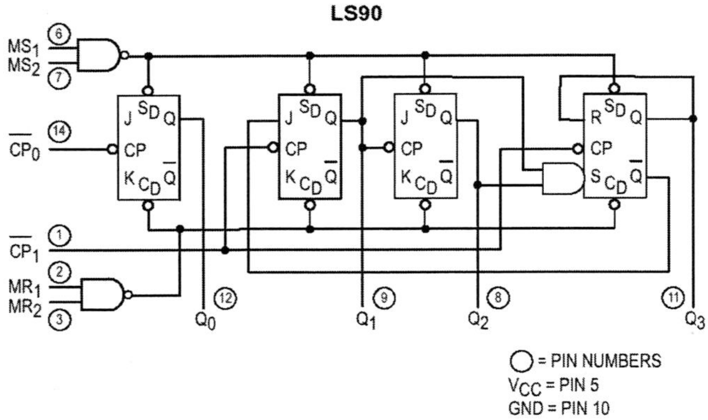

그림 7.28 74LS90의 내부블럭도

pushbutton을 누를 때마다 하나의 pulse가 발생하도록 회로를 구현한 후 시간을 계수하기 위한 계수기의 클럭과 시간조정을 위한 pulse 신호를 dip 스위치의 위치에 따라 선택적으로 사용할 수 있다. 본문의 회로에서는 분을 계수하는 60진 계수기와 시간을 계수하기 위한 24진 계수기의 클럭신호와 펄스신호를 선택적으로 사용하여 조정할 수 있게 하였으며 초는 스위치의 위치에 따라 조정 시 멈추도록 되어 있다.

초와 분을 계수하기 위한 60진 카운터는 74LS90을 이용하여 구성하였다. 74LS90은 그림 7.21과 같이 내부에 이진 계수기와 5진 계수기가 독립적으로 구성되어 있다. 이진 계수기의 클럭인 14번 핀 A에 클럭을 인가한 후 2진 계수기의 출력핀인 12번 QA 핀을 5진 계수기의 클럭입력인 1번 B 핀으로 입력하게 되면 이진 계수기와 5진 계수기의 조합인 10진 계수기로 만들 수 있다.

또한 이진 계수기와 5진 계수기의 공통인 clear단자는 2번핀과 3번핀의 NAND 조합으로 이루어져 있으므로 두 입력이 동시에 1일 경우 모든 출력이 0으로 clear 된다. 따라서 9번 핀과 8번 핀의 출력을 2번 핀과 3번 핀에 각각 연결할 경우 두 출력이 동시에 0이 되는 6의 값이 발생될 때 동시에 출력은 0이 되어 계수가 0에서 5까지가 가능한 6진 계수로 쓸 수 있다. 따라서 10진 계수기와 6진 계수기를 조합하여 그림 7.22와 같이 60진 계수기를 설계한다.

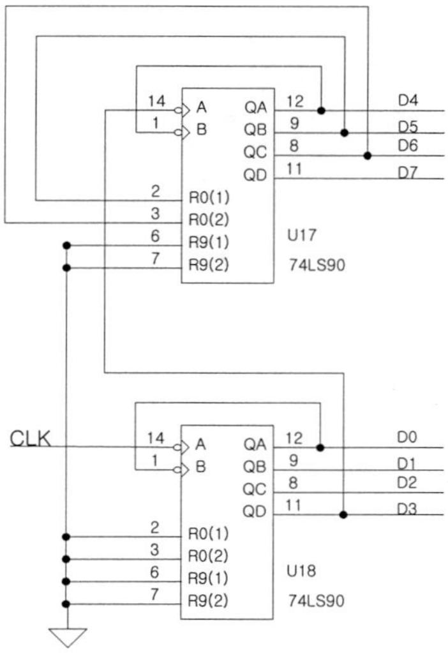

그림 7.29 60진 계수기의 구조

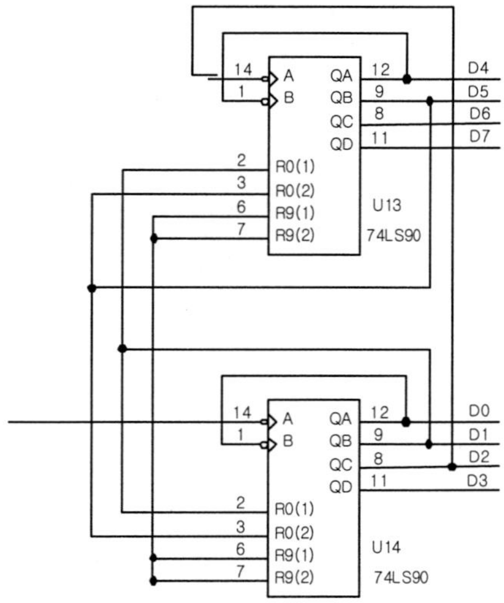

그림 7.30 24진 계수기의 구조

또한 24진 계수기도 그림 8.30과 같이 clear 단자인 2번 핀과 3번 핀을 이용하여 구성할 수 있으므로 각자 동작상태를 확인해 보길 바란다. 그림 7.31에서 본 절에서 설계하고자 하는 디지털 시계의 전체 회로도를 나타내었다.

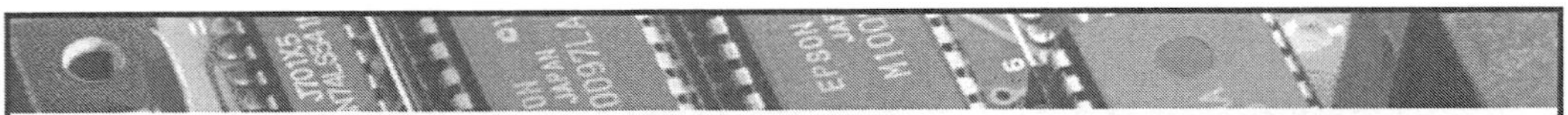

실험 23 디지털 시계의 제작

1. 목적

디지털 시계를 제작함으로써 카운터의 동작 원리 및 7-segment 디스플레이 장치의 동작 원리에 대해서 습득한다.

2. 예비보고서

(1) 60진 카운터의 설계 방법에 대해서 설명하시오.
(2) 24진 카운터의 설계 방법에 대해서 설명하시오.
(3) 555 타이머의 동작 원리에 대해서 설명하시오.

3. 사용기기 및 부품

□ 납땜용 만능 기판 * 1
□ Tester
□ Bridge Diode * 1
□ 트랜스포머 * 1
□ 7805 전압 레귤레이터 * 1
□ LED * 1
□ 555 Timer * 1

□ 74LS14 * 1

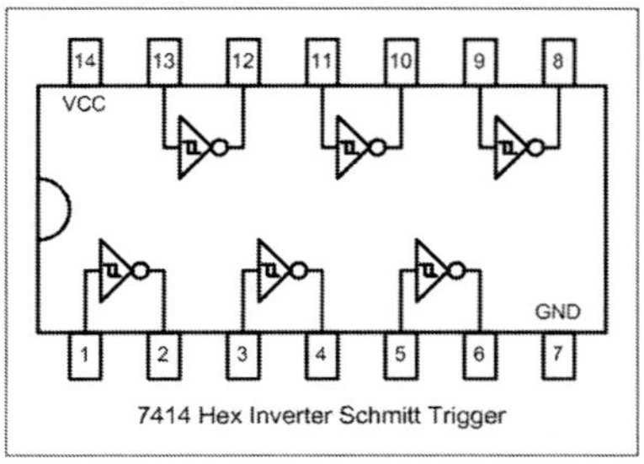

□ 74LS90 * 8

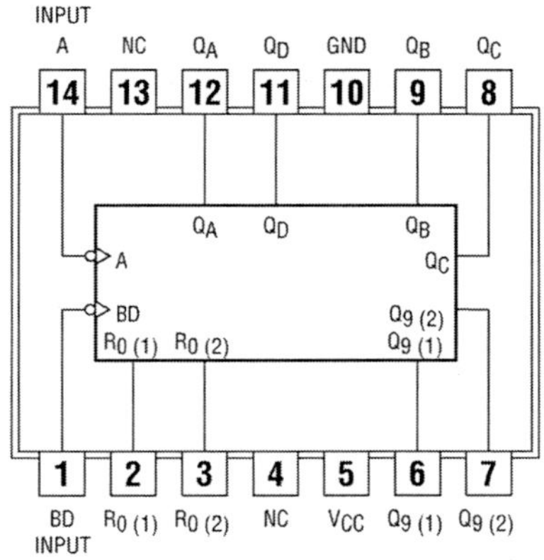

□ 74LS47 * 6

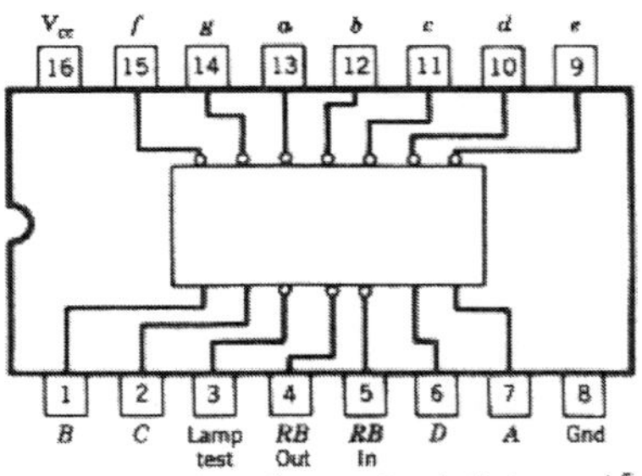

7447 Seven-Segment Decoder/Driver

□ 7-segment(CA) * 6

□ 저항 2[kΩ] * 1, 20[kΩ] * 1, 10[kΩ] * 1

□ 가변 저항 100[kΩ] * 1

□ 캐패시터 104 * 1, 0.1[μF] * 1

□ SPDT SW * 1

4. 실험

(1) 그림 7.31의 회로를 납땜용 만능 기판에 제작한다.

(2) SPDT SW를 555 타이머에 위치하여 시간을 조절한다.

(3) SPDT SW를 74LS14에 위치하여 디지털 시계를 동작시킨다.

5. 실험 결과 검토

(1) 디지털 시계의 동작 상태를 확인한다.

(2) 555 타이머의 가변 저항을 조정하여 시간을 조절하여 디지털 시계의 동작 상태를 확인한다.

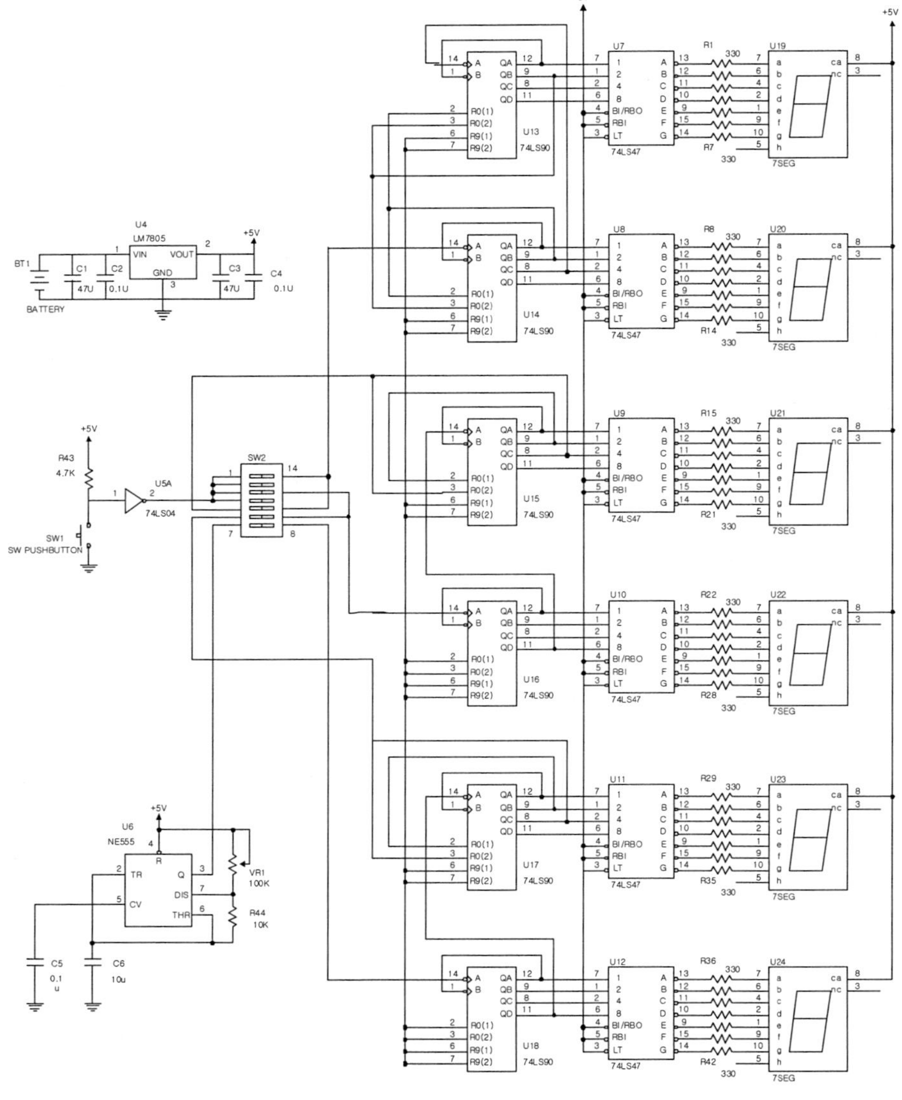

그림 7.31 디지털 시계의 전체 회로도

07 종합평가문제

01 출력특성에 따른 멀티바이브레이터의 종류를 나열하고 동작특성을 설명하라.

02 74121 및 74123 단안정 멀티바이브레이터의 차이점에 대해 설명하라.

03 그림 7.3의 74121회로에서 출력펄스의 폭이 20㎲가 되게 하고자 한다. C를 0.01㎌으로 할 때 R의 값을 결정하라.

04 그림 7.6의 74123 단안정 멀티바이브레이터 회로에서 R_A는 10㏀, C는 0.1㎌이다. 트리거 신호가 1㎑의 구형펄스일 때 입출력 파형을 정확히 나타내어라.

05 그림 7.3의 74121회로에서

① 구형파의 상승에지에서 트리거가 되도록 하기 위한 회로의 연결방법은 어떻게 하는가?

② R = 51㏀로 하고 출력펄스가 750㎲의 폭을 가지기 위한 C의 값은 얼마인가?

③ 이때 입력 구형파기 1㎑ 및 5㎑일 때의 입출력 파형을 정확히 나타내어라.

06 74123을 두 개 연결할 경우 비안정 멀티바이브레이터로 동작시킬 수 있다. 그 방법을 나타내고 발진 주파수를 구하라.

07 555타이머의 동작모드를 설명하라.

08 그림 7.14의 회로에서 저항 R_A 및 R_B는 10KΩ, C는 0.1μF이다.

① thigh를 구하라.
② tlow를 구하라
③ 발진주파수 f를 구하라.
④ 듀티사이클 D를 구하라.

09 예제 7-3에서 사용된 소자의 값들이 10배로 증가하였을 때 발진주파수 f를 구하라.

10 그림 7.15의 회로에서 R_A 및 R_B가 5KΩ으로 감소하였다면

① 듀티사이클에 미치는 영향과
② 주기에 미치는 영향을 설명하라.

11 그림 7.16에서 R_A가 100KΩ이고 C가 0.1μF일 때 thigh를 구하라.

12 Stop watch에서 최소 측정시간간격이 0.01초가 되도록 하기 위한 회로의 설계 방법에 대해 설명하라.

13 Stop watch의 설계 시 기준신호의 출력단에 schmitt triggered NOT 게이트를 쓰는 목적에 대해 설명하라.

14 디지털시계를 설계할 때 기준신호를 만들어낼 수 있는 방법을 나열하라.

15 디지털시계를 설계할 때 오전 및 오후를 표시하고 시간을 계수할 수 있는 방법에 대해 설명하라.

저자와의
협의에 의해
인지 생략

실험과 함께 하는

스마트 디지털공학

3판 5쇄 2026년 3월 16일

저 자 구성모 / 이무영 / 심태은
발행인 송광헌
발행처 **복두(더)**
주 소 서울특별시 영등포구 경인로82길 3-4
센터플러스 807호
(우) 07371
전 화 02-2164-2580
FAX 02-2164-2584
등 록 1993. 11. 22. 제 10-902 호

정가 : 22,000원

ISBN : 979-11-5906-490-6 93560

한국과학기술출판협회 회원사